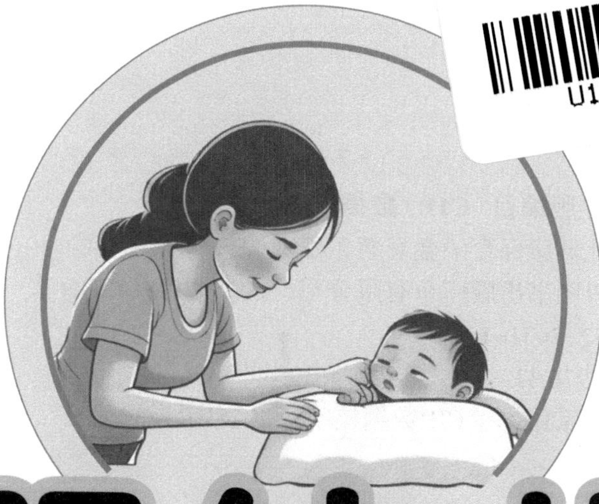

婴幼儿健康保育

YINGYOUER JIANKANG BAOYU

主编　金登辉　王文婷　胡小琴

中国出版集团有限公司
世界图书出版公司
广州 · 上海 · 西安 · 北京

图书在版编目（CIP）数据

婴幼儿健康保育 / 金登辉，王文婷，胡小琴主编．
广州：世界图书出版广东有限公司，2025. 7. -- ISBN
978-7-5232-2431-1

Ⅰ. TS976.31

中国国家版本馆CIP数据核字第2025HR1254号

书　　名	婴幼儿健康保育 YINGYOUER JIANKANG BAOYU
主　　编	金登辉　王文婷　胡小琴
策划编辑	刘　旭
责任编辑	曾跃香
责任技编	刘上锦
装帧设计	米非米设计
出版发行	世界图书出版有限公司　世界图书出版广东有限公司
地　　址	广州市海珠区新港西路大江冲25号
邮　　编	510300
电　　话	（020）84460408
网　　址	http://www.gdst.com.cn
邮　　箱	wpc_gdst@163.com
经　　销	新华书店
印　　刷	广州小明数码印刷有限公司
开　　本	787mm × 1092mm　1/16
印　　张	16.5
字　　数	334千字
版　　次	2025年7月第1版　2025年7月第1次印刷
国际书号	ISBN 978-7-5232-2431-1
定　　价	68.00元

咨询、投稿：（020）84460408　451765832@qq.com

前言

2020年4月，教育部职成司发布的《关于做好中等职业学校国控专业设置管理工作的通知》明确提出："自2020年起，不再增设中职学前教育专业点。已设置该专业的幼儿师范学校、中等师范学校应逐步缩小招生规模，其他中职学前教育专业今明两年分批转设为幼儿保育专业或相关专业。"2021年3月，在教育部印发的《职业教育专业目录（2021年）》中，撤销中职学前教育专业，仅保留原2019年增设的"中职幼儿保育专业"。面对专业的转型，原有的学前教育专业课程已不能满足幼儿保育专业发展的需要。基于此，本书参考了现行出版发行的各类幼儿保育专业教材，结合现有中职学校幼儿保育专业教育教学实际，组织从事本专业教学一线的教师进行了编撰。

党的二十大报告中明确指出，要坚持教育优先发展，加快建设高质量教育体系。人生百年，立于幼学，中职幼儿保育专业关系到婴幼儿的健康成长，是改善民生的重要内容。本教材以突出中职学校幼儿保育专业理论学习+技能培养为目标，培养学生保教能力，促进保育人才的专业成长。其使用对象主要是幼儿保育专业的学生以及为社会相关从业人员。

在编写过程中，我们力求打造适合于现有中职学校幼儿保育专业学生学习特点的新型教材，具体特色如下：

1. 以打造良好职业道德的保育专业人才为己任，介绍最基本的基础理论、知识和方法，注重理论结合实践，解决实际问题。

2. 从学习者的实际出发，深入浅出，通俗易懂，突出重点，内容生动，有利于理解、掌握要点知识。

3. 利用情景导入，创设问题情境，激发学习者的求知欲，培养乐于探究、勇于创新的学习品质。

4. 章节后网罗了丰富的知识链接，对接当前对幼儿保育行业的最新动态，与内容相互衔接、相互补充，扩大了学习者的知识范围。

5. 由于本教材内容与相关学科有横向联系，因此，编撰中尽可能将幼儿生理、心理发展特点及幼教理论相结合，尽可能完善知识体系。

本书共九章。分别介绍了婴幼儿生理、心理发展的基础知识，围绕婴幼儿身心发展的规律、特点，讲述了如何对婴幼儿进行科学的健康保育；此外对于婴幼儿生活保育，本书分别从幼儿一日生活照护、常见疾病预防和护理及意外事故的预防和急救知识等方面进行讲述。本教材由甘肃省礼县职业中等专业学校金登辉、王文婷、胡小琴担任主编。具体分工：第二、三、七章由金登辉执笔；第四、五、六章由王文婷执笔；第一、八、九章由胡小琴执笔。

在编写过程中参考和借鉴了相关书籍和网上资源，由于编者的专业水平有限，教材中若存在疏漏与不足，欢迎广大读者和专家提出宝贵意见，我们将虚心接受批评，努力克服不足，不断完善。

目　录

绪　论

学习目标

1. 识记保育的概念，理解保育与教育之间的关系。
2. 了解保育工作的基本内容。
3. 明确婴幼儿健康保育的学习范围。

一、保育的概念

保育工作是托幼园（所）工作的重要组成部分。托幼园（所）肩负着融合保育与教育的使命，致力于为婴幼儿提供全方位的德、智、体、美发展教育，促进其身心和谐的全面成长。

保育是对婴幼儿进行精心呵护，以确保他们在健康成长的过程中得到全方位的关注和照顾。它有两层含义："保"即对儿童的身心健康进行呵护和保护，在这一过程中，身体是基础，心理是关键。"育"指的是通过培养儿童的身体和心理能力，促进其全面发展的过程。在这里我们把两者统称为儿童身心发展的保育工作。因此，保育的范畴涵盖了身体和心理两个方面。身体保育指对儿童身体和机能的照顾、保护与促进；心理保育指对儿童的各种心理及心理能力和素质的培养、形成和发展；二者之间相互联系、相互影响，共同形成了一个完整的保育体系。在婴幼儿的保育过程中，必须综合考虑身体和心理两个方面，不能忽视任何一个方面，以确保婴幼儿的身心健康得到全面、协调的发展。

保育是一项重要的社会实践活动。为了确保儿童的生存发展和健康成长，托幼机构应当提供全方位的支持，包括但不限于健康、营养、卫生、环境、物质条件，以及个性和社会性发展等方面的精心照顾和养育。在托幼机构中，从事与此相关的职责被称为保育工作。幼儿园教师必须把保育与教育结合起来。如在照料婴幼儿的饮食和生活习惯的同时，必须传授儿童基本的生活技能，包括进餐和穿衣等方面，以培养他们独立生活的能力。这就要求我们在对幼儿实施保育教育时必须注意二者的协调统一，以提高教育效果。保育和教育的实现不是孤立的，而是相互依存、相互促进的过程，二者共同构成了一个完整的生态系统。保育与教育相辅相成、相得益彰，共同为孩子的成长服务。在我国，托幼机构一贯注重保教结合、保教并重，强调“保”中有“教”，“教”中有“保”，这两者缺一不可。

二、婴幼儿健康保育工作的基本内容

婴幼儿健康保育工作是在幼儿园环境中实施有计划地保护与促进幼儿生长发育、身心健康及社会性发展的活动，是幼儿园各项管理工作的基础。托幼园（所）的保育工作，涵盖了婴幼儿的生活、游戏和学习等多个方面，是为孩子提供全面教育的重要环节，而保育质量则是托幼园（所）可持续发展的关键所在。托幼园（所）的保育工作包括多个方面，主要涉及以下几个方面的内容：

1. 为婴幼儿创设良好的生活环境。托幼园（所）要根据婴幼儿身心发展的特点，为婴幼儿营造丰富的物质环境和良好的精神环境，以促进婴幼儿的全面成长。

2. 做好日常生活的保育工作。为确保婴幼儿的日常生活得到科学、合理的安排，托幼园（所）需要建立一套完善的生活制度，提供科学、合理的膳食，并在幼儿进餐、睡眠、穿脱衣服、盥洗、排泄等各个环节进行细致的照顾。

3. 扎实做好日常卫生保健工作。严格贯彻“预防为主”的方针，每日对婴幼儿进行晨检，并定期进行健康检查，同时加强卫生消毒、病儿隔离以及疾病防治等方面的工作。

4. 全面落实安全管理工作。为确保托幼园（所）的安全，必须定期进行房屋、设备、消防、交通等方面的安全防护和检查工作，同时加强药事管理，以预防任何可能发生的意外事故。

5. 积极进行身体锻炼，以促进婴幼儿的健康成长。在正常的气候条件下，确保婴幼儿每天有至少2小时的户外活动时间，充分利用自然因素，如阳光、空气和水等，有计划地组织婴幼儿进行锻炼，以增强其体质和提高其抗病能力。

6. 做好特殊婴幼儿的保育工作。为了满足那些身体虚弱、残疾或存在心理问题的幼儿的独特生理和心理需求，我们需要提供个性化的护理、援助和指导，以确保他们得到最优质的照顾。

三、婴幼儿健康保育的学习范围

本门课程的主要研究领域包括婴幼儿的解剖生理特点与保育、生长发育及评价、心理发展特点与保育、婴幼儿日常生活环节的保育、营养喂养与膳食管理，以及安全防护等方面。

作为未来的婴幼儿保育从业者，必须以理论与实践相结合的原则为指导，不仅要扎实掌握婴幼儿保育的基本理论知识，更要紧密联系托育机构的实际工作，积极适应社会发展形势，不断更新教育理念和保育知识，严格遵守各项规章制度，自觉养成良好的个人卫生习惯，以身作则，为儿童树立良好的榜样。

第一章　婴幼儿生理解剖特点及保育

学习目标

1. 了解婴幼儿八大系统的生理发育特点。
2. 掌握婴幼儿八大系统的保育要点。

情景导入

阳光幼儿园小班，一名叫杨杨的男孩子引起了保育员小王的关注。在幼儿园，小王观察到杨杨在运动方面表现得明显不足。在进行户外活动时，常常比其他孩子更容易疲劳，而且运动起来显得不够自如。在进行日常的跑、跳、攀爬等活动时，杨杨的动作明显不够协调，甚至有摔倒的情况发生。小王发现杨杨的问题后，立刻向家长反映了这个情况。家长带杨杨去医院进行全面的身体检查，以确定问题的根源。医院的检查结果显示，孩子的问题主要是由缺乏锻炼和运动技巧不足所致。

为了帮助杨杨在幼儿园更好地进行运动，小王采取了一些措施。首先，她激励杨杨多积极参与各类户外活动，逐渐提升他的身体素质和运动能力。其次，小王为他提供了有针对性的指导，以帮助他掌握更多的运动技巧。此外，为了避免杨杨在运动中受伤，小王还格外关注杨杨的防护措施，确保他在运动过程中的安全。

婴幼儿时期是人出生后经历的第一个生长发育期。婴幼儿虽已具有人体的基本结构和生理功能，但是与成人相比，其外形特征和生理机能都尚未发育成熟。婴幼儿有其独特的身心特征，通过了解他们心理发展的特点，可以更好地关注每个孩子的生长发育情况，为每个孩子提供个性化的建议和指导。了解婴幼儿生理发育特点是促进婴幼儿健康成长的前提条件，也是实施婴幼儿各项保健工作的理论依据。

第一节　运动系统

人体是一个极其复杂的有机整体，细胞是构成人体形态结构和生理功能的基本单位，这些细胞通过分化和组合形成各种组织，不同的组织结合起来构成器官，功能相关的器官联合起来，共同完成某一特定的生理功能，即系统。

构成人体的八大系统分别为运动系统、呼吸系统、消化系统、循环系统、神经系统、内分泌系统、泌尿系统、生殖系统。这些系统相互协调配合，使得人体内各种复杂的生命活动能够正常进行。

一、运动系统的组成

运动系统是由骨、骨连结和骨骼肌三部分组成。它构成了人体的基本轮廓，主要起着支持身体、执行运动、保护内脏和维持人体基本形态的作用。

（一）骨

骨是人或动物肢体中坚硬的组织部分。骨的大小、形态各不相同，一般分为长骨、短骨、扁骨和不规则骨四类。人体共有206块骨，每一块骨都是由骨膜、骨质和骨髓构成（如图1-1所示）。

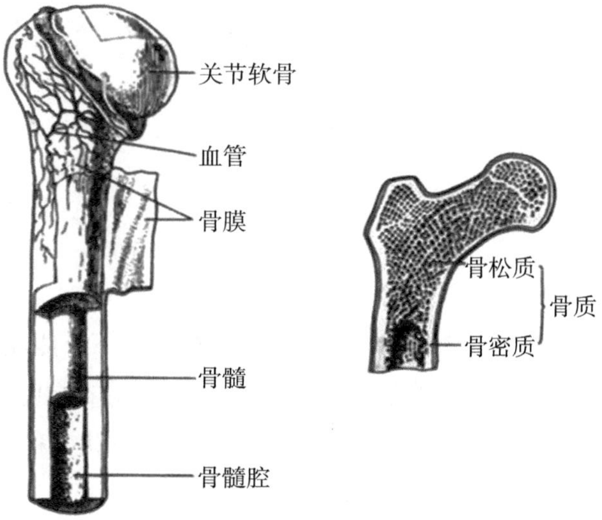

图1-1　骨的结构

1. 骨膜是骨表面除关节外所被覆的坚固的结缔组织包膜。在骨端和肌腱附着部位，非常致密地附着在骨上。分为内层和外层，外层骨膜由胶原纤维紧密结合而成，附有血管、神经，主要作用是提供营养和感觉功能。内层骨膜也称形成层，其胶原纤维较粗，并含有细胞。生长中的骨膜，在其内部有成骨细胞，参与骨的增粗生长，对骨的生长和增生有重要的作用。

2. 骨质是骨的主要成分，由骨组织构成，分为骨密质和骨松质。骨密质结构致密，抗压能力较强，质地较坚硬，分布在骨外层和长骨的骨干；骨松质结构较疏松，呈蜂窝状，质地较松，分布在长骨的两端，即骨骺或短骨内部。

3. 骨髓是一种软组织，填充在骨髓腔和骨松质间隙中，它是人体主要的造血器官，分为红骨髓和黄骨髓。红骨髓中含有大量的红细胞，因此呈现为红色，具有造血和免疫作用。黄骨髓主要是脂肪组织，呈现为黄色，无直接造血的功能，但机体贫血较为严重时，其又可转换为具有造血功能的红骨髓。

（二）骨连结

骨与骨之间的连结称为骨连结，骨连结分为直接连接和间接连结两种。直接连接是骨与骨之间由结缔组织膜（如颅顶骨之间的缝）或软骨（如锥体间的椎间盘）的连接。这样的骨连结，要么活动范围很小要么不能活动。间接连结即关节，是骨连结的主要形式，其特点是骨与骨之间有腔隙，并以膜性囊相联结，这种连结的活动范围很大，比如四肢骨之间及躯干骨之间的连结，正是由于关节的活动范围大，人的四肢则灵活自如。关节由关节面、关节囊和关节腔三部分组成（如图1-2所示）。人的四肢骨关节主要是上肢关节（肩关节、肘关节、髋关节）和下肢关节（髋关节、膝关节、踝关节）。

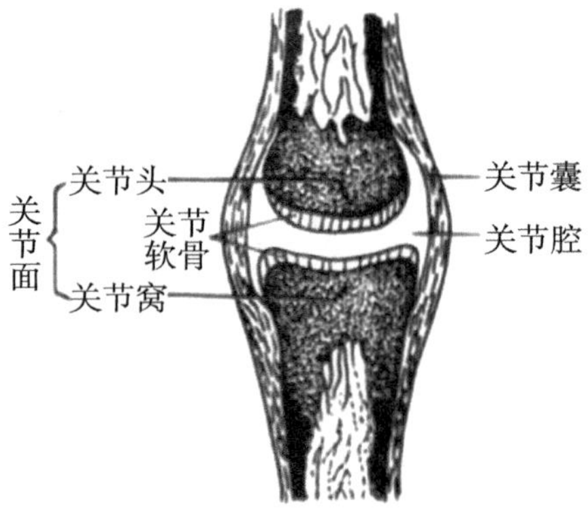

图1-2　关节的结构

（三）骨骼肌

骨骼肌作为运动系统的动力部分，在神经系统的支配下，能随着人的意志而收缩，所以又被称为随意肌。成年人的骨骼肌有600多块，主要分布在躯干和四肢，一般附着于骨上。肌肉中75%是水分，25%是固体成分，肌肉的形状多种多样，它的作用主要是运动、支持与保护等。

二、婴幼儿运动系统的特点

（一）婴幼儿骨的特点

1. 骨膜较厚，有利于生长

在婴幼儿时期，骨膜的厚度较大，血管密度较高，有助于促进骨骼的生长和骨组织的再生与修复。因此，当婴幼儿遭受骨骼损伤后，其康复速度比成年人更为迅速。

2. 骨质柔韧性大，易弯曲变形

相较于成年人，婴幼儿的骨组织所含的水分和有机成分更为丰富，而无机成分则相对较少。因此婴幼儿的骨骼具有良好的弹性和柔韧性，而硬度较低，在受到外力作用时容易出现弯曲或变形，但不易发生骨折，这也是导致婴幼儿骨损伤时经常出现“青枝骨折”现象的原因（如图1-3所示）。随着年龄的增长，幼儿的骨骼中所含的无机成分逐渐增多，同时其硬度也随之逐步提高。

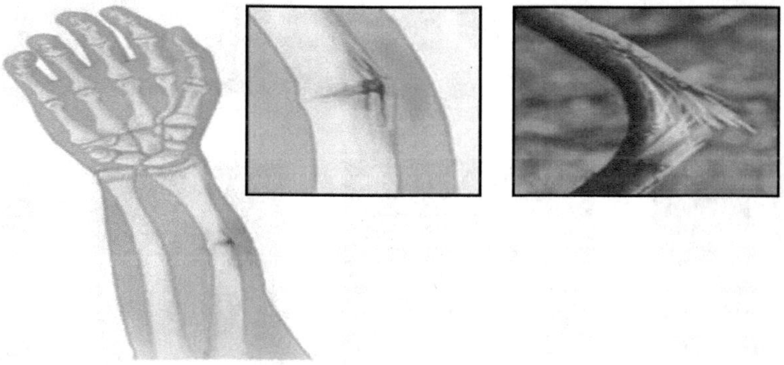

图1-3　“青枝骨折”现象

3. 红骨髓造血功能强

红骨髓是婴幼儿骨髓腔内的主要成分，其强大的造血功能有助于促进婴幼儿的生长和发育。随着年龄的增长，长骨的骨髓腔内的红色髓质会逐渐被脂肪组织所替代，逐渐转变为黄色的骨髓，从而失去了其造血的能力。黄骨髓在大量失血和患贫血症的情况下，能够恢复其正常的造血功能。

4. 骨骼未定型，可变性较强

颅骨：颅骨发育不完整，囟门未闭合。新生婴儿颅骨骨化尚未完成，其前、后囟门的骨间通过结缔组织膜相连接。前区域较大，这是由于顶骨和额骨边缘形成的菱形间隙造成的（如图1-4所示）。6个月后逐渐骨化变小，1～1.5岁闭合。后囟门出生后

2～3个月闭合。因此要注意对婴幼儿囟门的保护，并密切观察颅骨的闭合过程，预防缺钙。

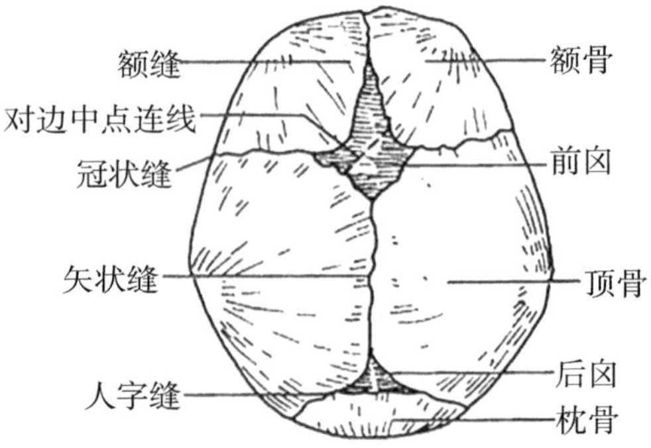

图1-4　婴幼儿的囟门

腕骨：腕骨的钙化是逐渐进行的。新生儿的腕骨都是软骨，6个月出现骨化中心，随年龄的增长，腕骨逐渐钙化，最终在10～13岁时完成了整个腕骨的钙化过程（如图1-5所示）。因为婴幼儿的腕部力量相对较弱，所以在运用手部精细动作时，需要注意时间的把控，避免过长的动作时间，同时也要避免让婴幼儿过度负重。

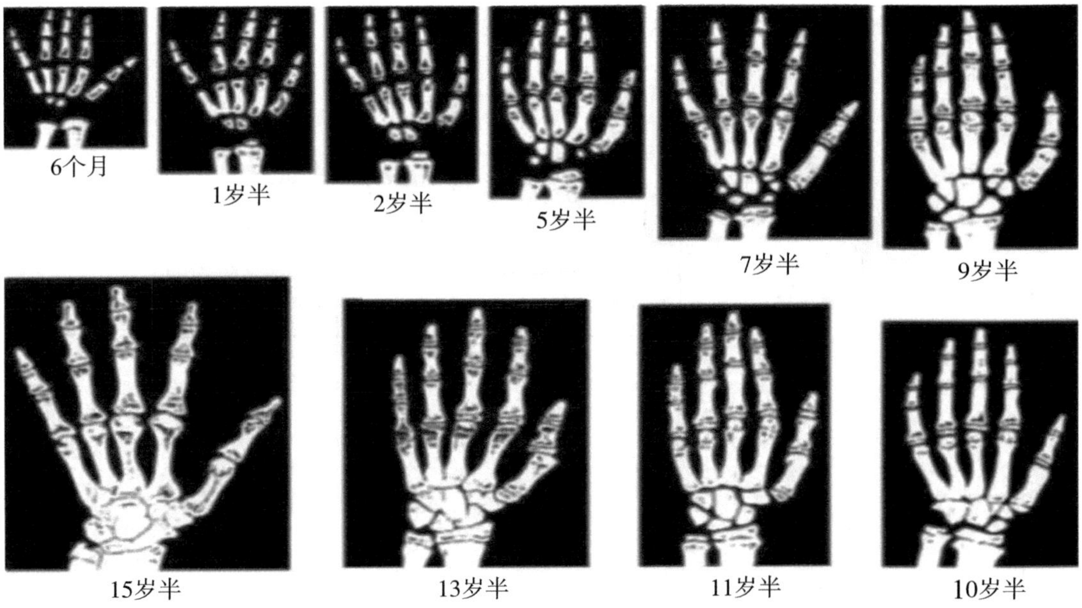

图1-5　儿童腕骨的发展

髋骨：髋骨的愈合要在20～25岁完成。婴幼儿的髋骨由髂骨、耻骨和坐骨三块骨骼构成，这三块骨借助软骨连接，尚未完全愈合。因此需要避免从高处跳向坚硬的地面，以免导致髂骨愈合错位，特别是对于女孩而言，可能会对未来骨盆的发育以及成年后的生育功能产生不良影响。

脊柱：脊柱是由椎骨、骶骨、尾椎等组成的。从侧面观察，成年人的脊柱呈现出四种弯曲，分别是颈曲、胸曲、腰曲和骶曲，这些曲形如弹簧，能够维持身体平衡，缓解行走时对大脑的震荡。初生婴儿的脊柱几乎是笔直的，除了骶曲以外，随着婴幼儿动作的发展，逐渐呈现出弯曲的趋势（如图1-6所示）。通常在2至3个月的时候，婴儿会开始抬起头来，形成颈部曲线；6至7个月的婴儿开始表现出坐稳姿势，并逐渐形成了胸部曲线；在10至12个月的婴幼儿阶段，已经掌握了站立行走的技能，并且形成了腰曲。婴幼儿脊柱弯曲并未固定，颈曲、胸曲在7岁骨化，腰曲在13岁左右才骨化，20至21岁或者更晚时脊柱的骨化才完成。儿童时期是人体骨骼发育最快的阶段，也是最容易发生各种关节畸形和脊柱侧弯等疾患的年龄期，而这些疾病又都与不良坐姿有着密切关系。因此，对于儿童骨骼发育的关键时期，要注意培养正确的坐、立、行姿势，预防脊柱变形。

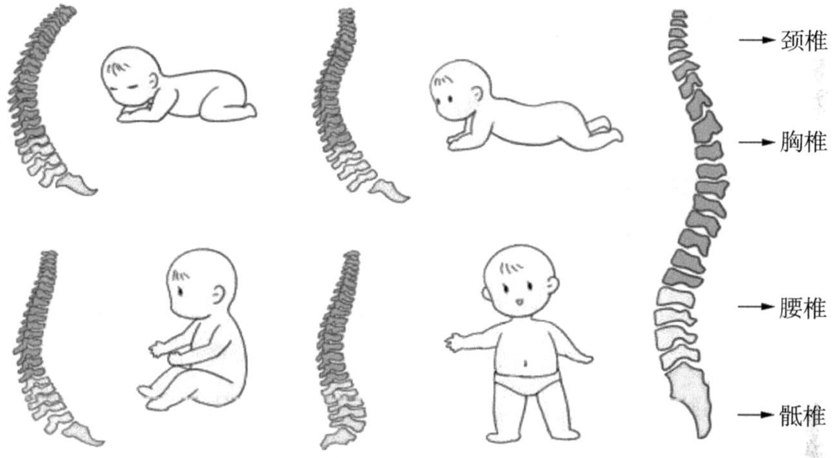

图1-6　婴幼儿脊柱生理性弯曲的发展

（二）婴幼儿关节的特点

1. 关节的牢固性差，容易造成脱臼

婴幼儿的关节面软骨相对成年人较厚，关节囊和韧带的伸展性较大，周围肌肉细长，因此婴幼儿关节活动范围较成人更广，但其牢固性相对较差，容易在外力作用下发生脱臼，导致局部疼痛、肿胀和畸形等症状。特别是在婴幼儿时期，由于腕关节和肘关节的松度较高，若过度施力于这些部位，可能会导致关节脱位。

2. 足弓发育不完善，容易产生变形

足弓是由跖骨和与其联结的韧带形成的一种向上凸起的弓形结构，形态独特。在成人中，它是支撑整个足部活动的重要结构之一，足弓具有弹性，能有效减轻运动时对大脑的震荡，同时保护足底的血管和神经避免受到压迫。婴幼儿的足弓尚未形成完整的形态，足底的肌肉、肌腱和韧带等发育还没有完全成熟，因此，如果婴幼儿因肥胖、行走或站立时间过长、负重过度，都可能会导致足弓塌陷，形成扁平的足部结构（如图1–7所示）。轻微的扁平足感受不明显，而严重的扁平足在奔跑、跳跃或行走时，会导致足底产生麻木或疼痛的感觉。

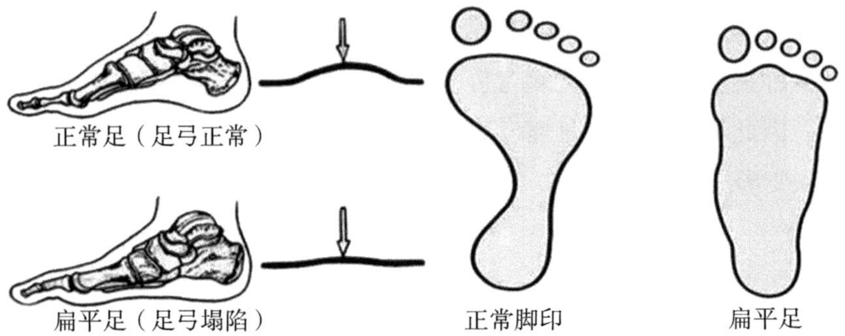

图1–7　足弓

（三）婴幼儿肌肉的特点

1. 肌肉柔嫩，容易导致疲劳

婴幼儿的肌肉质地比较柔嫩，肌纤维比较细，且肌腱宽而短；肌肉中所含的水分相对较高，而蛋白质、脂肪和无机盐的含量较低，从而导致其收缩力不足，力量和耐力不足，容易受到疲劳或损伤。因此，对婴幼儿来说，不宜进行大强度的锻炼。特别是在剧烈运动下或者长时间站立、写字以及静坐时，都容易使肌肉产生疲劳。但是婴幼儿的新陈代谢旺盛，氧气供应充足，因此疲劳的恢复速度要比成人更快。随着年龄的增长，婴幼儿的肌肉中所含的有机物质逐渐增多，导致水分逐渐减少，从而使得肌肉力量得到相应的增强。

2. 大肌肉群发展较早，小肌肉群发展较晚

婴幼儿的肌肉系统在发育过程中呈现出一种自上而下、从大到小的顺序。一般来讲，躯干肌肉要比四肢肌肉发育得早些，上肢肌肉要比下肢肌肉发育得早些，大肌肉群发育要比小肌肉群发育得早些。婴幼儿的躯干和上下肢具有较强的运动能力，而腕部和手指的运动能力相对较弱，因此其精细的动作难以达到预期的效果。尽管3至4岁的幼儿具备行走、奔跑和跳跃的能力，但他们并不具备熟练握笔画直线的技能。随着年龄的增长，通过适当的锻炼，他们的小肌肉力量得到了增强，自我控制和准确度也得到了提高，从而能够更加精细地完成动作。

三、婴幼儿运动系统的保育要点

1. 保证充足的营养

营养是保证婴幼儿骨骼生长的物质基础，构成骨骼的主要成分是钙和磷，维生素D有助于促进钙和磷的吸收。婴幼儿的骨骼正处于逐渐钙化的过程中，若长期营养不良，就会对孩子的骨骼生长和发育造成不良影响。因此，托幼机构有责任为婴幼儿提供科学合理的膳食，确保其获得充足的营养。为婴幼儿提供富含钙、磷、蛋白质和维生素D丰富的食物，如鸡蛋、牛奶、动物肝脏及豆制品等，以满足婴幼儿营养需求。

2. 科学合理地安排户外活动和体育锻炼

运动和阳光是骨骼生长的“营养素”。进行体育锻炼，可以刺激婴幼儿的新陈代谢，促进骨骼的生长发育，提高骨骼的硬度，增强肌肉的健壮和结实程度。此外，适当参加一些体育游戏，可以增强儿童对环境的适应能力和自我保护能力，有利于儿童智力发育。在户外活动中，婴幼儿能够适应环境温度的变化，从而增强机体的免疫力，同时接受充足的日照，有助于预防佝偻病的发生。在组织婴幼儿活动时，教师应当根据婴幼儿运动系统的特点，选择适合其年龄和体质的运动量和项目，以确保活动的有效性和可持续性。

3. 培养婴幼儿正确的身体姿态

正确的身体姿势不仅对婴幼儿的骨骼生长具有至关重要的影响，也能够有效减轻肌肉疲劳，预防脊柱的变形。

正确的站立姿势应如同松树一样，即“站如松”。具体站姿：昂首挺胸、表情自然、胸稍向前挺、微收腹、两眼平视前方，不耸肩，两臂自然下垂，足跟靠拢，足间夹角为45度。身体的重心处于两足间的前端，宛如挺拔的松树，姿态稳健。

正确的坐姿应该是“坐如钟”。当坐在椅子上时，人的胸部和腹部应该挺直，臀部应该稳稳地落在椅子的中央或稍后，大腿应该保持水平，两脚应该自然平放，不要耸肩或歪头，头部、脖颈和身体应该尽量保持直线，双肩应该略微向后舒张。

正确的行走方式应当是“如风之行，毫不偏离”。在行走时，应当昂首挺胸，保持身体的平衡，避免不必要的摇晃。

4. 保护好婴幼儿的关节和韧带

在进行组织活动之前，需要对婴幼儿进行适当的热身运动，以确保其关节的牢固性。在活动时，不应过度拉伸其手臂，以免导致肘关节和腕关节脱臼。同时，需要注意防止婴幼儿从高处向下跳跃，以免对其膝关节和盆骨造成挫伤。

知识链接

对低龄宝宝来说，运动是早期教育最基本，也是最主要的内容。应尽早带孩子进行适当的运动，这会使孩子受益终身，这些好处主要体现在以下这些方面：促进身体生长，增强体能和耐力；促进大脑、骨骼、肌肉发育，维持合理肌肉和脂肪比；培养优秀的意志品质；养成良好的运动习惯；

不同年龄宝宝适合不同的运动。婴儿的运动发展一般按照从上到下、由大到小、由近端向远端的原则进行。一开始动作是不准确的，逐步形成精细的动作。各年龄阶段的侧重点如下：

0～2个月：视听训练、俯卧抬头、被动操练习等。

3～4个月：俯卧抬头半小时、翻身、抵足爬行、平衡训练、手口眼协调性训练、抓握训练等。

5～6个月：座位训练、爬行训练、主动抓握训练等。

7～8个月：手膝（足）位爬行训练、翻身坐起、拾取动作训练等。

9～10个月：扶站训练、蹲起训练等。

11～12个月：站立、行走练习等。

13～15个月：站立、独立走等动作的发展。

16～18个月：攀登、掌握平衡等动作的发展。

19～23个月：稳步行走、跑步、攀登楼梯等动作的发展。

24～31个月：单脚站立等平衡性要求高的项目。

32～36个月：单脚跳跃等需要较大力量的动作。

36个月以上：翻滚、走平衡木、抛物、接物、旋转、跳绳、跑步等动作的发展。

第二节　消化系统

一、消化系统的组成

人的消化系统主要由消化道和消化腺两大部分组成（如图1-8所示）。其中消化道包括口腔、咽、食管、胃、小肠、大肠和肛门。而消化腺是作为分泌消化液的器官，分为消化道内的小消化腺和消化道外的大消化腺两种。小消化腺，如胃腺、肠腺等，大消化腺，如唾液腺、肝脏和胰腺，它们是通过导管将分泌物输送至消化系统内部。

消化系统的功能是将从外界摄取的食物经过消化吸收后提取营养物质以满足机体机能的正常需要，为身体新陈代谢提供动力。

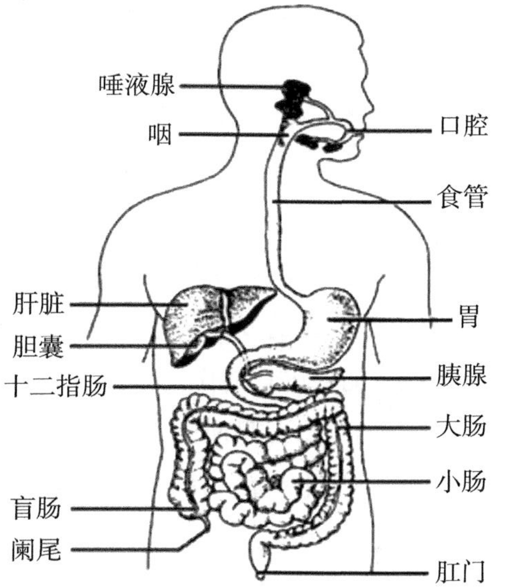

图1–8　消化系统的组成

二、婴幼儿消化系统的特点

（一）婴幼儿消化道的特点

1. 口腔

口腔是整个消化道的起始部分。人的口腔内由牙齿、舌头和唾液腺三种器官组成。对于婴幼儿来说，口腔较小，黏膜柔嫩，血管丰富，容易造成感染和损伤。

①牙齿

牙齿作为人体最坚硬的器官，其功能是对食物进行切割和碾碎，并具有辅助发音的作用。牙齿可分为切牙、尖牙、前磨牙和磨牙4种。每个牙齿都是由牙冠、牙颈和牙根三部分组成（如图1–9所示）。

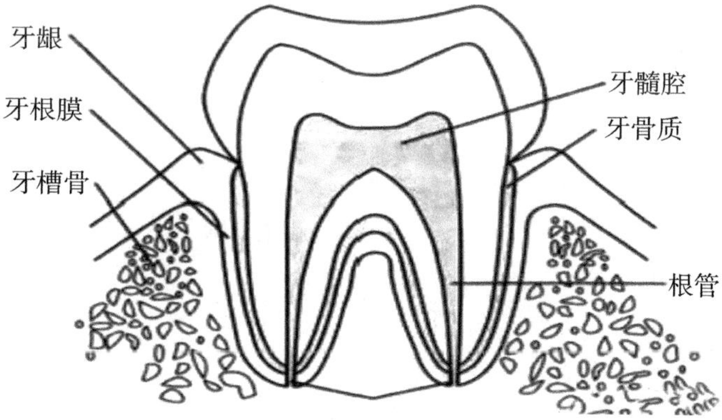

图1–9　牙齿的结构

人的一生要萌出两次牙齿。第1次萌出的叫乳牙，共20个，于2岁半左右出齐。6岁左右，乳牙开始逐渐脱落，被恒牙所替代。6岁左右长出的第一恒磨牙称为六龄齿

（如图1-10所示）。乳牙钙化程度低，牙釉质薄，牙本质松脆，牙髓腔较大，易被酸性物质腐蚀而发生龋齿。

②舌头

舌头是位于口腔底的肌性器官，是人类重要的发音器官。有感受味道，辅助进食的作用。

婴幼儿的舌头宽而短，灵活性比较差，因此对食物的搅拌及协助吞咽的能力欠缺，并且发音不标准。

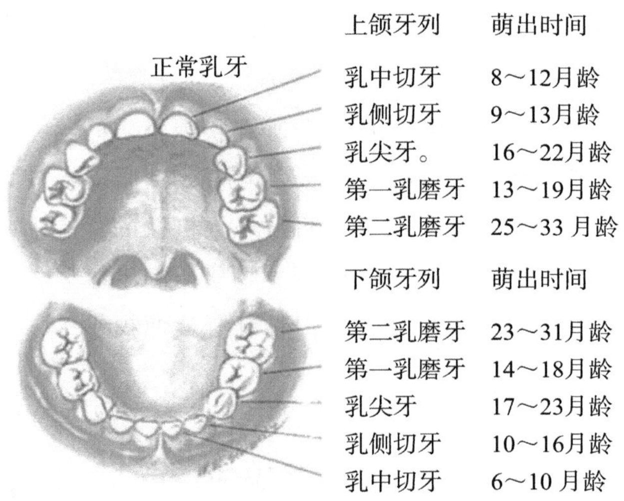

图1-10　乳牙萌出顺序

2. 食管

食管是连接咽和胃之间的消化管（如图1-11所示）。婴幼儿的食管相对于成人短而窄，且呈漏斗状，黏膜细嫩，弹力组织和肌肉组织发育较差，容易出现“溢奶”现象和损伤的危险。

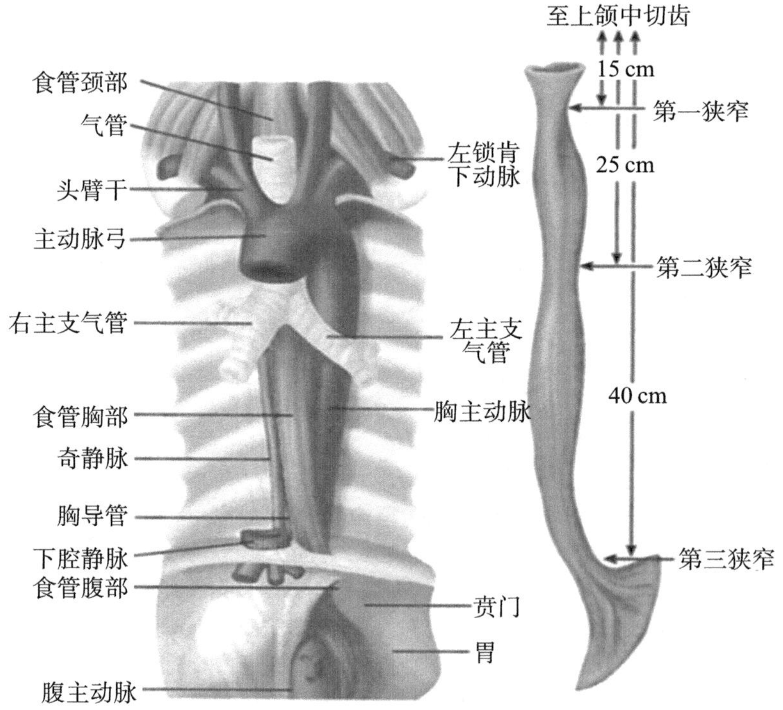

图1-11　食管

3. 胃

胃是消化道中最膨大的部分，其功能是对食物进行暂时的储存和初步消化部分食物（图1–12）。

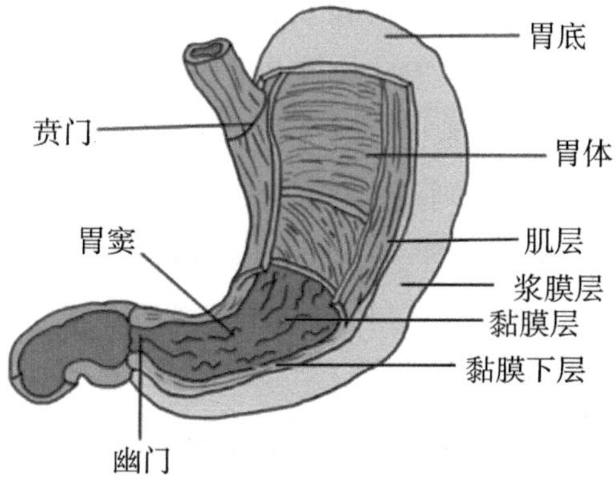

图1–12　胃的构成

婴幼儿的胃呈水平位，一旦开始行走时会变为垂直状，且容量小，胃壁肌肉组织发育不完善，蠕动性差，胃酸和消化酶比成人少，故婴幼儿的消化能力弱。

4. 肠

小肠是消化管中最常见的一部分，是食物消化吸收的主要场所（如图1–13）。大肠是消化道的最末端，能对食物残渣中的水液进行吸收，促使食物残渣形成粪便，并将粪便有规律地排出体外。

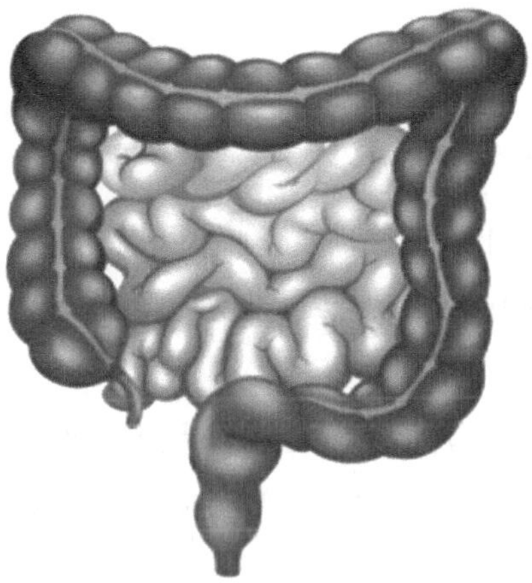
图1–13　肠

婴幼儿的肠道相对较长，肠壁黏膜细嫩，血管和淋巴丰富，因此肠的吸收功能较成人强。但肠壁肌肉较薄弱，肠蠕动相比成人较弱，消化能力差，加上自主神经调节能力不足，容易发生肠功能紊乱现象。此外，婴幼儿直肠的固定性比较差，长期腹泻或久坐便盆容易导致脱肛等。

（二）婴幼儿消化腺的特点

1. 唾液腺

人体的唾液腺有三对，分别是腮腺、颌下腺和舌下腺，其中最大的是腮腺。唾液腺分泌的唾液中有淀粉酶，能帮助消化，还有溶菌酶，能杀灭口腔细菌等，因此唾液又被称为“生命之津”，所以要教育婴幼儿不能随便吐唾液。

婴幼儿的唾液腺在出生时已经形成，但由于分泌功能差，口腔会比较干燥。3～6个月时发育不断完善，但依然吞咽能力较差，经常出现流口水的现象，被称为“生理性流涎”，随年龄的增长，婴幼儿的唾液分泌量增多，对食物的消化能力随之加强，流口水的现象也会逐渐自行消失。

2. 肝脏

肝脏作为人体最大的消化腺，其位于人体的腹部。

婴幼儿的肝脏血管丰富，肝细胞较小，再生能力强，但是由于婴幼儿肝功能发育不完善，胆汁分泌少，因此对脂肪的消化能力比较差。同时因糖原贮存少，饥饿时容易发生低血糖。婴幼儿肝脏的解毒能力差，故用药量小。

3. 胰腺

胰腺则是人体的第二大消化腺，其位于胃的后方，分为外分泌腺和内分泌腺（如图1-14）。具有消化蛋白质、脂肪和糖等作用。

婴幼儿胰腺能分泌各种消化酶，但发育不完善，消化能力较弱，易受炎热气候和各种疾病的影响而导致消化不良。

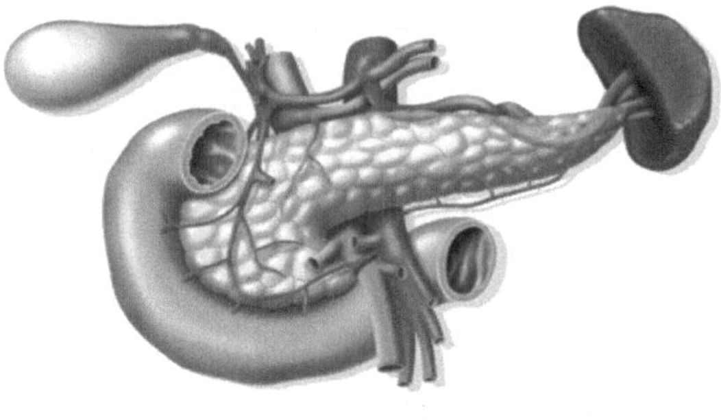

图1-14　胰腺

三、婴幼儿消化系统的保育要点

1. 注意口腔卫生，保护乳牙。让婴幼儿养成早晚刷牙、饭后漱口的习惯；不要吃坚硬的物品，少饮糖水、少吃含糖量多的食品，合理营养，满足钙的需求，定期检查牙齿。

2. 注意饮食卫生，培养良好的进餐习惯。教育婴幼儿不偏食、挑食，不暴饮暴食。养成定时定量、细嚼慢咽进餐的好习惯。

3. 养成婴幼儿定时排便的生活习惯。培养婴幼儿形成早饭后排便的习惯，平时多吃蔬菜和水果，要多喝水，保持大便通畅，以防形成习惯性便秘，还要提醒婴幼儿不要久坐便盆，防止脱肛。

知识链接

如何应对宝宝消化不良

一、消化不良常见症状

1. 产生声响

消化机体功能出现紊乱，导致一些食物残留在消化道内部，这些残渣经微生物发酵会产生气体，这些气体便会引起宝宝肚子胀、打饱嗝、腹部发出响声、放屁多等症状。

2. 降低食欲

未被消化的食物堆积发酵会让宝宝减少食欲，宝宝会出现不吃或吃得很少的情况。

3. 呕吐

宝宝经常呕吐并且从口腔处可闻得很刺鼻的酸臭味。

4. 排便异常

排便不规律，粪便状态不正常，大多数宝宝由于肠胃消化问题会出现腹泻拉稀或便秘等症状。

5. 睡眠躁动

肠胃不适会引起宝宝睡眠异常，夜间睡觉时常表现出不安，经常翻身。

二、宝宝消化不良的病因

婴幼儿的消化器官发育还不完善，消化液分泌也不充足，酶的功能也不完善，胃及肠道内黏膜柔嫩，消化功能还比较弱，如果父母不能正确喂养宝宝，使宝宝饮食的质和量不当，损伤了肠胃引起胃肠功能紊乱，宝宝就会出现肚子胀、吐奶、大便稀，有酸臭味，并有大量未消化的食物残渣等消化不良（伤食）的表现。

除喂食不当，胃肠道炎症、滥用抗生素、体抵抗力低以及肚子受凉也可引起消化不良。婴幼儿长期消化不良，会造成营养素摄入不足，消化吸收不良，影响生长发育。

特别是3岁以内的小儿，这一阶段正是大脑发育最旺盛的时期，是决定智能高低的关键时期，若消化功能未能及时得到改善，则影响营养素的吸收，进而影响宝宝的身体发育。

三、要带宝宝去医院的情况

当宝宝总喊腹部不适，出现影响进食、身体消瘦、营养不良，甚至影响正常活动等情况时，家长应及时带宝宝去医院就诊。

四、宝宝消化不良的应对方法

1. 观察宝宝的病情，判断是生病导致的不消化，还是食物因素导致的。

2. 如果是生病导致消化系统功能减弱，而出现的消化不良，这需要找出根源并治病，等痊愈后，才能慢慢地恢复内部的消化功能。

3. 如果是吃了某些比较难消化的食物，或者是吃得太多而导致消化不良，则需要让宝宝减少食物摄入，尽量吃一些稀饭等容易消化的食物，不要吃太多油腻的。

4. 让宝宝多休息，在充足的睡眠下恢复消化功能。

5. 药物辅助治疗：建议在医生指导下用药处理。

第三节　循环系统

一、循环系统的组成

在人体的生理活动中，全身各个器官、组织和细胞需要不断得到氧气和营养物质，同时又要不断地把体内产生的二氧化碳和代谢废物排出体外，而这个过程主要是由循环系统来完成的。循环系统包括血液循环系统和淋巴系统。

（一）血液循环系统

血液循环系统由心脏和血管组成，形成密封连续的管道。其功能是运输氧气和养料，排出二氧化碳和其他代谢产物，保护机体。

1. 心脏

心脏是血液循环的动力器官（如图1-15所示）。外形像桃子，位于胸腔的中纵隔内，两肺之间，分为左心房、右心房、左心室、右心室。构成心脏的心肌有很强的收缩力和舒张力，心脏通过收缩和舒张，将血液运送至全身各处。

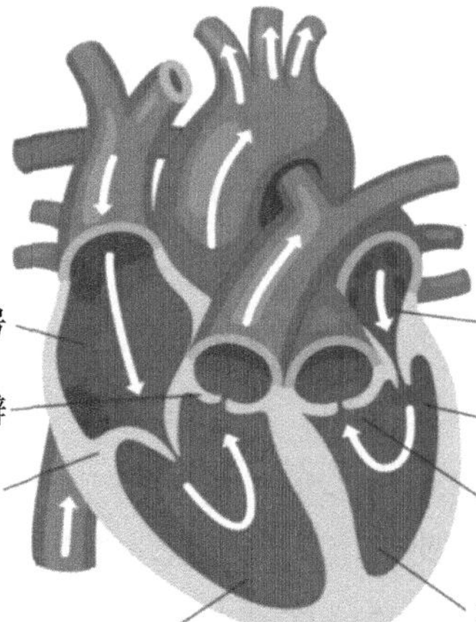

图1-15　人的心脏

2. 血液

血液由血浆（占55%）和血细胞（占45%）组成，存在于心脏和血管中。血浆其主要功能是运载血细胞，运输营养物质和促进废物代谢。血细胞分为红细胞、白细胞和血小板。红细胞的主要成分是血红蛋白，主要功能是运输氧气和二氧化碳；白细胞又称“白血球”，主要功能是吞噬病菌和参与免疫；血小板能促进止血和加速血液凝固，具有凝血的功能。

3. 血管

血管是生物运送血液的重要管道，分为动脉、静脉与毛细血管。动脉血管是指从心脏运送血液到全身的血管，管壁厚且有弹性，血流速度快。静脉血管是指血液流回心脏的血管，管壁较薄，管腔较大，血流速度慢。毛细血管是连通最小的动脉与最小的静脉之间的血管，管径细小，管壁薄，通透性大。

血液在血管内流动时会对血管壁产生压力，把侧压力称为血压。心脏收缩时，血液对血管壁产生的最高压力称为收缩压；心脏舒张时，血液对血管壁产生的最低压力称为舒张压。一般成年人正常的收缩压为90～140 mmHg，舒张压为60～90 mmHg。血压的数值随个体年龄、性别和生理状态的变化而变化。

（二）淋巴系统

淋巴系统是血液循环系统的辅助系统，作为人体内重要的防御功能系统，它遍布全身各处，由淋巴管（分为毛细淋巴管、淋巴管、淋巴干和淋巴导管），淋巴组织（分为弥散淋巴组织与淋巴小结），淋巴器官（如胸腺、骨髓、脾、扁桃体等）构成。

一方面，淋巴系统引流淋巴液，清除机体内的异物、细菌等；另一方面，淋巴系统是身体防御的前哨，分散于身体各部分，淋巴结好比一个过滤装置，可有效阻止经淋巴管进入的微生物。

二、婴幼儿循环系统的特点

（一）婴幼儿血液循环系统的特点

1. 心脏

婴幼儿心脏体积相对较大，心脏与身体的比例随年龄的增加而下降，婴幼儿心肌薄弱，心脏容量小，新陈代谢旺盛，心跳较成人快，且年龄越小，心率越快。婴幼儿支配心脏的迷走神经发育未完善，对心脏的抑制作用较弱，心脏活动的节律性不强，表现为脉搏跳动不规律。到5岁时，随迷走神经的发育，心脏的神经支配开始具有成年人的特征，到10岁左右心率才较稳定。

2. 血液

（1）血液量随年龄增长变化很快。婴幼儿年龄越小，血液量与体重的比例越大。婴幼儿的血液量约占体重的8%～12%，成人约占体重的7%～8%，血液量随年龄的增长而增多。新生儿血液量约3毫升，1岁婴幼儿的血液量约6毫升，10岁的孩子血液量约20毫升。婴幼儿血浆中含水分较多，含凝血物质较少，因此，婴幼儿出血时，血液凝固较慢。出血需要4～6分钟凝固，成人仅需3～4分钟就凝固。

（2）幼儿白细胞吞噬病菌能力较差，发生感染容易扩散。婴幼儿5岁后血液中白细胞的数量接近成人水平，但对侵入人体的微生物吞噬能力较差，因此，婴幼儿时期对某些传染病的抗病能力差。

3. 血管

婴幼儿年龄越小，血压越高。

三、婴幼儿循环系统的保育要点

1. 适度锻炼可强心。婴幼儿心脏较脆弱，应避免剧烈运动，从而保护心脏。

2. 从婴幼儿期开始预防动脉硬化。注意合理膳食，减少胆固醇和饱和脂肪酸的摄入量，并形成良好的饮食习惯。

3. 要保证充足的营养。婴幼儿血液总量增加很快，造血需要的营养物质也要跟上。要让幼儿要多吃一些适当增加含铁、蛋白质、维生素B_{12}和叶酸较为丰富的食物，如鸡蛋、瘦肉、猪肝、血豆腐、木耳、芝麻酱、粗粮和新鲜的叶类蔬菜。

4. 提前预防各种传染病的发生。婴幼儿血液中防御能力强的白细胞较少，因此抗病能力差，易患传染病。因此，要密切关注婴幼儿的起居和活动，讲究卫生，勤洗手，特别是在传染病流行季节尽量少出入公共场所，从而避免因各种传染病引起的心脏疾病。

第四节　呼吸系统

一、呼吸系统的组成

呼吸系统是人体与外界空气进行气体交换的一系列器官的总称（如图1-16）。

呼吸系统主要由呼吸道和肺组成。呼吸道包括鼻、咽、喉、气管、支气管，肺是气体交换的场所。在临床上通常将鼻、咽、喉称为上呼吸道，将气管和支气管称为下呼吸道。

二、婴幼儿呼吸系统的特点

（一）婴幼儿呼吸器官的特点

1. 鼻

鼻是呼吸道的起始部分，是呼吸道的门户，是保护肺的第一道防线。由于婴幼儿

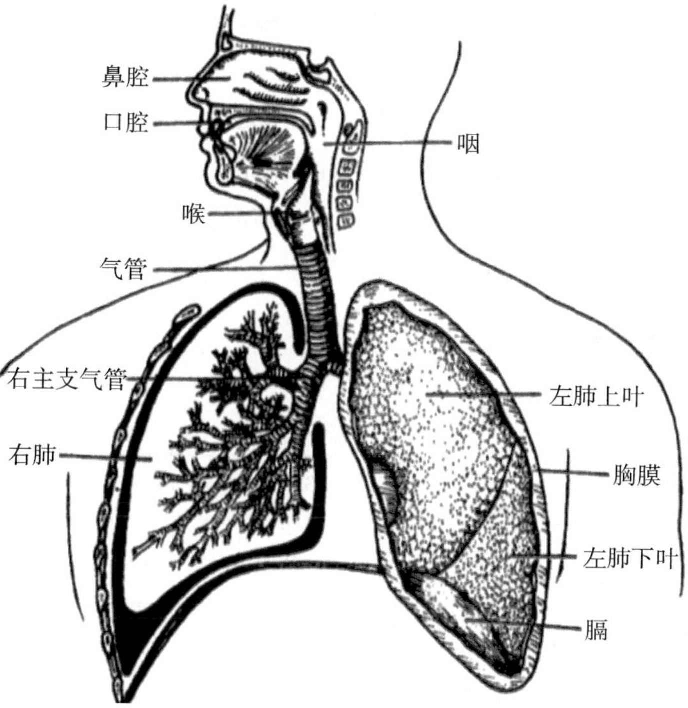

图1–16　呼吸系统

面部和颅骨尚未发育完全，因此，鼻、鼻腔和鼻旁窦三部分都相对较小，婴幼儿的鼻腔内黏膜柔软，无鼻毛，对空气的过滤作用较弱，容易受感染，从而会引发鼻黏膜肿胀，分泌物增多，造成鼻腔堵塞，呼吸困难，并伴有张口呼吸的现象。

2. 咽

咽是构成呼吸和消化系统的共同通道，分别与鼻腔、口腔、喉腔相通，起着吞咽和呼吸的功能，对发音起辅助作用。婴幼儿的咽部相对狭小，位于其中的耳咽管较宽且平直，当上呼吸道感染时，容易引发中耳炎，导致听力损伤。

3. 喉

喉是呼吸道组成中最狭窄的部分，既是呼吸通道又是发音器官，与咽和器官相连。婴幼儿的喉腔狭窄，软骨柔软，黏膜柔嫩，血管和淋巴组织丰富，有炎症时易发生梗阻而致吸气性呼吸困难。婴幼儿的声带不够坚韧，声门肌肉容易疲劳，如果长时间大声说话、发音不得法，或经常哭闹，均可使声带增厚，声音变得嘶哑，甚至造成声带的损伤。

4. 气管和支气管

气管是圆筒形管道，由C形软骨环做支架，与喉和胸腔相连。婴幼儿气管和支气管的管腔相对成年人较狭窄，管壁和软骨柔软且缺乏弹性，黏液分泌不足，管腔较干燥，黏膜上的纤毛运动差，所以容易发生感染导致呼吸困难。

5. 肺

肺是气体交换的场所，位于胸腔之内、膈肌之上，肺泡是组成肺的最小功能单位。新生儿的肺呈粉红色，随着年龄增长，成年后逐渐变成深红色。婴幼儿肺的弹性组织发育较差，血管丰富，充血较多而含气较少，肺泡数量少，且易被黏液堵塞，所以容易发生肺不张、肺气肿和肺淤血等。

（二）婴幼儿呼吸运动的特点

1. 年龄越小，呼吸频率越快。

年龄	新生儿	1岁以内	1～3岁	4～7岁	8～14岁	成人
呼吸频率（次/分）	40～50	30～40	25～30	20～25	18～20	16～20

2. 婴幼儿的呼吸以“腹式呼吸”为主。

婴幼儿呼气和吸气动作表浅，以腹式呼吸为主，且年龄越小，呼吸的节律性越差，往往是深度与表浅的呼吸相交替，这与呼吸中枢发育不完善有关。随着年龄增长，逐渐转为胸式呼吸。

三、婴幼儿呼吸系统的保育要点

1. 培养良好的呼吸卫生习惯。

①养成用鼻呼吸的习惯，充分发挥鼻腔的保护作用。

②教会婴幼儿正确擤鼻涕的方法，即轻轻捂住一侧鼻孔，擤完，再擤另一侧。

③纠正婴幼儿挖鼻、揉鼻、把异物塞入鼻腔等不良习惯，以防鼻腔感染或鼻出血。

④教育婴幼儿养成咳嗽、打喷嚏时要遮挡口、鼻，不随地吐痰，不蒙头睡觉的好习惯。

2. 注意不要让孩子的足部受凉。婴幼儿的脚心受凉后会导致寒凉之气自足底上行至全身，容易引起孩子呼吸系统疾病的发生，影响孩子正常的生长发育。

3. 保持室内空气新鲜、流通。新鲜的空气能促进人体的新陈代谢，使婴幼儿情绪饱满，心情愉悦。

4. 坚持早晨用冷水洗脸。冷水盥洗可以提高婴幼儿呼吸系统对疾病的抵抗力。

5. 多组织婴幼儿进行户外活动。经常参加户外活动可以加强婴幼儿呼吸肌的力量，增加肺活量，降低呼吸道疾病的发病率。

6. 培养儿童正确的姿势。正确的姿势能保证婴幼儿脊柱、胸廓的正常发育，还能促进呼吸运动的正常运行。

7. 保护嗓音。应选择适合婴幼儿特点的歌曲和朗读材料，鼓励孩子用自然优美的声音唱歌、说话。

8. 注意合理膳食，补充维生素A。教育婴幼儿在进餐时不要高声谈笑，也不要给较小的孩子吃果冻、黄豆等食物，防止食物误入气管。

第五节　泌尿系统

一、泌尿系统的组成

泌尿系统由肾脏、输尿管、膀胱及尿道组成（如图1–17），具有排出人体代谢废弃物、调节体内无机盐含量、维持内环境稳定等生理功能。

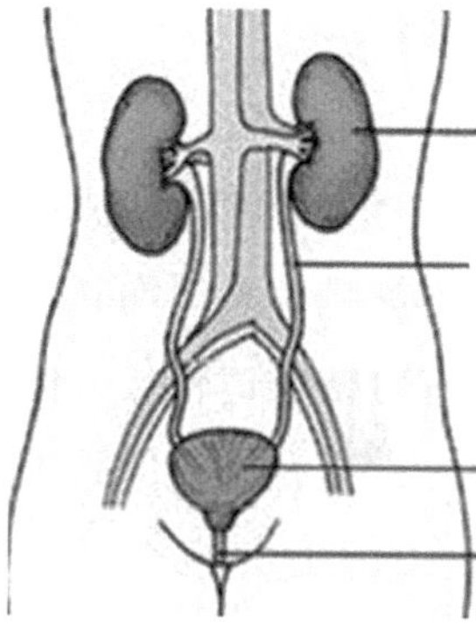

图1–17　泌尿系统

肾脏是主要的泌尿器官，人有两个肾，分别位于腹腔后壁腰部脊柱的左右两侧，形似蚕豆，它与输尿管相通。

肾的主要功能是以尿的形式排泄出各种代谢产物。尿液在肾脏内形成，通过输尿管，流入膀胱暂时贮存，如果肾脏的功能发生障碍，代谢的终产物将积聚在体内，破坏体内酸碱平衡，最终发展成为尿毒症。

二、婴幼儿泌尿系统的特点

1. 肾脏

婴幼儿肾脏发育不完善，功能较成人差，新生儿肾脏相对较大，肾表面凹凸不平，呈分叶状，位置较低，在1岁左右和12～15岁两个阶段，肾脏的发育最快，总体而言，婴幼儿肾脏的贮备能力差，肾小球的滤过作用和肾小管的吸收功能都比较差，表现为年龄越小，浓缩尿和排泄废物的能力越差。与成人相比，婴幼儿将从尿中损失更多的葡萄糖、氨基酸等有用物质，也较易发生脱水或水肿。

2. 输尿管

婴幼儿输尿管较长而弯曲，管壁肌肉及弹力纤维发育不良，容易扩张并易受压及扭曲而导致梗阻，造成尿潴留而诱发感染。如果输尿管与膀胱结合处结构发育不成熟，则容易发生膀胱输尿管反流。

3. 膀胱

婴幼儿膀胱位置较高，尿充盈时易升入腹腔，随年龄的增长逐渐下降至盆腔内。婴幼儿膀胱黏膜柔软，肌肉层及弹力纤维发育不良，新陈代谢旺盛，需水量较大，产生的尿总量较多，但膀胱的容量较小，贮尿能力差，且年龄越小，排尿次数越多，一般新生儿每天排尿次数20～25次，1岁时每天排尿15～16次，2～3岁时排尿10次左右，尿量在个体间差异很大，并易受气温、疾病、运动及饮水量等因素的影响。

婴幼儿的膀胱肌肉层较薄，弹性组织发育不完善，且大脑皮层的功能尚未完善，对排尿尚无约束能力，因此一旦膀胱内尿液充盈到一定量，就会不自觉地排尿，常有遗尿的现象。一般1岁半左右可养成控制排尿的习惯，到3岁时基本不再尿裤子。

4. 尿道

婴幼儿尿道较短，若不注意外阴部的清洁卫生，容易发生尿道感染。新生女婴尿道仅长1～3 cm，新生男婴尿道长5～6 cm，婴幼儿尿道黏膜柔嫩，弹性组织发育不完全，尿路黏膜容易损伤和脱落，特别是女孩，尿道外口暴露且接近肛门，易受粪便污染。有些男婴尿道较长，但常有包茎，积垢时亦可引起上行性泌尿系统感染。当尿路有感染时，会有大量的脓细胞、细菌等随尿排出，使尿的成分发生改变，因而验尿可以帮助诊断泌尿系统疾病。

三、婴幼儿泌尿系统的保育要点

1. 保证充足的饮水量

让婴幼儿多喝水，充足的饮水量既可以满足机体新陈代谢的需要，及时排泄废物，又可以减少泌尿道感染。

2. 培养良好的排尿的习惯

①及时进行排尿训练，培养定时排尿的习惯。

新生儿无自觉排尿的能力。3～5个月可定时“把尿”，6个月左右可坐便盆，但不要让孩子长时间坐便盆，以免影响正常的排尿反射。

②适当进行抑制排尿的训练，防止尿频和憋尿。

1岁左右可训练主动控制排尿的能力，但要掌握好“度”。既不能让幼儿太频繁地排尿，也不能让幼儿憋尿。过于频繁的排尿会影响正常的贮尿功能而引起尿频。经常憋尿，不仅难以清除废物，还容易发生泌尿道感染。

③提醒幼儿排尿，防止遗尿。

应在组织活动及睡觉前提醒幼儿排尿。对有尿床习惯的幼儿，要做好遗尿的防范工作，为其安排合理的生活制度。一旦发生尿床，应及时为幼儿更换内裤，消除其紧张焦虑情绪，切勿责怪惩罚。必要时可请医生检查，找出原因给予治疗。

3. 保持会阴部卫生，预防泌尿道感染

无论男孩女孩，都应尽早穿封裆裤。每晚睡前给婴幼儿清洗会阴部，要有专用的毛巾、盆子，毛巾用后消毒，教育婴幼儿不要坐地。厕所、便盆要每天洗刷，定期消毒。还要教会幼儿擦屁股的正确方法，即由前往后擦，以保持会阴部的清洁。另外，要注意防止个别幼儿玩弄生殖器。

4. 注意观察婴幼儿尿液的颜色和气味

婴幼儿如出现尿急、尿频、尿痛，尿液的颜色、气味异常，甚至无精打采、发烧等现象，但又没有感冒症状，应考虑有可能是泌尿道感染，需及时送医院诊治。

第六节　内分泌系统

一、内分泌系统的组成

内分泌系统是一种整合性的调节机制，通过分泌特殊的化学物质来实现对有机体的控制与调节，由内分泌腺、内分泌组织和分布于其他器官的内分泌细胞组成（如图1–18）。它与神经系统相辅相成，共同调节机体的生长发育和各种代谢，维持内环境的稳定，并影响行为和控制生殖等。

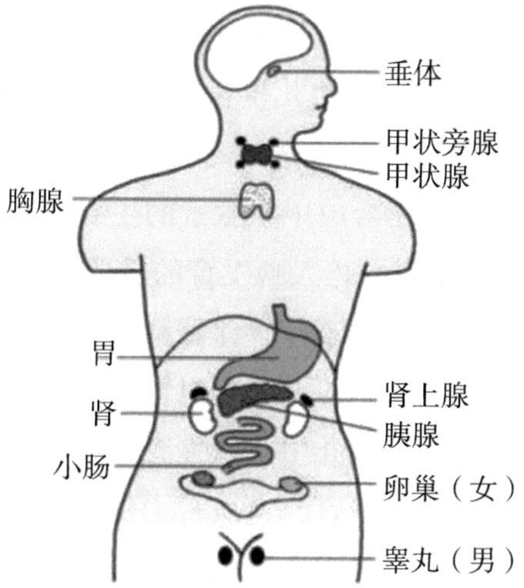

图1–18　人体内分泌系统示意图

人体主要的内分泌腺有甲状腺、甲状旁腺、肾上腺、垂体、松果体、胰岛、胸腺和性腺等，其中对婴幼儿影响较大的是甲状腺、垂体、松果体、胸腺和性腺。内分泌腺分泌的物质叫激素，如果因某些原因，激素分泌过多或过少，人体就会出现内分泌功能亢进或功能减退的疾病，影响新陈代谢，影响生长发育，造成机体形态、功能的改变。

二、婴幼儿内分泌系统的特点

1. 脑垂体

脑垂体是人体最重要的内分泌腺，是一个椭圆形的小体，重量不足1克，位于大脑底部（如图1-19），受下丘脑控制，是利用激素调节身体健康平衡的总开关。在4岁以前和青春期，脑垂体的生长最为迅速，功能也最活跃。能分泌多种激素，如生长激素、促甲状腺素、促肾上腺皮质激素、促性腺激素等，对人体代谢、生长、发育和生殖都有重要作用，因此，被称为“内分泌之王”。

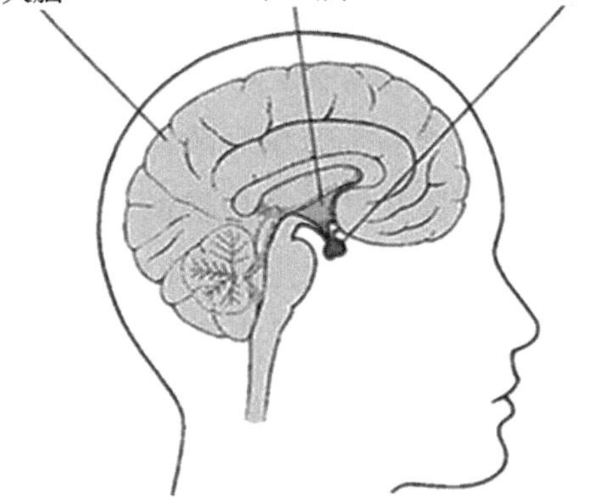

图1-19　脑垂体

脑垂体作为人体最重要的内分泌器官，其分泌的生长激素是促进生长最重要的激素，能促进骨骼和肌肉的生长，促进蛋白质的合成等作用。在婴幼儿期，如果生长激素分泌不足，则生长发育缓慢，容易发生“侏儒症”，患者生长发育迟缓，身材矮小，性器官发育不全，但智力一般正常。如果生长激素分泌过多，则过度生长，成为“巨人症”。

2. 甲状腺

甲状腺是人体最大的内分泌腺，位于喉下部、气管上部的两侧，呈蝴蝶形。甲状腺会影响婴幼儿生长发育和智力的发育，其主要功能是合成甲状腺激素，调节机体代谢。

碘是合成甲状腺素的主要原料，碘主要来源于加碘盐和海产品中。从胎儿期到出生后2岁，是人脑发育的重要阶段。这个时期每天至少需要40～70微克的碘来合成足够的甲状腺素，以保证脑的正常发育，缺碘会导致甲状腺素合成不足，引发一系列的症状和疾病，尤其是对智力的损害，可造成智力低下。孕期若缺碘，可致使甲状腺机能不足，胎儿甲状腺发育不全，婴儿出生后易患呆小症。婴幼儿期若长期缺碘，会影响智力的发育，造成智力低下、听力下降、语言障碍、生长受阻等多种问题。若甲状腺素分泌过多，则会引起甲亢症状，表现为多食、易饥、腹泻、消瘦、易怒、眼球突出等症状。

3. 胸腺

胸腺位于胸骨后面，紧靠心脏，呈扁平椭圆形，分左、右两叶，由淋巴组织构成，是重要的淋巴器官。胸腺在2岁以前生长较快，之后继续发育，到青春期后逐渐退化，被脂肪组织所代替。其功能与机体的免疫功能紧密相关，所以，在婴幼儿期，如果胸腺发育不全，会影响机体的免疫功能，导致婴幼儿反复出现呼吸道感染或腹泻等一系列疾病。

4. 松果体

松果体位于间脑脑前丘和丘脑之间，为红褐色的豆状小体，形如松果，故称之为松果体。婴幼儿期是松果体发育最快的时期，到七八岁时达到发育的顶峰，以后便开始退化，青春期前萎缩，成年后不断有钙盐沉着。

松果体的功能与机体代谢有一定的关系，并具有抑制性成熟的作用。研究证明，光照过度会引发儿童性早熟，而松果体分泌的褪黑激素能抑制垂体促性腺激素的释放，可以防止性早熟。

5. 性腺

性腺自胚胎4～5周开始形成。男孩的睾丸在出生时已经下降至阴囊内，10岁以前发育缓慢，性成熟时才迅速发育。女孩的卵巢在10岁前发育也缓慢，月经初潮时，卵巢的重量只相当于成人的30%，18岁时可达到成人重量。

三、婴幼儿内分泌系统的保育要点

1. 保证充足的睡眠，促进婴幼儿生长发育

根据婴幼儿生长发育的特点，养成良好的睡眠习惯，以促进生长激素的正常分泌。垂体分泌的生长激素在一周夜间并不均匀。婴幼儿在夜间入睡后，生长激素才大量分泌，所以孩子长个子，主要是在夜里，静悄悄地长。如果婴幼儿长期睡眠不足，生长激素的分泌就会减少，甚至分泌不足，最终会影响身高的增长。因此，保证婴幼儿充足的睡眠，能促进其生长发育。

2. 安排合理的膳食，防止碘缺乏病

给婴幼儿安排的膳食中，可多摄入新鲜的蔬菜、水果，以及肉、蛋、奶等，对生长激素的分泌有一定的帮助。此外，还应适当补充碘，如加碘盐，海带、紫菜等海产品，以防治碘缺乏病。需要注意的是1岁以内的婴儿不宜吃盐，以免损伤肠胃及肾脏的功能。

3. 不乱吃营养品，预防性早熟

性早熟是指男孩在9岁前，女孩在8岁前呈现第二性征。性早熟会影响孩子的最终身高，所以要做好预防，避免食用增高产品、洋快餐、饮料、蜂蜜等，因为这些食物中往往含有激素，长期食用会促进性腺提前发育，出现“性早熟”的现象。

4. 保持心情愉悦，减少内分泌系统疾病的发生率

要为婴幼儿营造安全舒适的环境，避免给婴幼儿太大的心理压力，减少大情绪的波动影响大脑皮层，进而影响内分泌系统疾病的发生率。

第七节　神经系统

一、神经系统的组成

神经系统（如图1-20）是人体的“司令部”，在各系统中起着支配主导作用。主要调节人体的生命活动，在神经系统的统一指挥下，机体各器官、系统各司其职，成为统一的整体。另外，神经系统会对外界的刺激进行分析，并迅速做出相应反应。

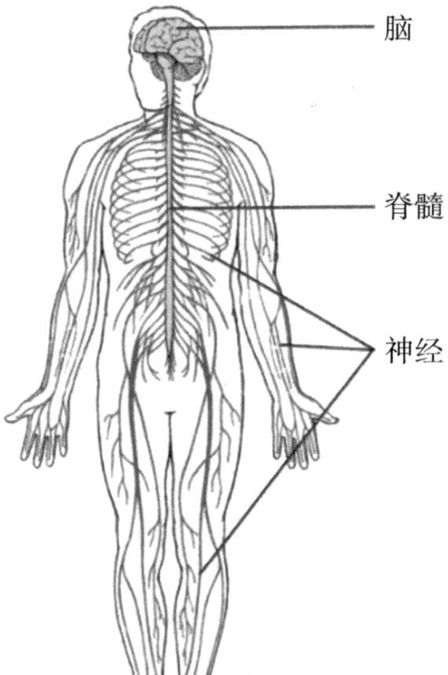

图1-20　神经系统的组成

神经系统可分为中枢神经系统和周围神经系统。

（一）中枢神经系统

中枢神经系统主要包括大脑、小脑、脑干、脊髓。中枢神经系统是人体的司令部，主要能够让人们进行正常的日常活动，以及手脚功能的运动，还有能够让人们进行正常的语言、思维交流及创作等功能。

（二）周围神经系统

周围神经系统包括周围神经、神经肌肉接头、肌肉、神经根、神经丛。一般都分布在肌肉和肢体，甚至内脏器官上。周围神经系统的主要功能是，在接收大脑的指令以后，让肢体产生正确的运动，即能够正确地拿筷子、读书、书写，但需通过中枢神经系统和周围神经系统的互相配合，才能实现肢体语言的协调统一。

二、婴幼儿神经系统的特点

1. 脑发育迅速

在妊娠3个月时，胎儿的神经系统已基本成形。出生前半年和出生后第一年是脑细胞数目增长的重要阶段，一年后，神经细胞的数目不再增加，但神经细胞的体积由小变大，突起由短变长，由少到多，深入到脑的各个部位。脑细胞如同一棵小树苗逐渐长成枝繁叶茂的大树。细胞的突起就好似自树干长出的树枝，他们互相搭接，形成了密密麻麻的网络，为婴幼儿的智力发展奠定了基础。

新生儿的脑重350～400克，占体重的12%，成人为1400～1500克，仅占体重的2%。在最初2年内脑发育是最快的，3～6岁脑的发育仍较迅速，7～8岁大脑继续发育，已接近成人脑重。脑的迅速发育为实施早期教育提供了物质根基。

2. 神经系统发育不平衡

新生儿在出生时脑干已发育成熟，从而保证了婴幼儿的呼吸、消化、循环和排泄等系统活动的正常运行，也保证了新陈代谢的正常调节。但小脑的发育较晚，所以，婴幼儿早期肌肉活动不协调。3岁左右小脑的功能才逐渐完善，因此，1～3岁的孩子平衡能力差，走路不稳，动作的协调性比较差，容易摔跤。

3. 脑细胞的耗氧量大

婴幼儿在生长发育过程中，大脑对氧的需要量较大，脑的耗氧量为全身耗氧量的1/2，而成年人则仅为1/4。脑组织对缺氧十分敏感，对缺氧的耐受力也较差。新鲜的空气含氧多，可以确保婴幼儿对氧气的需求，所以，婴幼儿生活的环境应空气清新。

4. 脑的兴奋过程占优势

婴幼儿大脑皮层发育尚未完善，兴奋过程强于抑制过程，但兴奋持续时间较短，容易泛化，主要表现为对事物保持注意的时间不长，容易随兴趣的改变而转移注意，动作缺乏准确性等。

5. 自主神经发育不完善

婴幼儿交感神经兴奋性强而副交感神经兴奋性较弱。比如，婴幼儿心率及呼吸频率较快，但节律不稳定，肠胃的消化能力极易受情绪的影响。

三、婴幼儿神经系统的保育要点

1. 保证充足的睡眠

合理安排生活制度，使婴幼儿动静交替，劳逸结合，可以使大脑皮层各区域的神经细胞轮流工作和休息，避免疲劳。保证婴幼儿充足的睡眠，可使全身各器官、系统，特别是神经系统得到充分休息，消除疲劳，积蓄养料和能量。婴幼儿年龄越小，神经系统越脆弱，所需要的睡眠时间越长，因此，要保证婴幼儿充足的睡眠。长时间睡眠不足，会影响婴幼儿身体和智力的发育。

2. 提供合理营养

营养是大脑进行生理活动和生长发育的物质基础。所以，要保证婴幼儿合理的膳食，按时给婴幼儿提供富含蛋白质、磷脂、维生素、无机盐等营养物质。

3. 保持愉快的情绪

要关心、热爱婴幼儿，为婴幼儿创设良好的生活环境，与婴幼儿建立良好的关系，坚持正面教育，不伤害孩子的自尊心，不歧视有缺陷的孩子，更不能体罚或变相体罚婴幼儿，以保证孩子在轻松愉悦的环境中生活。

4. 适宜的体育锻炼

丰富的活动，特别是适合婴幼儿年龄特点的体育锻炼，能促进脑的发育，提高神经系统反应的灵敏性和准确性。为使大脑两半球均衡发展，应使婴幼儿的动作多样化，如两手同时做手指操、攀爬及各种基本体操等。日常活动中注意让婴幼儿多动手，尽早用筷子进餐，学会使用剪刀，玩串珠子游戏，在活动中“左右开弓”，能更好地促进大脑两半球的发育。

第八节　生殖系统

案例导入

一天，4岁的明明突然蹲着小便。妈妈感到很奇怪，就问他为什么。明明说：“幼儿园里的女生都是蹲着尿的，为什么男生要站着尿呢？”妈妈回答说：“那是因为男生和女生的身体结构不一样，站着尿的话，男生不会弄湿裤子。”谁知，明明接着问道：“为什么男孩有那个，女生却没有呢？”明明又问：“幼儿园的伙伴们说我是从妈妈的肚子里生出来的，是吗？”妈妈听了很惊讶，马上说：“你这么小就问这些问题，真是让人害羞呢。等你长大一点，就会明白这些事情啦。”

婴幼儿在3岁左右就会萌出对性器官的好奇，经常提出很多类似的问题，成人应如何应对，如何开展早期教育呢？本节主要从生殖系统的组成，婴幼儿生殖系统的特点和保育要点进行讲述。

一、生殖系统的组成

生殖系统是生物体内的和生殖密切相关的器官的总称。它承担着繁殖新生命，保证种族延续，也就是生儿育女的重担。其功能是分泌性激素、产生生殖细胞和维持第二性征。其实，男女生殖器官在胚胎时期就已经形成了。这种与生俱来的两性器官的特征，称为第一性征，而在青春期开始出现的一些与性有关的特征，则称为第二性征。

人体的生殖系统按性别可以分为女性和男性两类。虽然男女生殖系统是完全不同的两个独立系统，但是按生殖器所在的部位，都分为内生殖器和外生殖器两部分。外生殖器露于体表，内生殖器位于体内。

男性内生殖器包括生殖腺体（睾丸）、输精管道（附睾、输精管、射精管、尿道）和附属腺体（精囊腺、前列腺、尿道球腺）。其中，睾丸是男性的主要性器官，有产生精子和分泌雄性激素的功能。外生殖器有阴茎和阴囊。女性内生殖器包括生殖腺（卵巢）和输送管道（输卵管、子宫和阴道）。其中，卵巢是女性的主要性器官，它能够产生卵子、分泌雌激素、孕激素和少量的雄激素。临床上常将卵巢和输卵管称为子宫附件，而子宫是孕育胎儿的地方，分为宫底、宫颈和宫体三部分。女性的外生殖器有阴阜、阴蒂、阴唇、前庭球、前庭大腺、阴道口和处女膜。

二、婴幼儿生殖系统的特点

生殖系统经历胚胎期、儿童期和青春期，是成熟最晚的系统。婴儿出生后，母体激素水平开始下降，而婴儿本身性腺并未发育，所以，生殖系统也未发育，功能静止，处于幼稚状态，进入青春期以后，各个生殖器官才会迅速发育，直至成熟。

（一）男孩生殖系统的特点

1. 睾丸在婴幼儿期生长缓慢

男孩的睾丸在胚胎7～8个月时降入阴囊，在10岁以前睾丸的生长速度缓慢，个体较小，其附属物相对较大，进入青春期后开始迅速发育，直至达到成人的水平。

2. 阴茎较小，包皮现象较为常见

男孩阴茎头外层的皮肤叫作包皮，如果包皮将阴茎头完全包裹，但仍然能向上翻起，称为包皮过长。若包皮口小，不能向上翻起，则称为包茎。在婴幼儿期，如果男孩包皮过长或出现包茎的现象，会使包皮腺体的分泌物和污垢长期存留在包皮里，形成包皮垢，以致发生包皮炎，从而导致包皮水肿、充血，阴茎头红肿、疼痛，甚至排尿困难。所以包皮过长者要经常清洗，及时除去包皮垢，有炎症者，在感染消退后，可采用包皮环切术进行根治。

（二）女孩生殖系统的特点

1. 卵巢较小，发育缓慢

女孩的卵巢在8岁以前很小，表面也很光滑，进入8～10岁时开始发育，直到17～18岁时才基本发育成熟，达到成人的重量。

2. 子宫发育较晚

女孩在婴幼儿期，子宫较小，宫颈较长，约占子宫的2/3，并且子宫的基底层也很薄嫩。从10岁左右子宫开始迅速发育，体积和重量也显著增大。

3. 阴道短小而干燥

女孩的阴道在10岁前呈狭小的管腔，黏膜薄嫩而且干燥，分泌物较少并呈中性或碱性，酸度低，抗感染的能力弱，容易发生炎症和感染。进入青春期以后，阴道开始变长、变宽，外阴也由幼稚型变为成人型。

三、婴幼儿生殖系统的保育要点

1. 保持外生殖器的清洁卫生

成人要为婴幼儿准备专用的毛巾和盆子，并定期用温水为婴幼儿清洗外阴部，避免使用肥皂，以免刺激皮肤。尤其是女孩，要避免穿开裆裤，擦屁股时要从前往后擦，防止污秽物进入阴道或尿道而造成感染。若幼儿偶尔出现玩弄生殖器的现象，或出现习惯性擦腿的动作，成人不要责骂体罚幼儿，要查明原因，用孩子感兴趣的事物转移其注意力。

2. 引导婴幼儿形成正确的性别意识

保教人员对婴幼儿一视同仁，没有性别歧视，是婴幼儿形成健康性心理的重要因素。婴幼儿在3岁左右，就基本具有了稳定、清楚的性别意识，能认识到男孩、女孩的不同。因此引导孩子形成正确的性别意识，对婴幼儿的身心健康发展起着重要的作用。

3. 科学合理地进行性教育

合理的性教育应该是“两性别互补”，婴幼儿时期是性心理发育的重要期，当婴幼儿对性萌发好奇心，甚至提出“为什么女孩和男孩小便的姿势不同”“我是从哪里来的”等问题时，父母或保教人员应该自然、简单、合理地回答孩子的提问，引导幼儿形成正确的性别意识，从而增强孩子的自我保护意识，预防幼儿心理性早熟和性侵害的发生。

4. 定期进行健康检查

对于婴幼儿的生殖器官，要定期进行健康检查，以免出现感染疾病的情况。特别是男孩，通常在出生时，双侧的睾丸已经降至阴囊内，若一侧或双侧的睾丸没有及时地降落，就属于隐睾，只有进行定期检查，才能及早发现睾丸下降的现象。

5. 内裤要宽松舒适

婴幼儿的内裤不能过紧，要宽松舒适，材质以纯棉制品为主，要保证良好的透气性，且要随时更换，经常清洗。

6. 预防性早熟

性早熟是一种常见的儿童疾病。近年来，儿童性早熟的发生率呈逐年上升的趋势，目前我国约有53万儿童存在性早熟的现象，儿童性早熟的患病率约为0.43%，其中女孩性早熟的发生率约占总数的90%。

若女孩在8岁以前乳房开始发育，男孩在9岁以前开始出现第二性特征则视为性早熟。性早熟严重危害了孩子的身心健康成长，它已经成为继肥胖之后困扰儿童健康的第二大问题，所以要提早做好预防。

（1）健康饮食

应减少反季节水果、蔬菜的摄入，部分反季节的水果蔬菜会使用催熟剂，长期食用可能会使幼儿性早熟。同时应避免大量摄入洋快餐、油炸、膨化类食品，以及高糖、高脂的食物，这类高热量的食物会在儿童体内转化为多余的脂肪，使身体内分泌紊乱，引发性早熟。所以，婴幼儿的日常饮食应以清淡、易消化且营养丰富的食物为主，以保证机体营养的均衡。

（2）避免食用保健品

部分家长会给婴幼儿吃一些保健品，若选择不当，可能会含有激素，长期食用会导致幼儿血液中的激素水平上升，使婴幼儿出现性早熟的现象。

（3）避免开灯睡觉

研究发现，长期开灯睡觉也会导致性早熟。因为夜晚是褪黑素分泌的高峰期，光照会抑制褪黑素的分泌，而褪黑素能抑制垂体促性腺激素的释放，减少了性激素的分泌。所以，开灯睡觉会增加性激素的分泌，从而促进性发育，导致性早熟的出现。

（4）及早治疗某些疾病

任何疾病的发生都会影响婴幼儿的健康成长，甚至引发性早熟的现象，如先天性肾上腺皮质增生症、垂体肿瘤、卵巢肿瘤、原发性甲状腺功能减低症、睾丸间质细胞瘤等疾病均可引起性早熟，因此，要定期检查，一旦确诊这些疾病要及早进行治疗。

作为家长和保育人员，必须对婴幼儿的生长发育加以重视，平时要多留心孩子是否有性早熟的症状。当疑似发生性早熟时，应尽早到正规的儿童内分泌门诊进行规范的对症治疗。

知识链接

婴幼儿性侵害的防范措施

随着人类的进步，生活节奏的加快，社会上有越来越多的人出现心理上的问题，心理扭曲的人也随之增加了，婴幼儿是弱势群体，也是最容易受伤害的群体。近年来，时常有媒体报道儿童被性侵的事件，人们在悲愤的同时，都在反思，如何才能防止这些悲剧的发生呢？可以遵照以下原则，加强自我保护意识，提高自我防范能力。

1. 禁止任何人触摸自己的隐私部位

家长和保教人员要告诉孩子，每个人身上都有一些隐私的部位，包括腹部、臀部、大腿内侧，女性胸部、阴部，以及男性的阴茎等。如果有人违背孩子的个人意愿，提出不合理的要求，要看或者触摸隐私部位，一定要马上离开或者大喊大叫，并攻击对方的要害部位。

2. 不能吃陌生人给的食物

家长和保教人员要告诫孩子，不管是什么好吃的东西，只要是陌生人给的，都不可以拿，更不可以吃。如果确实想吃那些东西，回家可以让爸爸妈妈买给自己吃。

3. 不要独自去偏僻的地方

家长和保教人员要告诉孩子，不管是在托幼园（所）玩游戏的时候，还是在回家的路上，或者任何时候，都不能一个人待在偏僻的地方，这样爸爸妈妈找不到宝宝，容易遇到坏人，一定要和老师或者其他小朋友在一起。

4. 学会用电话求助

家长和保教人员应该让孩子知道，通过电话可以与家人或其他人取得联系。当遇到危险，需要帮助时，知道可以向谁打电话求助。平时让孩子记住爸爸妈妈的电话，或者其他求助电话，并教会孩子怎样向他人打电话求救等。

5. 不能和别人随意离开托幼园（所）

家长和保教人员要告诉孩子，不能随意离开自己的集体，还要让孩子知道爸爸妈妈肯定会来接他，千万不能和别人离开。如果有人说是爸爸妈妈的朋友，一定要问他爸爸妈妈的名字，若答不出来就应该及时跑掉离开，或者当面让老师给爸爸妈妈打电话。

6. 出门在外，不要离开家长的视线

节假日是婴幼儿发生意外事故的高峰期，大约占全年意外事故总数的一半以上，让孩子单独在家也容易发生意外，所以不要让孩子离开监护人的视线，以免发生危险。

【习　题】

1. 婴幼儿生殖系统有何特点？应如何根据这些特点进行健康保育？
2. 结合生活实际谈谈，应如何预防婴幼儿性早熟的发生？

第九节　感觉器官

一、感觉器官的组成

感觉器官是人们感知世界的主要通道，包括视觉、听觉、嗅觉、触觉和味觉等，通过感觉器官婴幼儿感受外部环境，促进其认知发展。

（一）视觉器官——眼

眼是人们认识世界的主要途径，是重要的视觉器官，由眼球和附属部分结构组成。眼球是眼的主要部分（如图1-21），能感受光线刺激产生视觉。眼球包括眼球壁和眼球内的晶状体、房水、玻璃体，附属结构包括眼眶、眼睑、结膜、泪器、睫毛和眼外肌。

人的眼睛像一台照相机。眼球前面透明的“角膜”和眼球的内容物“晶状体”，相当于照相机的透镜，起着屈折光线、聚光的作用。角膜后面的“瞳孔”，相当于照相机的光圈，能根据外界光线的强弱自动调节，缩小或扩大。眼球壁最里面的一层是“视网膜”，相当于照相机的感光彩色底片，可以感受光线的刺激，产生视觉。

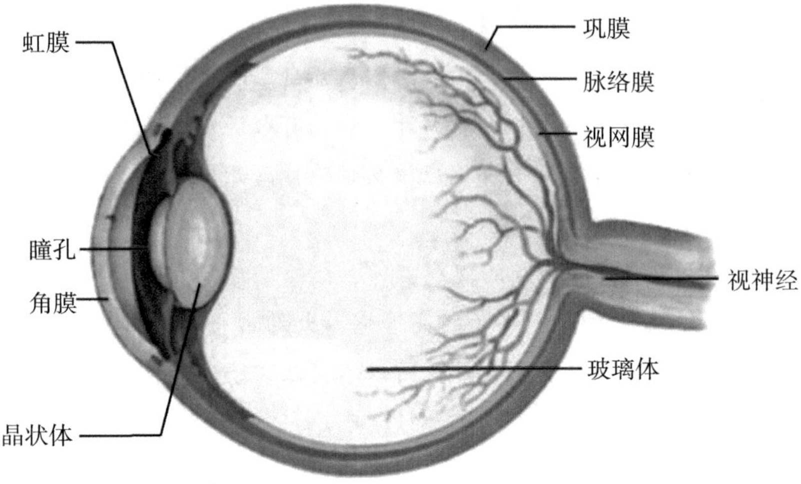

图1-21　眼球的基本结构

（二）听觉器官——耳

耳既是重要的听觉器官，又是位觉（平衡觉）器官，由外耳、中耳和内耳三部分组成。

1. 外耳。外耳包括耳郭和外耳道两部分。耳郭以软骨为支架，呈漏斗状，有收集外来声波的作用。外耳道的皮肤上有耳毛、皮脂腺、汗腺和耵聍腺，是一条自外耳门至鼓膜的弯曲管道，可把耳郭收集的声波传导至鼓膜。

2. 中耳。中耳由鼓膜、鼓室和听小骨组成。可以将来自外耳的声能传递到耳蜗的淋巴液。

3. 内耳。内耳由前庭、半规管和耳蜗三部分构成，由结构复杂的弯曲管道组成，所以又叫迷路，可以感受声音，保持平衡。

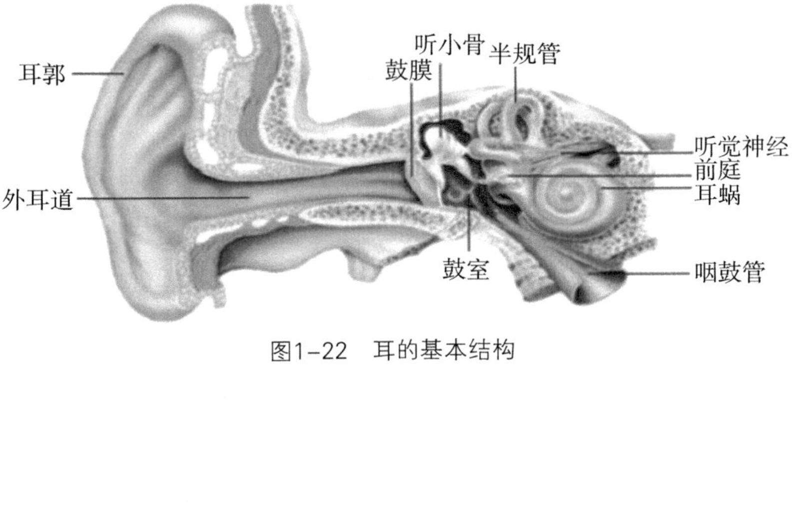

图1-22　耳的基本结构

二、婴幼儿感觉器官的特点

（一）婴幼儿眼的生理特点

1. 眼球前后径较短

婴儿时期眼球比较小，前后径很短，物体便成像于视网膜的后面，呈生理性远视（如图1–23）。所以随着年龄的增长，眼球的前后径距离变长，一般到5～6岁就可为正视。

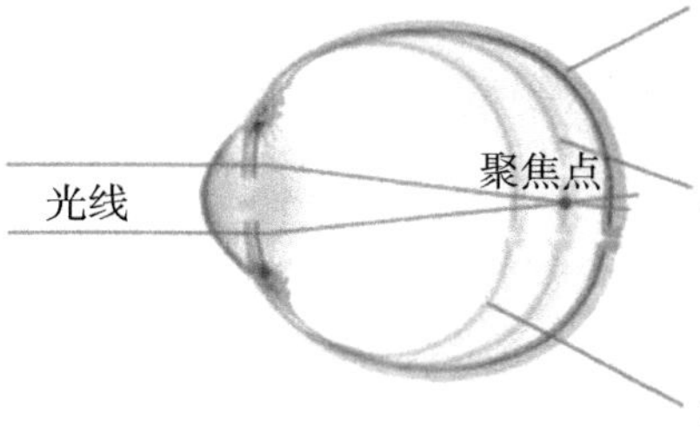

图1–23 远视、正视与近视

2. 晶状体弹性好

由于儿童的晶状体弹性大，调节能力也强，因此能看清很近的物体，但长时间看太近的物体，则会使睫状肌过度紧张而疲劳，引发近视（如图1–23）。

3. 可能出现生理性倒视

物体发出的光在眼睛里成的像是倒像，经大脑的纠正作用处理成了正像。婴幼儿大脑的发育尚未完善，因此可能出现倒视。

表1–1 儿童视觉发展过程的里程碑

年龄	视敏度、颜色知觉、聚焦及探索	深度知觉	图案知觉	物体知觉
出生至1个月	以10%的视敏度扫视视野里的东西，跟踪移动的物体	对运动深度线索做出反应	倾向于大而显眼的图案，扫视图案的外沿	表现出大小恒常性和形状恒常性
2～3个月	（1）能像成人一样具有聚焦能力 （2）能感知光谱中的色彩	对双眼深度线索做出反应	喜欢细节复杂的图案	把物体和环境分开，开始使用运动和空间线索
4～5个月	像成人一样对颜色进行组织分类	双眼深度线索的敏感度增加	观察图案中的主要边缘	运用深度线索对物体进行感知
6～8个月	视敏度有提高，增值为20%	对图示深度线索有反应	在整体图像缺乏时，能抽出有关形式的信息	—
9～12个月	（1）能有效追视物体 （2）视敏度继续提高	能回避视觉悬崖中较深的一边	—	—

（二）婴幼儿耳的生理特点

1. 耳郭皮下组织少，易长冻疮。

2. 咽鼓管相对比较短、粗，倾斜度小，易患中耳炎。

3. 耳蜗的感受性较强，听觉敏锐，特别是对噪声敏感。

三、婴幼儿感觉器官的保育要点

（一）对婴幼儿眼的保育

1. 定期视力检查

尽早发现婴幼儿视觉异常，并及时送医院诊治，按医生要求佩戴矫治眼镜。对视力较差的儿童，要合理安排座位，限制近距离用眼时间并提醒他们经常远眺。

2. 养成良好的用眼习惯

科学预防近视：教育幼儿做到“四不看”，即不在直射强光下看书；不在暗光的地方看书；不在走路时看书；不在躺卧时看书。教师组织幼儿看电视的时间也不宜过长；教育幼儿不要用手揉眼睛，自己的毛巾、手绢要专用，预防沙眼、结膜炎的交叉感染；教育孩子不玩可能伤害眼睛的危险物品，预防眼外伤；幼儿的座位要隔一段时间进行调换，以防眼斜视。

3. 注意科学采光

儿童的活动室应窗户大小适中，自然光充足。室内墙壁、桌椅家具等适合用浅色，反光效果较好。当自然光不足时，适合用白炽灯照明。为儿童提供的书籍，字体宜大，字迹、图案应清晰。教具大小要适中，颜色鲜艳，画面清楚。

4. 供给足够的营养

孩子的饮食中要注意供给充足的维生素A、胡萝卜素、钙等营养物质。

（二）对婴幼儿耳的保育

1. 预防冻疮，冬天注意孩子耳郭的保暖。

2. 不用锐器挖耳。人的耳朵本身有自洁功能，最好不要给婴幼儿掏耳朵。如果掏耳朵的动作过于生硬，使用的工具不卫生，很容易碰伤外耳道，引发感染，如果碰伤鼓膜会影响听力。

3. 避免异物进入外耳道。如果儿童洗头、洗澡的污水等进入外耳道，容易使外耳道皮肤长疮；不要让幼儿玩能塞进耳道的东西，万一幼儿出于好奇或不小心把大豆、花生和其他小玩具塞进耳道里，家长和教师要及时送医院请专科医生处理，不要擅自处理，避免引起更严重的后果。

4. 预防中耳炎，教会幼儿擤鼻涕的方法。

5. 减少环境中的噪声，以免强刺激下造成听力的损伤。

6. 防止药物损伤，有些药物如链菌素、卡那霉素、庆大霉素等，过量服用会对听觉神经造成毁坏，导致婴幼儿听力障碍。

7. 进行听觉监测，尽早发现有听力障碍的儿童。

知识链接

警惕蓝光损害婴幼儿的眼睛

随着科技的进步，电子设备已经成为我们生活中不可或缺的一部分。然而，这些设备的屏幕所发出的蓝光却对婴幼儿的眼睛造成了潜在的危害

首先，让我们了解一下蓝光。蓝光是自然光线的重要组成部分，有害蓝光指由波长介于385 nm～445 nm，它是一种极具能量的高能短波光，能直接穿透角膜、晶体直达视网膜。

人们日常会接触到的事物很多都有蓝光存在：如各种节能灯、LED灯、白炽灯、各类浴霸、荧光灯；平板显示器、液晶显示器、手机屏幕等新型人造光源。

研究表明，长时间暴露在蓝光下可能会对视网膜造成损害，加快眼睛黄斑区域的氧化过程，还会影响角膜、泪膜，直接或间接导致干眼。光通过角膜、晶状体、玻璃体等介质传输到视网膜，传输的光量是与年龄有关的。蓝光对眼睛存在最大风险和伤害就是在青少年时期。随着我们眼睛的屈光介质自然变黄，会吸收更多的蓝光，从而防止蓝光到达视网膜。10岁以下儿童的晶状体透光率比成人高6倍以上。

尤其是对于婴幼儿而言。蓝光对眼睛的损害主要表现在以下几个方面：

视网膜色素沉着：长时间暴露在蓝光下会导致视网膜色素沉着，影响婴幼儿的视力。

白内障：蓝光有可能加速婴幼儿的眼睛晶状体老化，导致白内障的发生。

睡眠质量：蓝光会抑制褪黑素的分泌，导致婴幼儿睡眠质量下降，影响其生长发育。

那么，如何防范蓝光对婴幼儿眼睛的损害呢？以下是几点建议：

避免长时间使用电子设备：尽量不要让婴幼儿长时间盯着电子设备的屏幕，以减少蓝光的暴露时间。

调整设备亮度：将电子设备亮度调整至适中，以降低蓝光的强度。

定期进行眼部检查：及时发现和处理婴幼儿眼睛的问题，确保其健康成长。

保持良好的生活习惯：保证充足的睡眠时间和均衡的饮食，有助于提高婴幼儿的免疫力，减少眼部疾病的发生。

总之，蓝光对婴幼儿眼睛的损害不容忽视。我们应该从多个方面采取措施，保护婴幼儿的视力健康，让他们在健康的环境中茁壮成长。

【思考与练习】

1. 请简述分析学前儿童脊柱、腕骨、骨盆、肌肉的特点。
2. 扁平足是怎样造成的？它有何危害？
3. 结合季节变化时儿童医院患儿增多的现象，阐述一下学前儿童呼吸系统的特点。
4. 简单介绍学前儿童血液循环的特点，并依此提出相应的卫生与保健措施。
5. 有人说：“乳牙患龋齿没关系，总是要换的。”你对这话怎么看？谈谈你建议的做法。
6. 如何预防儿童泌尿道感染？
7. 儿童长个子是在夜间进行的，这种说法对吗？为什么？
8. 现在社会上“小近视眼”越来越多，如何预防？

第二章　婴幼儿生长发育及健康评价

学习目标

1. 了解婴幼儿生长发育的概念、规律及影响因素。
2. 熟悉婴幼儿生长发育的评价指标与监测内容。
3. 掌握婴幼儿生长发育形态指标的测量方法。

情境导入

在阳光幼儿园，有一群活泼可爱的孩子们。他们年龄相同，但生长发育水平却存在明显的差异。其中，栋栋的体重有些超标，蓉蓉的身高和体重都略低于平均水平。面对这些差异，有些家长开始担心自己的孩子生长发育是否正常。他们尝试找出问题所在，并寻求医生的帮助。

想一想：什么是生长？什么是发育？婴幼儿的生长发育有哪些特点？我们该如何根据婴幼儿的生长发育特点实施有效的保健措施？

婴幼儿的生长发育是一个极其复杂的过程，个体的生长发育既有共同特点，又有个别差异。在了解婴幼儿生长发育阶段自身规律及特点的基础上，掌握正确的监测方法并评价其生长发育状况，能帮助保育人员及早发现存在的问题，给予适当的指导与干预，这对促进婴幼儿的健康成长十分重要。

第一节　生长发育概述

一、生长发育的概念

人的生长发育指从受精卵到成人的成熟过程。生长是指细胞的繁殖、增大及细胞间质的增加，表现为全身各系统、各组织、各器官的大小、长短及重量的增加与变化，是机体在量的方面的变化，是能观测到的。例如，身高、体重的增长等。发育是指细胞、组织、器官和系统功能的成熟与完善，是机体在质的方面的变化。例如，坐、立、行的出现等。生长和发育二者密不可分，相互依存。生长是发育的前提，发育寓于生长之中。例如，大脑在增加重量的同时，记忆、思维、分析的功能也在不断完善。

二、儿童年龄阶段的划分及保健要点

根据生长发育不同阶段的特点，一般把儿童的生长发育划分为六个阶段，即新生儿期、婴儿期、先学前期（幼儿前期）、学龄前期、学龄期。

表2-1　儿童生长发育过程年龄划分

年龄时期	时间段
新生儿期	从胎儿分娩到出生后28天
婴儿期	从出生到1岁，也称乳儿期
先学前期	1～3岁，也称幼儿前期
学龄前期	3～6、7岁，也称幼儿期、学前期
学龄期	从6～7岁入小学起到12～14岁进入青春期为止，也称为儿童期

1. 新生儿期

从胎儿娩出结扎脐带开始至出生后28天的这一时期称为新生儿期。出生不满7天者称为早期新生儿。这一时期的主要特点是新生儿要适应新的环境，从胎内完全依赖母体生活转到胎外独立生活。

新生儿出生时，平均体重为3.3 kg，身长约为50 cm。健康新生儿的标志是皮肤鲜嫩呈粉红色，大声啼哭，手脚自由地活动。形体上体重增加迅速，身高增长较快。中枢神经系统尚未发育完善，大脑皮层主要处于抑制状态，除吮乳外，多数时间处于睡眠之中，一天睡眠时间达20多个小时。新生儿要适应新的环境，开始自主呼吸，依靠自己的消化系统摄取营养，通过泌尿系统排泄代谢产物。新生儿需要经过2～3周的生理调节，才能逐步适应外界环境。此外，新生儿还可能出现一些特殊的生理现象，如生理性黄疸、乳房肿大、马牙等，这些和新生儿的生理特点及其在胎内受母体激素的影响有关，并不是疾病的表现。

新生儿期是婴儿出生后适应环境的阶段，此阶段机体发育尚未成熟，对外界的适应能力较差。因此发病率高，死亡率也高，因此，成人应做好新生儿期的保健工作，加强护理，注意保暖，细心喂养，预防各种感染。

2. 婴儿期（乳儿期）

婴儿期指生后28天至1周岁。婴儿期是人一生中生长发育最旺盛的时期。其具体表现在以下几个方面：身长在出生一年后增加到75 cm，是出生时的1.5倍左右；体重比出生时增加了2倍；头围在一年内增加12 cm；乳牙萌出；脑发育迅速；动作技能有了突飞猛进的变化，从出生只能仰卧，到1周岁时会站立、行走，能用手指捏、拿小物品；语言能力萌发，从嗷嗷待哺发展到能听懂一些话并能有意识地发几个音。这个时期，婴儿生长发育迅速，因此需要摄入的热量和营养素相对较大，尤其需要补充蛋白质。6个月前婴儿以母乳喂养为主，6个月后婴儿逐渐添加辅食，从流食向泥糊状食物和固体食物过渡，但此时，婴儿消化功能尚未发育完善，又处于哺乳与辅食交替时期，易患消化紊乱及营养不良等疾病。同时，由于来自母体的免疫力逐渐消失，自身免疫力又较弱，因此，6个月后的婴儿易患传染病和感染性疾病。

此阶段应注重母乳喂养，合理地为婴儿补充营养；要重视传染病的预防，有计划地进行预防接种，注意消毒隔离，保持室内空气新鲜，重视卫生习惯的培养。此外，还要经常开展婴儿被动操、晒太阳、户外睡眠等活动，增强婴儿对周围环境的适应能力，提高婴儿的身体素质。

3. 先学前期（幼儿前期）

幼儿前期指1周岁后至3周岁。此阶段体格发育较婴儿期减慢，但智能迅速发育。

这一时期，幼儿体格生长发育减慢，中枢神经发育加快，但活动范围增大，与周围环境接触增多，促进了动作、语言和思维能力的发展。例如，幼儿从走不稳发展到能自如地走、跑、跳，并能使用剪刀、勺子等；又如，幼儿从会说单个的词发展到能用人称代词，会说完整、简单的句子。由于与外界环境接触增多，而自身免疫功能仍然较弱，这一时期的幼儿对许多疾病尚缺乏免疫力，容易患传染性疾病。同时，随着接触的新鲜事物越来越多，其好奇心、新鲜感逐渐增强，但识别危险的能力及自我保护意识较弱，容易发生意外，因此成人要逐步正确地引导其认识客观世界，加强看护。幼儿前期20颗乳牙逐渐出齐，咀嚼能力增强，其膳食也从母乳向普通饭菜过渡。但消化系统仍不成熟，消化能力较弱，若饮食不当，易损伤幼儿的脾胃功能而引发消化道疾病。

幼儿前期的保健重点在于防止意外事故的发生，预防传染病，注意合理搭配营养，防止消化系统紊乱。同时，还要及时对这个时期的幼儿进行适当的早期教育，培养幼儿良好的生活卫生习惯。

4. 学前期（幼儿期）

从3岁至6～7岁的这一时期称为学龄前期，又称为幼儿期。这一时期，儿童的体格发育速度相对减慢，但仍保持稳步增长，且四肢增长较快，身高每年大约增长5 cm，体重每年增加2 kg。神经系统的发育已趋于完善，智能发育迅速，理解能力逐渐加强，有很强的求知欲，好奇多问，好模仿，因此危险性更大，常因监护不周而发生意外。运动的协调能力逐渐完善，可以从事一些较精细的手工劳动，也能学习简单的文字、图画和歌谣。这一时期乳牙已出齐，换牙已开始，是龋齿的高发年龄期。同时，此期也是口语发展的关键期，幼儿不仅可以通过感知来认识事物，而且能够用词语对事物进行描述和讲解。另外，这个时期的幼儿对疾病的抵抗力已增强，但由于生活范围的扩大，感染疾病和受伤的机会也增多了。

该期仍然需要做好卫生保健工作，经常开展体格锻炼，增强幼儿体质。幼儿活动量大，需要补充充足的营养，防止挑食、厌食。这个时期的幼儿具有极大的可塑性，成人应重视对其进行科学知识和道德品质教育，培养幼儿懂礼貌、讲卫生和热爱劳动的良好习惯。同时也应做好预防传染病和意外事故的保健工作。

5. 学龄期

从6～7岁入小学起到12～14岁进入青春期为止的这一时期称为学龄期。这一时期，儿童体格生长处于稳步增长阶段，除生殖系统外，其他器官的发育已接近成人水平。学龄末期，脑的形态发育已达到成人水平，智力发育较快，理解、分析能力增强，是接受科学文化知识的重要时期。此期也是世界观、人生观和思想品德形成与发展的关键时期，因此，要加强教育，使其在德、智、体、美、劳各方面得到全面发展。这个时期免疫力增强，发病率较低，但要注意预防近视、龋齿，培养正确的站、立、行姿势和良好的卫生习惯，保证充足的营养和睡眠。成人要注意幼儿情绪和行为上的变化，防止幼儿出现精神、情绪和行为等各方面的问题。

第二节　婴幼儿生长发育的一般规律

婴幼儿生长发育是一个连续的过程，在这一过程中有量的变化，也有质的变化，因而形成了不同的发展阶段。根据这些特点及生活环境的不同，把学前儿童的生长发育过程划分为以下几个年龄时期。婴儿期：出生到1岁，也称乳儿期，其中从出生到28天，为新生儿期；先学前期（幼儿前期）：1到3岁，也称托儿所年龄期；幼儿期：3到6岁，也称幼儿园年龄期。上述各阶段有一定的阶段特点，但任何年龄期的规定都是人为的，实际上相邻年龄期之间并没有明显的界线。

一、婴幼儿的生长发育是由量变到质变的过程

学前儿童生长发育是由细小的量变和质变到根本的质变的复杂过程。生长发育不仅表现为身高、体重的增加，还表现为器官的逐渐分化，功能的逐渐成熟。学前儿童生长发育的量变与质变通常是同时进行的，如大脑在逐渐增大和增重的过程中，皮质的记忆、思维和分析的功能也在不断地发展。

学前儿童与成人相比，不仅身体比例小，而且是没有成熟、缺少经验的机体，对环境的适应性和对自身的保护功能都比较差。因此，在进行卫生保健和教育时必须结合幼儿生长发育这一特点来考虑具体措施，绝不能脱离实际。

二、婴幼儿的生长发育是有阶段性和程序性的连续过程

学前儿童的生长发育是一个连续过程，但并非等速进行，具有阶段性，每个阶段都有独特的特点，并且各阶段间相互联系，前一阶段为后一阶段的发展打下必要的基础，各阶段按顺序衔接，不能跳跃。例如，出生时只能吃流质，只会躺卧和啼哭，到第一年末便能吃多种普通食物，会走路说单词，这是很明显的变化，但在这之前必须经过一系列的变化。如在说单词之前，必须先学会发音，同时要学会听懂单词；能吃固体食物之前必须能吃半流质食物；会走路之前先经过抬头、转头、翻身、直立、站立等发育步骤。

身体各部分的生长发育有一定的程序，例如，在胎儿期的形态发育是头部领先，其次为躯干，最后为四肢。再如，婴儿期的动作发育也遵循“头尾发展规律”，即首先抬头、转头，然后是翻身、直立，最后才会站立、行走。

婴儿期的动作发育规律

1. 头尾发展规律

婴儿期的动作发育的顺序：首先是头部的运动，即抬头、转头；发展到手拿取物体；再发展到身体的活动，即翻身与直坐；最后发展到下肢的活动，即爬、立、行。这个由头部开始逐渐延伸到下肢的发展趋向符合头尾发展规律。

2. 正侧发展规律

婴儿动作发育是由身体正中向侧面发展。例如，刚出生时，婴儿只会无意识地乱

动，手几乎不起任何作用；4～5个月时，才能有意识地去拿东西，但这时只会一把抓；到10个月左右才会用指尖去拿东西；要在1岁左右才会灵巧地用两根手指捏起细小的物体。这称之为正侧发展规律。

3. 生长发育的比例

在生长发育的过程中，身体各部的生长速度也不完全相同。例如，在出生后的整个生长发育过程中，头颅增加1倍，躯干增加2倍，上肢增加3倍，下肢增加4倍（如图2-1）。

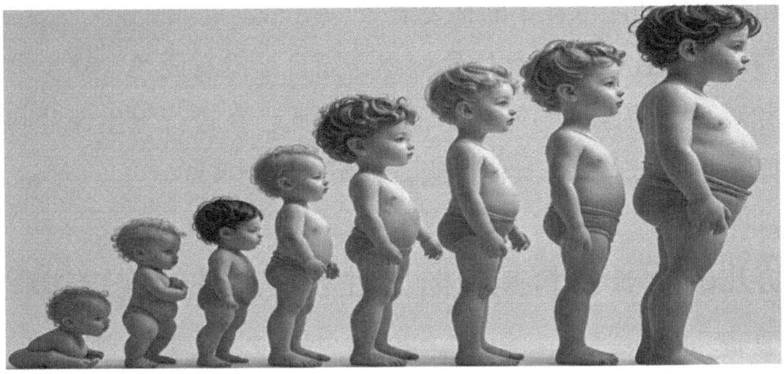

图2-1　生长发育的比例

三、婴幼儿生长发育的速度是波浪式的，身体各部分的生长速度也不均衡

人的生长发育是快慢交替的，因此发育速度曲线并不是随年龄呈直线上升，而是波浪式地上升。从胎儿到成人的整个生长发育期间，全身和大多数器官、系统有两次生长突增高峰，第一次是在胎儿期，第二次是在青春发育初期，而且女性比男性大约早两年出现。以身高、体重为例，学前儿童出生后第一年增长最快，身高约为出生时（50 cm）的1.5倍，体重约是出生，（3 kg）的3倍。两岁以后生长速度逐渐缓慢下来，并保持相对的稳定，平均每年身高增加4～5 cm，体重增加1.5～2 kg，直至青春期生长速度出现第二次生长高峰，这时身高平均每年增加7～8 cm，体重平均每年增加5～6 kg，之后的增长速度又逐渐缓慢。

四、身体各系统器官的生长发育不平衡，但统一协调

一般来说，人出生后除身高、体重外，全身的肌肉、骨骼、心脏、血管、肾、脾、呼吸器官、消化器官等，他们的生长与身高、体重呈同样模式，即出生后第一年最快，

以后逐渐减慢，到青春期出现第二次生长高峰，再后又逐渐减慢，直到成熟。

但也有例外，如脑、脊髓、视觉器官以及反映脑大小的头围，只有一个生长突增，而没有青春期第二次生长突增。婴儿出生时的脑重已达到成人脑重的25%，而同时期的体重仅为成人的5%左右，但以后脑细胞的结构和功能却不断地进行着复杂过程。

再如，学前儿童神经系统发育最早（胚胎时期首先形成的就是神经系统，胎儿早期头部占整个身长的1/2，此后神经系统一直迅速发育，出生时脑重占成年时的25%，6岁达成年脑重的80%。一般通过测量头围可反映大脑的发育状况），淋巴系统发育最快（淋巴系统在第一个10年中发育非常迅速，12岁左右儿童的淋巴系统已达成年人的200%，青春期达高峰，随后逐渐退缩，到老年时更加衰退），生殖系统在幼儿时期进展缓慢，到青春期迅速发展达到成人水平。

各系统的发育是不均衡的，有先后之分，例如，在神经系统中大脑优先发育，其次为脑干，小脑发育较晚。但却是协调的，各统的生长发育并非独立进行，而是互相影响、互相适应。因此任何一种对机体起作用的因素，都可影响到多个系统。例如，适当的体育锻炼，不但能促进肌肉和骨骼系统的发育，也能促进呼吸系统和神经系统的发育。

五、婴幼儿生长发育存在个体差异

儿童的生长发育有一般的规律，但由于每个幼儿的先天遗传素质和后天环境条件并不完全相同，因而无论是身体的形态还是机体的功能都存在个体差异。例如，有些幼儿是先会开口讲话，后会走，有些幼儿刚好相反，先会走，后会说；有些幼儿生性活泼、好动，有些幼儿则比较文静、内向；有些幼儿生来和别人好好相处，有些幼儿则比较难接近；有些幼儿对节奏敏感，有些幼儿对图形有兴趣……没有两个幼儿的发育水平和过程一模一样，即使在一对同卵双生子之间也存在差别。

在研究和评价幼儿的生长发育时，不能简单地将某个幼儿的指标数据同标准平均数比较，并由此得出结论，而应该考虑到婴幼儿个体发育的差异性，将他们以往的情况和现在的情况进行比较，观察其生长发育动态变化才更有意义。

但是，在没有极其特殊的环境条件的前提下，幼儿个体在群体中上下波动的幅度是有限的，如果发生较大的波动，应及时观察，严格检查。幼教工作者应尽可能改善学前儿童的后天环境条件，使每个学前儿童都能充分发挥他们的遗传潜能，使他们的生长发育达到应有的水平。

六、婴幼儿生理发育和心理发展密切相关

生理发育是心理发育的基础，心理发展影响生理的功能。

生理的缺陷会引起学前儿童心理活动的不正常，如身材矮小或斜视、耳聋、口吃的幼儿常会产生自卑感。所以，对学前儿童生理缺陷，除应进行必要的治疗外，还应鼓励他们克服困难，树立信心。

心理的状态也会影响生理的发育，如幼儿情绪不好时，消化液分泌会减少，食欲会减退，影响幼儿的消化和吸收。情绪正常的学前儿童应该是抬头、挺胸、活泼、积极参与幼儿园的各项活动，而长期情绪受压抑的学前儿童，会表现出种种病态，如站立不直、弯腰驼背、行动迟缓、精神不振、注意力不集中、缺少笑容等。

研究表明，还有一些社会心理因素影响儿童身体发育，如一些家庭破裂的儿童，常遭受虐待和歧视，造成心理创伤，明显影响身体发育，表现为身体矮小，骨龄落后，被称为社会心理性侏儒。对于这类儿童，一旦消除社会心理不良因素的刺激，就能恢复其生长发育，达到正常水平。

第三节　影响婴幼儿生长发育的因素

影响婴幼儿生长发育的因素，概括起来分为两大类，即内在遗传因素和外在环境因素。内在的遗传因素主要包括种族、身体素质、性别等。外在的环境因素主要包括营养、体育锻炼、疾病、生活制度等。遗传决定生长发育的可能性，环境决定生长发育的现实性。学前儿童生长发育的过程，也就是个体的遗传因素和环境因素相互作用的过程。

（一）内在因素

1. 遗传

遗传是很重要的内在因素，染色体上的基因是决定生物性状遗传的物质基础，决定个体生长发育的可能性。研究表明，同卵双生子的身高的差别很小，头围也很接近，这说明骨骼系统的发育受遗传因素的影响较大。另外父母的种族、身高、体形等，均可影响学前儿童的生长发育。遗传性疾病无论是染色体畸形还是代谢缺陷，对生长发育均有显著影响。

2. 性别

一般同龄男孩比女孩重而高，但女孩青春期比男孩早两年左右，女孩成骨中心出现得早，骨盆较宽、肩距较窄，而男孩则肩宽，肌肉发达，这是性腺对体格外形的影响。

3. 内分泌

甲状腺、脑垂体等内分泌器官所分泌的激素与学前儿童生长发育密切相关。缺乏生长激素，导致身材矮小；甲状腺缺乏时不仅会造成身材矮小，还可能导致脑发育障碍。

（二）外在因素

1. 营养

营养是保证学前儿童生长发育的物质基础。儿童正处于旺盛的生长发育阶段，必须不断从外界摄取足够的热能和各种营养素，以满足生长发育的需要。由于生长发育旺盛，婴幼儿热能需要显著超过成年人。例如，按千克体重计算，新生儿要比成年人多消耗2～3倍热量；3～6个月婴儿每天15%～23%的热量用于生长发育。

营养丰富且平衡的膳食能促进儿童的生长发育；反之，营养缺乏的膳食不仅会引起生长发育迟滞，而且影响智力发育，导致学习能力下降，严重者可引发急、慢性营养不良和各种营养缺乏症。研究表明，早期营养对智力发育有决定性影响。由妊娠后期至出生后半年内如果持续出现营养不良，对脑组织的正常发育可产生不可逆性损害，导致细胞分裂期缩短，数量减少，脑重量减轻。即使日后营养状况改善，体格逐渐发育完善，智力缺陷也很难完全弥补。追踪研究也证实，婴幼儿期严重营养不良的儿童，头围比对照组儿童小，智商低，情感淡漠；6～7岁时出现阅读、书写困难，理解力差，学习能力低下。随年龄增长，这种早期营养不良对学龄儿童少年智力活动的不良影响将愈来愈显现。

另一方面，如果营养过剩，热量供给过多，又可造成热能蓄积，转变为脂肪储存在细胞内，引起肥胖。目前，肥胖已成为威胁儿童健康的一大隐患。因此，应尽量避免膳食热能供给的大幅度波动，以利于儿童健康成长。

2. 体育锻炼

体育锻炼是促进学前儿童身体发育和增强体质的有效手段，是促进身体发育，增强体质的最重要因素之一。体育锻炼能有效促进儿童呼吸系统的发育，提高心肺功能水平。经常参加体育锻炼者，肺活量显著增大，对各种病菌侵袭的抵抗力提高，上呼吸道感染性疾病的发生率明显减少。体育锻炼还可促进心血管系统发育，提高其功能水平，促进运动系统（包括神经、骨骼和肌肉）的发育。经常参加锻炼的儿童，其平均身高往往超过那些不锻炼或很少锻炼者。长期的体育锻炼还可使关节韧带变得更坚韧、结实，关节灵活性增强，使儿童的身体素质明显改善。

合理利用各种自然因素，如空气、日光、水等进行锻炼，对增强体质、减少疾病、促进生长也有很大作用。这些温和、反复的刺激加速机体代谢，增强机体对外环境改变的应激和适应能力，提高机体免疫功能。

尽管体育锻炼能有效促进生长发育，提高体质健康水平，但必须与卫生保健密切结合，在科学指导下进行，及时补充能量和各种营养素，才能取得显著效果，而且体育锻炼应从婴儿期开始，渐渐养成良好的运动习惯。

3. 疾病

在儿童的成长过程中，患病是不可避免的。任何疾病都可能影响生长发育，但影响程度各不相同，主要取决于疾病的性质、严重程度、所累及的范围、病程的长短、是否留下后遗症等。例如，寄生虫感染是儿童常见病，以蛔虫为例，蛔虫的成虫寄生在小肠内，吸收肠内的半消化食物，大量消耗宿主的营养，据世界卫生组织（WHO）资料，小肠内寄生的蛔虫成虫，平均26条可使人每天丢失4 g蛋白质，蛔虫分泌的一些抑制物还会引起食欲缺乏、偏食和异食癖等，干扰机体对蛋白质的消化、吸收和利用，导致消化不良、消瘦、生长迟滞和贫血。

心理疾病和各种地方病如碘缺乏病、大骨节病、地方性氟中毒等同样会影响生长发育。小儿糖尿病、肾炎、风湿病、结核病、肝炎等对生长发育的不利影响也不容忽视。早期发现、及时治疗这些慢性消耗性疾病，对儿童的健康成长非常重要。

4. 生活制度

根据儿童的年龄特点，合理安排生活作息，做到有规律、有节奏，保证足够的户外活动和学习时间，定时进餐，睡眠充足，对其生长发育有良好的促进作用。

人体各组织、器官、系统的活动都有一定的节奏和规律。例如，儿童应有充足的睡眠，年龄越小，睡眠时间越长；儿童进餐后需要一定时间的休息，保证饭后血液能集中于胃肠道，帮助消化、吸收；饭后不应立即从事大运动量的锻炼，否则可能影响消化道的正常功能；每天应保证2小时或以上的户外活动时间等。

5. 气候和季节

我国历次全国规模的儿童生长发育调查证实，生长发育水平存在显著的南北差异。北方地区男、女青少年的身高、体重均值均大于南方。这表明，地理气候因素在其中发挥着重要影响，且人类对恶劣气候的适应性本身就说明气候对生长发育有影响作用。如居住在北极圈的因纽特人的体重相对重，皮下脂肪层厚，胸廓前后径大，颈和四肢相对短，这种体型适合在寒冷环境中保持体温。

季节对生长发育，尤其对身高、体重有明显影响。春季身高增长最快，秋季体重增长最快。体重增加的季节差异尤其显著，9～11月增加较快，而在炎热季节有些儿童体重不但不增加，还有减轻趋势。

6. 环境污染

工业生产及日常生活排出大量的废气、废水、废渣等造成严重的环境污染，不仅给人类健康带来威胁，而且严重阻碍着儿童的身心发育。

研究表明，大气污染使紫外线含量降低，导致污染区儿童的佝偻病发病率高。近年来，室内空气污染对儿童少年健康及生长发育的影响也受到很大关注。如建筑装修材料、日用品（化妆品、杀虫剂、清洁剂等）会释放出挥发性有机化合物等有害气体，儿童正处在生长发育关键期，免疫系统较脆弱，加之其单位体重的呼吸量高于成年人，长期吸入含有烟尘、有害气体、病菌病毒污染的空气，不仅易诱发各种疾病，如哮喘病、白血病等，而且使儿童的各种生理功能受到不利影响，影响身高和智力的发展。

再如，铅是环境污染物中毒性最大的重金属之一。随着工业和交通运输业的迅猛发展，铅污染日益严重，它主要损害神经、心血管和消化系统，而且儿童年龄越小，机体越稚嫩，对铅的吸收量大而排泄量少，对铅的毒性敏感，所以受到的危害也较大。

7. 社会和家庭

人类的生存不能离开社会环境。社会因素对儿童生长发育的影响具有多层次、多方面的综合作用，不仅影响儿童的体格发育，同时也影响其心理、智力和行为发展。因此，为儿童营造良好的社会、家庭环境，对于充分发挥儿童自身的生长潜力、促进生长发育具有重要的现实意义。

家庭是社会的组成细胞。社会中的许多因素，如生活方式，家庭气氛，生活制度，居住条件，饮食和行为习惯，父母的性格、爱好和对子女的期望、态度等，主要通过家庭直接或间接地影响着儿童的生长发育。其中，家庭经济状况、双亲的受教育水平和文化素养以及育儿方式等，对儿童身心发育影响很大。

8. 母亲的健康情况

母亲在受孕早期如受到精神创伤、患感染性或病毒性疾病、X线照射、服药、中毒等均可影响学前儿童的发育，如导致胎儿畸形或患先天性疾病。母亲，如果在怀孕期营养不良，可导致胎儿早产或出生时低体重，并伴有脑细胞减少及智力发育迟缓等现象。哺乳期母亲的营养、家庭、工作条件及情绪状况也会影响婴儿的生长发育。

第四节　婴幼儿生长发育的评价指标和方法

一、婴幼儿生长发育的评价指标

婴幼儿生长发育的评价指标一般包括形态指标、生理功能指标、生化指标、心理指标等，其中以形态指标最常见。

（一）形态指标及测量

生长发育的形态指标是指身体及其各部分在形态上可测出的各种量度。评价婴幼儿常用的形态指标有身高、体重、头围、胸围和坐高。其中，身高和体重是最基本的指标，不但测量简单，而且能较为准确地评定生长发育状况。

1. 身高（身长）

（1）身高的形态指标。身高是人体站立时颅顶到脚跟（与地面相及处）的垂直高度，它是反映骨骼生长发育的重要指标，也是正确估计身体发育水平和速度的重要依据。三岁以下的学前儿童因立位测量不容易获得正确的数据，而应采用仰卧位测量，故身高又称身长。

身高的个体差异较大，一般新生儿出生时身长平均为50 cm，身长在出生后第一年增长最快，1～6个月的小儿平均每个月增长2.5 cm，7～12个月平均每个月增长1.5 cm，平均年增长25 cm 。第二年平均年增长10 cm，第三年平均年增长4～7.5 cm。2～7岁儿童身高可按粗略公式计算：

身高（cm）＝年龄 × 5+75 cm

（2）测量身高。3岁以下儿童一般用标准的量床或携带式量板来测量身长。取仰卧位，量时脱去鞋袜，女童应松开发辫，仰卧于量床底板中线上，用手轻轻固定小儿头部，使其面向上，接触量板的头、两耳在同一水平上，两侧耳珠上缘和眼眶下缘的连接线构成与底板垂直的平面。测量者位于儿童右侧，左手握住两膝，使两下肢互相接触并紧贴底板，右手移动足板，使其接触两侧足底。若用双侧有刻度的病床应注意两侧读数一致，若无量板，应注意足板底边量尺紧密接触，使足板后面与后者垂直。读刻度，精确到0.1 cm。

3岁以上儿童可用身高计测量身高。学前儿童脱去厚衣服、帽子和鞋袜，直立于木板台上，取立正姿势，两眼直视正前方，胸部稍挺起，腹部微后收，两臂自然下垂，脚跟靠拢，脚尖分开约60°，脚跟、臂部和两肩胛角同时靠着立柱，头部保持正直，测量者手扶滑板使之轻轻向下滑动，直到板底与颅顶点恰好相接触。读刻度，精确到0.1 cm。

2. 体重

（1）体重的形态指标。体重是指人体（包括组织、器官、体液等）的总重量。它与身高之间的比例，是衡量学前儿童营养状况的重要标志。体重是身体各部分、各种组织的重量总和，在一定程度上说明骨骼、肌肉、身体脂肪和内脏重量增长的综合情况，是反映小儿生长发育的最重要也是最灵敏的指标，它和身高的比例，可辅助说明儿童的营养状况。

新生儿出生时的正常体重为2.5～4 kg 。体重在出生后3个月增长最快，一般为月增长600～1000 g，最好不低于600 g。3～6个月一般月增长600～800 g 。6～12个月平均每个月增长300 g。1岁后小儿生长速度明显减慢，1～3岁小儿平均每个月体重增长150 g 。可用下列公式粗略估算儿童的体重。

1～6个月体重（g）=出生体重+月龄 × 700

7～12个月体重（g）=6000+月龄 × 250

1～10岁体重（kg）=年龄 × 2+8

新生儿应在出生后8小时内测出体重，未满6个月，每月测1次；6～12个月，每2个月测1次。1～2岁每3个月测1次，2岁以上每半年测1次。

（2）测量体重。新生儿用婴儿磅秤，准确读数至10 g。1个月至7岁儿童用杆式体重计，准确读数至50 g。测量体重时，先校验，确保体重计或测量仪的准确性和灵活性。儿童应排空大小便，脱去鞋、袜、帽子和外衣，仅穿背心（或短袖衬衫）、短裤，或测量后将衣服的重量减去。3岁儿童蹲于秤台中央，年长儿童可赤足轻轻地站在画好脚印的踏板适中位置，两手自然下垂，不可摇动或接触其他物体，以免影响准确性。记录至小数点后两位，误差不得超过0.1 kg，体重测量，最好在早晨空腹、便后进行。

3. 头围

（1）头围的评价指标。头围是指经眉弓上方至枕后结节绕头一周的长度。头围的大小反映脑和颅骨的发育程度。因胎儿期的发育在全身处于领先地位，故出生时头相对较大。WHO提供的胎儿出生时头围的参考值为34.8 cm。一岁时头围增加约12 cm，第二年头围增加2 cm，2～14岁仅再增加6～7 cm。因此，头围的测量在出生后头两年意义重大，有助于了解大脑的发育情况，对诊断智力低下也有一定的参考意义。大脑发育不全时可出现头小畸形，头围过大常见于脑积水。3岁时头围平均为48 cm，已与成年人相差不多。

（2）测量头围。可用布尺测量头围。被测者取立位、坐位或仰卧位，测量者立于被测量者前方或右方，用左手拇指将软尺零点固定于头部额部眉间中点，软尺从头部右侧经过枕眉粗隆最高处绕至左侧，然后回到零点，读数精确至0.1 cm 。量时软尺应紧贴皮肤，左右对称。长发者应先将头发在软尺经过处向上下分开，以免影响测量精度。

4. 胸围

（1）胸围的形态指标。胸围是指经过胸中点的胸部水平围度。胸围在一定程度上说明身体形态和呼吸功能的发育（如胸廓和肺），并能反映体育锻炼的效果。孩子在出生时，胸围平均为32 cm，胸围比头围小1～2 cm. 随着月龄的增长，胸围逐渐赶上头围。一般在孩子1岁时，胸围与头围相等。但由于营养状况普遍较好，不少婴儿在未满1岁时胸围就赶上了头围。孩子1岁后，胸围增长明显快于头围，胸围逐渐超过头围。

（2）测量胸围。可用刻有厘米的软尺测量学前儿童的胸围。3岁以下儿童取卧位或立位，3岁以上取立位。被测者处于平静状态，两手自然平放或下垂，两眼平视，测量者立于其前方或右方。用左手拇指将软尺零点固定于乳头中心点，右手拉软尺使其绕经右侧后背以两肩胛下角下缘为准，经左侧而回至零点，使软尺轻轻接触皮肤（1岁以下皮下脂肪松厚的儿童稍紧），取呼气和吸气时的平均值，读数精确至0.1 cm 。

5. 坐高

（1）坐高的形态指标。坐高是指头顶到坐骨结节的长度。它主要反映人体躯干生长发育状况以及躯干和下肢的比例关系，坐高的增长反映脊柱和头部的增长。是人体形态结构与发育水平的指标之一。随着儿童年龄的增长，下肢的增长速度不断加快，故坐高占身高的比例随着儿童年龄增大而有所降低。新生儿出生时平均最高为33 cm，占身长的66%，2岁时为61.1%，4岁时为60%，6～7岁时为56.4%。如学前儿童此比例大于正常时，应考虑内分泌疾病和软骨发育不全等疾病。

（2）测量坐高。一般用坐高计测量坐高。学前儿童坐在坐高计的坐盘上，坐在有一定高度的矮凳上，先使身躯前倾，骶部紧靠量板或墙壁，然后直坐，大腿与地面完全接触，并要与身躯成直角而与地面平行，双腿靠拢，膝关节屈曲成直角，足尖向前，头及肩部的位置与测量身高要求相同。测试者下移头板使之与学前儿童头顶接触，读取记录结果。测量误差不得超过0.5 cm，注意坐凳高度要适合，过高或过低都会影响读数。

（二）生理功能指标

儿童的生理功能指标是指身体各器官、各系统在生理功能上可测量出的各种量度。儿童的生理功能发育与形态发育有所不同。虽然形态发育迅速，有波浪式表现，但较稳定；生理功能发育变化则更迅速，变化范围更广，对外环境的影响更敏感，受体育和劳动锻炼的影响程度更大。

常用生理功能指标有：

（1）运动系统功能：握力、拉力、臂肌力等。

（2）呼吸系统功能：呼吸频率、呼吸差、肺活量、肺通气量等。

（3）心血管系统功能：脉搏、心率、血压等。

通过这些指标有助于儿童生长发育的全面评价。

（三）生化指标

生化指标是反映身体内部生物化学组成成分含量的有关指标，如血液中红细胞、血红蛋白、白细胞、血脂等的含量。

（四）心理指标

心理发展包括感知觉、言语、记忆、思维、想象、动机、兴趣、情感、性格、行为及社会适应力等，所以心理指标通常是多项的，通过一些专门设计的测试量表、问卷调查或者观察来获得，如智力测验、记忆测验等。量表、问卷应得到国内外公认，采用本国的标准，由专业人员操作，尽可能消除内外环境影响，以保证结果的可靠性和有效性。

二、婴幼儿生长发育常用的评价方法

婴幼儿生长发育的评价是儿童保健工作中的一项重要内容，主要用于：评价个体、群体儿童现时的生长发育水平处于什么等级；筛查、诊断生长发育障碍，评价营养和生活环境因素对生长发育的影响，提供保健咨询建议；列入社区健康水平的指标体系，通过观察指标变化，评价幼儿园各项卫生措施的实效，作为实施卫生监督的依据。

按我国国家卫生健康委员会要求，自1996年起，儿童体格发育评价采用国际通用的WHO推荐的标准。该“标准”用三把“尺”来衡量儿童的生长发育，即“年龄别身高”“年龄别体重”“身高别体重”。

所谓“年龄和身高”和“年龄别体重”，是指相对于某一年龄来说，应有的身高和体重。在标准中有三组数字：-2SD、中位数、+2SD。-2SD为最低限，+2SD为最高限，两者之间为正常范围，但是这两个指标并不能反映儿童的体型是否匀称。

举例：一个5岁得小男孩，身高102 cm，体重22 kg 。

查“年龄别身高”表，5岁男童身高的正常范围是100.7 cm～119.1 cm，小男孩的身高是102 cm，属正常范围。

查“年龄别体重”表，5岁男童体重的正常范围是14.4 kg～23.5 kg，小男孩的体重是22 kg，属正常范围。

但如果用第三把“尺”——“身高别体重”来衡量，男童身高102 cm，体重的正常范围是13.8 kg～18.3 kg，小男孩的22 kg的体重已经超出正常范围，所以是个小胖墩。

选择合理的评价方法是进行正确评价的关键。迄今没有一种方法能完全满足对个体、群体儿童的发育进行全面评价的要求。因此，应根据评价目的选择适当的方法，力求简单易行，直观而不需要附加计算；可以结合体格检查、生活环境条件、健康和疾病状况进行综合分析，以得出较全面、准确的评价结果。

1. 百分位数法

百分位数是以发育指标的第50百分位数为基准值，以其他百分位数为离散距所制成的评价生长发育的标准。

如用百分位数评价学前儿童的身高，体重可将某年龄组的男孩或女孩，随机取出100名，将身高体重的数值，由小到大排列起来，小的百分位数值低，大的百分位数值高，求出某个百分位的数值，常以30、25、50、75、90、97等到百分位数值划分发育等级。医学上根据百分位数法把人体生长发育情况划分为五个等级，①上等：如果某项生长发育指标（如身高、体重等）高于第97百分位数（P97），即该个体的生长发育水平高于同龄人群的97%，属于优秀水平。②中上等：当生长发育指标处于第75百分位数（P75）到第97百分位数（P97）之间时，表示该个体的生长发育水平处于中上水平，优于大部分同龄人。③中等：生长发育指标在第25百分位数（P25）到第75百分位数（P75）之间时，属于中等水平，是大多数同龄人的发育范围。④中下等：当生长发育指标处于第3百分位数（P3）到第25百分位数（P25）之间时，表示该个体的生长发育水平处于中下水平，低于大部分同龄人。⑤下等：如果生长发育指标低于第3百分位数（P3），则表示该个体的生长发育水平低于同龄人群的3%，属于较低水平，可能需要进一步关注和评估。

2. 等级评价法

等级评价法常用的指标是身高和体重。学前儿童的身高、体重数值在标准值的范围内，则认为正常。这个范围内包括了大约95%学前儿童，在标准值以外的学前儿童也不能简单判断为异常，必须在连续观察、深入了解基础上，结合疾病、营养、家庭遗传等具体情况再得出结论。

3. 指数评价法

这是指利用人体各部分的比例关系，借助数学公式编成指数，用以评价发育水平，体型、体质和营养状况的方法。指数种类繁多，一般分为人体形态、功能和素质三方面的指数，以下为主要的四个形态指数：

（1）身高体重指数。即体重（g）/身高（cm）%，它表示每厘米身高所含的体重量，可显示人体的充实程度，也反映当时的营养状况，此数值随年龄增长而增长，且男孩大于女孩。

（2）身高胸围指数。即胸围（cm）/身高（cm）%，它可反映胸廓发育状况，说明体型。指数大说明胸围相对较大。此指数在生后三个月内有一定增加，而后随年龄增长而减小，且男孩大于女孩。

（3）身高坐高指数。即坐高（cm）/身高（cm）%，该指数通过坐高和身高的比值来反映人体躯干与下肢的比例关系，以说明体型特点。它随年龄增长而逐渐减少，说明下身比例逐渐增加。

（4）Kaup指数（身高体重指数）。该指数同样反映人体营养状况和骨骼、肌肉充实度，尤其适用于婴幼儿。正常值为15～19（如大于22为肥胖，13～15为消瘦，10～13为营养不良）。

由于指数法的理论基础过于机械，把人体各部分看成固定不变的比例关系，而且指数法只能判断个体单项指标在体格发育中所占的位置，不能综合评价一个学前儿童的生长发育情况，有时还会将体形匀称的正常矮身材学前儿童误认为是营养不良，或将匀称体型高身材学前儿童误认为肥胖。

4. 三项指标综合评价法

三项指标综合评价法是世界卫生组织推荐的学前儿童营养状况的判断方法，也就是按身高的体重，按年龄的身高，以及按年龄的体重三项指标全面评价学前儿童的生长发育状况。

知识拓展

婴幼儿生长监测

儿童生长监测是联合国儿童基金会推荐的一套较完整的儿童系统保健的方案。它是利用儿童生长监测图对个体儿童的体重进行连续的测量与评价，可以直观地监测儿童体重生长的水平和速度，动态地观察婴幼儿生长发育趋势，早期发现生长迟缓现象。通过使用生长监测图，父母也可学会亲自监测孩子的营养状况，能及时地发现儿童的问题，提高家庭自我保健能力，促进儿童健康成长。监测体重的方法：6个月以内婴儿每月1次，7～12个月婴儿每2个月1次，1～3岁的儿童每3个月1次，按照儿童的年龄将每次测量的数值标在生长监测图的坐标上，并连成线，查看儿童体重增长曲线与参考曲线的走向是否一致。

【实操演练】

实操项目：体格生长的测量。

实操目的：正确测量并记录幼儿身高、体重、胸围和头围。

实操情境：琳琳，女，13个月。其父母某天发现琳琳囟门没有关闭，家人很担心琳琳是由于营养不良，导致发育不良。请对琳琳进行体格生长发育测量（身高、体重、胸围和头围测量）。

——1+X幼儿照护职业技能等级核心技能

【思考与练习】

1. 幼儿生长发育的一般规律有哪些？
2. 简述影响幼儿生长发育的因素。

【案例分析】

小男孩阳阳原本性格活泼外向，可近一段时间逐渐变得沉默寡言，睡眠不安，进食明显减少。在托幼园（所）组织的一次体检中，老师发现阳阳体重显著下降，身高不长，体检结果比上一次差。经过老师了解，原来阳阳的父母近一段时间经常吵架闹离婚。

1. 请分析案例中阳阳有哪些变化。
2. 请说出案例中阳阳性格变化的原因。

第三章 婴幼儿心理特点及保育

学习目标

1. 了解婴幼儿心理健康的标志。
2. 掌握幼儿心理发展的特点及保育的措施。
3. 预防婴幼儿常见心理问题。

情境导入

蓉蓉是一个两岁的小女孩，妈妈特别宠爱她，一直亲自照顾。一个月前，因为妈妈即将开始工作，不得不将蓉蓉放入托儿所。从入托儿所的第一天起，每次送托儿所，蓉蓉就哭闹不停，紧紧拉着妈妈的衣服不放，不让妈妈走。在托儿所里她不肯吃饭、不肯午睡，甚至不肯喝水，整天哭着吵着要妈妈，老师怎么哄劝都没有效果。下午，她常常站在托儿所的门口等候妈妈，不和其他小朋友一起玩。回到家里，总是跟着妈妈不放，害怕妈妈离开他。

想一想：蓉蓉的反应正常吗？面对这种情况，我们应该如何应对呢？

保证幼儿心理健康是幼儿保育工作中至关重要的一环，幼儿时期是孩子最为脆弱、敏感的时期，也是他们形成人格、塑造人格的重要阶段。幼儿的心理状态对其成长发展和未来的人生走向有着举足轻重的影响，因此保证幼儿心理健康具有重大意义。

第一节 婴幼儿心理健康概述

心理卫生，也称精神卫生，是关于保护与增强人的心理健康的心理学原则与方法。心理卫生不仅能预防心理疾病的发生，而且可以培养人的性格，陶冶人的情操，促进人的心理健康。个体心理发展是随着年龄的增长而逐渐发展的，婴幼儿由于年龄的关系，其心理发展特征与成年人有着不同，因此掌握婴幼儿心理发展的特点与规律对婴幼儿健康成长有着重要的意义，也是新时期婴幼儿保育的一项重要工作。

一、心理健康与生理健康的关系

1. 心理健康的概念

1948年，世界卫生组织通过宪章规定："健康乃是一种生理、心理和社会适应的完满状态，而不仅仅是没有疾病和虚弱的状态。"新的健康观否定了传统上认为身体强健结实、没有疾病、没有缺陷就是健康的陈旧观念，强调健康是多维度的，全面健康是生理健康和心理健康的完整统一。

对于心理健康目前学术界没有统一的界定。我国学者郑日昌、陈永胜认为心理健康有两种含义，一种是指没有心理障碍或心理疾病；另一种是指心理状态稳定，具有抵御挫折、迎接挑战、适应环境的良好人格素质，使人的潜能和创造力得到充分发展，更好地实现人的价值。心理健康与心理不健康是心理正常范畴内的一对概念，两者是相对的。心理正常与心理不正常也是相对的，所谓不正常心理是指有典型精神障碍症状的心理。

从卫生与保健的角度而言，心理健康是指没有临床症状、身心都符合正常的发展标准、具有良好适应性并能为社会所接受的一种积极稳定的心理状态。心理不健康是指一个人在情绪、观念、行为、兴趣、个性等方面出现一系列的失调，也称心理障碍或心理问题。

2. 心理健康与生理健康的关系

一直以来人们更多地注重生理的健康而忽略了个体的心理健康，尤其是不少人认为生理健康和心理健康是两个没有关系的概念。实际上，在现实生活中心理健康和生理健康不是孤立存在的，而是相互联系、相互制约又交互影响着的，两者处于动态平衡之中。心理健康能促进个体生理健康，反之个体出现心理障碍或心理疾病则会危害其身体健康；因此，生理健康是心理健康的物质基础，一旦身体出现某些疾病也能导致心理不健康。

（1）心理健康对生理健康的影响

心理健康对生理健康既能产生积极的影响，也能产生消极的影响，因此其影响是双向的。健康的心理状态，比如积极、肯定情绪，可以对个体的生理活动产生良好的影响，促进生理健康。心理处于不健康状态，则会危害人们的生理健康。如果一个人压力感持续不断，长时间处于应激、紧张、焦虑、忧愁和愤懑的状态中，就会使身体抵抗力降低，导致一系列疾病。如果心理反应过度，也可能导致生理病变。早在《黄帝内经》中就总结出“怒伤肝”“喜伤心”“思伤脾”“悲伤肺”“恐伤肾”，由此可见，古人很早就发觉了两者之间的因果关系。事实证明在医学临床中，一些躯体疾病实质上也是由于心理障碍和心理疾病引起的生理表现。在现实生活中，当人痛苦抑郁时，常常影响到身体各系统的健康状态，影响消化系统以致茶饭不思；影响神经系统以致彻夜难眠。俗语云：“笑一笑，十年少；愁一愁，白了头。”苏联生物学家巴甫洛夫曾经说：“忧愁、顾虑和悲观，可以使人得病；积极、愉快、乐观的情绪，坚强的意志，可以战胜疾病，可以使人强壮和长寿。”可见，良好的心理状态，能够促进个体生理机能的改善，提高对疾病的抵抗力，更主要的是，能使人在一种良好的、旺盛的状态下工作、学习和生活，使生理状态显示出向上的活力，在这种长期保持的状态下，无疑是有益于身体健康的。

（2）生理健康对心理健康的影响

正如个体的心理状况可以对其生理健康产生积极和消极方面的影响一样，个体的生理状况也可以对其心理健康产生积极和消极的影响。生理健康对心理健康的影响也是双向的。

一个人在生理健康状态良好的情况下，其机体各系统、各器官与内外界环境处于一种适应的状态，能使个体体验愉快的情绪，使心理活动处于一种稳定状态。如果人体内分泌系统正常，适宜的身体激素分泌可以使个体的情绪等心理活动处于一种稳定状态，为保证心理健康提供重要的条件；如果内分泌紊乱，有可能直接导致心理疾患。比如甲状腺功能亢进，甲状腺激素分泌过多，新陈代谢加速，就会引起个体产生紧张性心理反应，情绪易激动，注意分散，焦虑不安，甚至产生妄想和幻觉；相反，甲状腺激素分泌不足，代谢作用减慢，就会对个体智能活动产生阻碍作用，可能变得反应迟滞、记忆减退、思维缓慢，易出现悲观、抑郁等消极的心理状态。研究表明，任何生理病变，都有可能引起心态消极变化，出现抑郁、悲观、焦虑、恐惧甚至绝望等消极心态，严重者可能出现各种形式的伴发性心理障碍。

随着社会的高速发展，生活节奏日益加快，竞争激烈，影响人们心理健康的因素越来越多，出现的心理问题不断增多。面对瞬息万变、纷繁复杂的世界，人们普遍存在心理适应的问题，这就要求人们必须重视心理卫生，培养良好的心理素质。我国心理学家潘菽曾指出：“我们因注重身体的健康，故研究生理卫生；我们若要使得心理得到健全的发展，则必须注重心理卫生。”心理卫生工作的目的就是要避免一切不健康的心理产生，促进人们树立“心身统一”的心理卫生观。

幼儿期是儿童身心迅速发展的重要时期，这一时期的身心状况影响他们的成长。

《幼儿园教育指导纲要（试行）》明确指出："幼儿园必须把保护幼儿的生命和促进幼儿的健康放在工作的首位。树立正确的健康观念，在重视幼儿身体健康的同时，要高度重视幼儿的心理健康。"心理健康是婴幼儿身心和谐发展不可分割的重要部分。

在新《幼儿园工作规程》中重点强调了幼儿心理卫生与保育，提出幼儿园保育和教育的主要目标是"促进幼儿身体正常发育和机能的协调发展，增强体质，促进心理健康""幼儿园必须切实做好幼儿生理和心理卫生保健工作""幼儿园应当关注幼儿心理健康，注重满足幼儿的发展需要，保持幼儿积极的情绪状态，让幼儿感受到尊重和接纳""幼儿园应当充分尊重幼儿的个体差异，根据幼儿不同心理发展水平，研究有效的活动形式和方法，注重培养幼儿良好的个性心理品质"。

二、婴幼儿心理健康的标志

一般来说，婴幼儿心理健康是指婴幼儿各项心理机能发展健全，心理发展达到相应年龄组儿童的正常水平，能正常对待环境的各种变化，无心理障碍和心理疾病。

心理健康标准是衡量心理健康状态的指标。心理健康指标不像生理健康指标那样比较精确、易于度量。心理健康的具体标准是什么？怎样衡量心理健康状况？什么样的人才是心理健康的呢？这是极为复杂的问题。在心理卫生理论与实践中，不同学者从不同的角度研究得出的结论观点不同，目前在学术上尚无统一说法。任何一种评价指标都是相对的，没有绝对界限。婴幼儿是处于特定年龄阶段的特殊群体，他们具有与年龄和角色相适应的心理行为特征，其心理健康标准不同于成年人标准。综合国内外有关资料，将婴幼儿心理健康的标准主要概括为以下六个方面：

（1）智力发展正常

正常发育的智力指个体智力发展水平与其实际年龄相称，是心理健康的重要标志之一。正常的智力是从事一切活动的基本条件，同时也是一切心理活动的基础，智力低下的人不能产生正常的情感反应和认知活动。

（2）情绪稳定愉快

心情愉快是情绪健康的重要标志。与成年人相比，婴幼儿的情绪不太稳定，易受外界刺激的影响，两种对立情绪可以在短时间内互相转换，如"破涕为笑"的现象，这并非情绪不健康。但如果幼儿每天的消极情绪太多，过多地发脾气，经常哭闹或精神萎靡，不爱说笑，行为被动，则应被视为情绪不健康。

（3）行为协调一致

心理健康的人行为是协调一致、有条不紊的。婴幼儿具有注意不稳定、做事的坚持性差等年龄特点，这是正常表现。但如果与同龄儿童相比，某婴幼儿过分地表现出注意力不集中，想要某种玩具或想吃某种食物，稍有怠慢就大哭大闹等不同行为时，则属于不正常，应及时予以矫正。

（4）良好的人际关系

积极、良好的人际关系对健全个体社会性发展有着重要的作用。婴幼儿是活泼好动的，喜欢与同伴嬉戏，不愿独处，即使是性格内向的婴幼儿亦然。如果发现婴幼儿不喜欢与同伴交往，讲话甚少，胆小羞怯，或过分胆大妄为，攻击性强，这是人际关系适应不良的表现，应引起高度重视。

（5）适当的求知欲

求知欲是人的一种内在精神需要。心理健康的婴幼儿通常表现出广泛的兴趣爱好，求知欲望强烈，对身边新鲜的事物充满好奇心，喜欢观察，敢于表达自己的想法。

（6）健全的个性特征

心理健康的人有健全的“自我”。婴幼儿的个性正处于形成发展之中，但是能见个性的基本雏形。心理健康的儿童，一般具有热情、勇敢、自信、主动、友善、同情、合作和诚实等特征，对自己、他人和现实环境的态度和行为方式比较符合社会规范，没有不良行为和不良习惯。

总之，心理健康是持续动态的而非处于静止的状态。以上婴幼儿心理健康的标准，只是“理想”的标准，个体存在着差异性，每个儿童都可能有这方面或那方面的不足。婴幼儿正处在身体和心理不断发育和发展的过程，所以，不能简单地依照这些标准来进行判断。要依据心理健康的标准，积极创造条件，努力促使每个婴幼儿都能朝着健康的目标发展。

第二节　婴幼儿心理发展的特点

一、婴幼儿动作的发展

婴幼儿动作的发展是神经系统发育的重要标志。人的动作是由骨骼、肌肉、关节等身体运动器官，在神经系统支配下而产生的生理活动，这一生理基础同时也是人心理发展的基础。婴幼儿各种动作的发展是其活动发展的直接前提，行为反应也是其心理发展的外在表现。

（一）动作发展的规律

个体的运动能力经历了一个由简单到复杂、由局部到整体、由片面到全面逐步发展的过程。

1. 整局规律

婴幼儿最初的动作是全身性的、笼统的、弥漫性的，以后动作逐渐分化、局部化、准确化和专门化。比如，3岁幼儿拿着笔认真画画时，不仅仅是手在动，就连身体的动作、面部的动作也来帮忙；同样的动作，幼儿做得慢而不够准确，而且付出的努力相对较大，成人则做得又快又好。随着年龄的增长，动作逐渐分化，开始向局部化、准确化和专门化发展。

2. 首尾规律

婴幼儿动作发展遵循由头到尾、从上到下的顺序，即先头部、再上肢、最后到下肢动作。比如，婴儿最先学会转头和抬头，然后是俯撑、翻身、坐和爬，最后学会站立和行走。首尾规律还表现在一些单一动作本身的发展上。比如，婴儿学爬行时，先借助手臂匍匐爬，再运用大腿、膝盖和手进行手膝爬，最后才是手足爬。

3. 远近规律

婴幼儿动作发展遵循远近规律，即以婴幼儿的身体中部为轴线，向身体四周和边缘有规律地发展。婴幼儿动作的发展先从头部和躯干的动作开始，然后是双臂和腿部动作，最后是手部的精细动作。比如，婴儿看见物体时，先移肩肘，再用整个手臂接触物体，最后用手腕和手指去接触并抓取物体。

4. 大小规律

婴幼儿动作发展遵循大小规律，即动作发展的表现由粗大动作逐渐转向精细动作。大肌肉动作一般是大肌肉群所组成的动作，如抬头、坐、翻身、爬等。小肌肉动作一般是需要运用手指的动作，如画画、扣扣子、剪纸等。

5. 无有规律

婴幼儿动作发展遵循无有规律，即刚开始婴幼儿的动作是无意识的，随着年龄增长逐渐有意识、有目的地完成特定动作。比如，两个月婴儿的手偶然碰到玩具时，会去抚摸，但没有目标和方向，属于纯粹的无意识动作；四五个月时，婴儿的动作有了目的和方向，会出现伸手抓玩具等有意识的动作。

（二）婴幼儿动作的发展

1. 粗大动作的发展

粗大动作又称大动作，是大肌肉或大肌肉群活动引发的动作，常伴有强有力的大肌肉收缩、全身运动神经的活动及肌肉活动的能量消耗。婴幼儿粗大动作发展包括抬头、翻身、坐、爬、站、走、跑和跳等。

（1）0～1岁。婴儿基本不会行走，以翻身、坐起、爬行等运动为主，教育的重点是促进其身体发育和动作的灵活性，因此，这一阶段最适合进行抚触和辅助操。

（2）1～2岁。幼儿已经能够蹒跚走路，由移动活动向爬（障碍爬）、走、滚、踢、扔和接等基本运动机能过渡。

（3）2～3 岁。幼儿已经可以自由行走，还可以自然地跑、攀、爬、跳和投掷等。这一阶段以发展基本运动技能为主，向各种动作均衡发展。

2. 精细动作的发展

精细动作是小肌肉或小肌肉群活动所引发的动作，是指运用手指和手掌，并借助手臂和手腕完成的动作，如取物、抓握、搭积木、绘图、扣扣子和系鞋带等。

上肢的发作发展是从肩到肘、腕，再到手指。对于婴幼儿而言，其精细动作的活动受到一定的限制，主要以手部的动作发展为主。婴幼儿手部动作发展的趋势是从大肌肉到小肌肉动作、从整个手掌到多个手指的动作、从多个手指到几个手指动作。

（1）0～1岁。视觉的发育是精细动作发展的必要基础。新生儿的手接触物体时出现握持反射，3 个月左右出现了主动抓握，5～6个月后出现了以视觉为线索的抓握，进而出现手、眼及其他部位肌肉的协调。婴儿需要接触到各种外在的物体，在接触的过程中发展触觉，获得对物体的感觉，有利于提高其手眼协调能力。

（2）1～2岁。这一阶段的幼儿能够蹒跚走路，也能灵活用手抓取物体，但由于其神经还未完全髓鞘化，精细动作还不够准确，所以练习手指的灵活性成为教育重点。

（3）2～3 岁。这一阶段的幼儿不仅有了更强的好奇心和探索欲望，还产生了独立的意识。手部精细动作的发展不仅能够帮助其掌握日常生活需要的技能，还能有效锻炼其洗漱、吃饭、穿脱等生活自理能力，从而提高动手能力和独立性。

（三）婴幼儿动作发展的注意事项

1. 遵循生理成熟规律

婴幼儿的动作及动作能力水平的提高是多种身心因素协调作用的结果。其中，生理因素的发展更多受制于生理成熟的自然规律，因此，动作发展过程中必须遵循生理成熟规律，把握好关键期，适时施教。超前、超量训练，可能对婴幼儿的健康发展造成伤害。

2. 保护和激发内在动机

婴幼儿学习动作的内在动机会随着身心素质的发展自然表现。比如，5～6个月的婴儿总喜欢在大人的扶持下做出蹦跳动作，学会独立行走的婴儿则想摆脱大人的牵制等。成人应发现并创造适宜条件以满足动作学习的内在愿望，切忌因照顾过度而错失婴幼儿动作发展关键期。

3. 抓住生活中的教育契机

一日生活皆教育，动作发展的学习与婴幼儿的日常生活息息相关，可将科学的动作训练方法运用于日常生活的各个环节。比如，进餐时鼓励幼儿自己使用餐具，睡觉时学习穿脱衣服、鞋袜等，锻炼幼儿的手部精细动作能力。

4. 创造性使用环境和材料

丰富的环境、多样的材料能激发婴幼儿动作学习的兴趣，也能满足其多种动作学习的需要。可以根据婴幼儿的年龄、动作发展的需要和水平，为其创设丰富的生活学习环境准备多样化的材料。

二、婴幼儿注意的发展

注意是一种心理状态，是心理活动对一定对象的指向和集中。注意不是独立的心理过程，它总是伴随着感知觉、记忆、思维、想象等其他心理活动而进行，如注意听、注意看、注意想。

注意的两种基本形式为无意注意和有意注意。其区别主要为是否有预期目的，是否需要意志努力解决困难。无意注意是指事先没有预定目的，也不需要意志努力的注意。比如，幼儿室内听故事，突然被窗外的鸟叫声吸引。有意注意是指有预定目的，需要意志努力的注意。比如，幼儿想要知道是什么原因，就需要努力集中注意听。

（一）婴幼儿注意的发展

1. 0～1岁

新生儿刚开始接触外部环境时出现的无条件定向反射是无意注意的最初形态，标志着无意注意的发生，而且新生儿已经有了注意的选择性，比如，高强度的声音刺激会让新生儿暂停吸吮，明亮的物体会引起其视线的片刻停留。

随着年龄增长，婴儿探索活动机会增多，注意得到迅速发展。婴儿3个月左右可较集中地注意某个感兴趣的事物；5～6个月时能比较稳定地注视某一物体，持续时间很短，探索活动更加主动，除了具体事物，对周围的语言刺激也会关注；6个月以后，以更广泛和复杂的形式表现在吸吮、抓握、购物、操作和运动等活动中，同时有更多的机会进行玩要和社会交往，经常处于积极探索状态，对熟悉的事物更加注意，社会性方面更加突出，如对母亲特别注意。

2. 1～3岁

1～3岁时，随着活动能力的发展、言语的产生与发展，幼儿的活动范围扩大，无意注意迅速发展。2 岁多时对周围事物及其变化会表现出浓厚的兴趣。3岁前有意注意开始发展，但水平较差。由于言语的发展和成人的引导，幼儿开始把注意集中于某些活动目标。比如，阅读绘本时，如果绘本内容不能吸引幼儿，他们的注意便会转移。0～3岁婴幼儿注意发展的特点总体表现为无意注意占主导地位，有意注意还处于萌芽状态。

（二）婴幼儿注意发展的注意事项

1. 防止无关刺激的干扰

在游戏或活动时一次性呈现的材料不宜过多，环境布置不宜过度繁杂。同时也要注意自身衣饰的影响，不宜有太多装饰，以免分散婴幼儿的注意力。

2. 制定合理的作息制度

制定合理的作息制度，保证充分的睡眠和休息时间，培养规律的生活习惯，从而精力充沛地进行游戏或活动，可以有效防止婴幼儿注意的分散。比如，晚上不要长时间看电视，周末不要外出玩太久。

3. 培养良好的注意习惯

提供的活动材料少而精，不仅有助于婴幼儿创造性地玩耍，也有利于培养注意力。比如，婴幼儿正专心活动时，成人不应随意干扰。同时，成人应改掉反复提示的习惯，如果没有“唠叨”，婴幼儿注意力会更加集中。

三、婴幼儿认知的发展

（一）感知觉的发展

感觉是人脑对直接作用于感觉器官的客观事物的个别属性的反映，包括视觉、听觉、嗅觉、味觉、触觉所获得的客观事物形状与色彩、声音、气味、味道等，如苹果的形状、颜色、大小等属性。感觉还反映机体各部分的运动情况及机体内部的异常状态，如感觉到自身的舒适与疼痛。

知觉是人脑对作用于感觉器官的客观事物的整体在人脑中的反映，所反映的是一个较完整的事物。比如，看到一个苹果，可以看到它的颜色、大小，闻到它的气味，尝到它的味道，认识到这是“苹果”。

1. 感觉能力的发展

根据刺激来源的不同，感觉可分为外部感觉和内部感觉。外部感觉由外部刺激所引起，反映外界事物的个别属性，包括视觉、听觉、嗅觉、味觉和视觉；内部感觉由机体内部发生变化所引起，反映人体位置、运动和内脏状态及其变化的特征，包括运动觉、平衡觉和机体觉。

（1）视觉的发展

研究证明，视觉最初发生在胎儿中晚期，四五个月的胎儿已有视觉反应能力及相应的生理基础。刚出生的新生儿，晶状体的调节能力较差，看东西模糊不清，随着年龄的逐渐增长，视觉逐渐发展，3岁是幼儿双眼视觉发育最快的时期，视力达到0.5～0.6。视觉与整个心理发展关系密切，如有视觉缺陷可造成学习障碍。

（2）听觉的发展

婴幼儿的听觉也是随着年龄的增长不断发展的。声音刺激产生声波，通过外耳道引发鼓膜振动，经由听觉神经进入大脑听觉中枢，产生听觉。新生儿不仅能听见声音，还能区分其高低、强弱、品质和持续时间。随着年龄增长，加上环境和教育的交互作用，婴幼儿听觉迅速发展。

（3）味觉的发展

子宫宫内胎儿的味觉已开始发育，到了新生儿期，味觉已发育得相当完好，能对不同味道有不同反应，并表现出明显的“偏爱”。半个月左右对甜味做吸吮动作，表情愉快，品尝苦、酸、咸等味道则出现不安、皱眉、闭眼等。因此，在婴幼儿期应使婴儿习惯适应各种味道的食物，避免偏食。味觉在婴幼儿期最发达，以后逐渐衰退，这与味觉在人类演化进程中的趋势是一致的。

（4）嗅觉的发展

七八个月的胎儿嗅觉感受器已相当成熟且具有初步的嗅觉反应能力，能大致区分几种不同的气味。0～1岁的婴儿对有气味的物质已能通过面部表情、脉搏改变、不规则呼吸和打喷嚏等做出相应的典型反应，如“喜爱”好闻的气味，或是对刺激性的气味表示厌恶。两个月大的婴儿能对有刺激的气味，出现一些排斥反应，比如摇头等表示拒绝。到了两个月末至第三个月的时候，已经已能对不同气味进行分辨，但尚不稳定。总之，嗅觉会随年龄增长而不断发展，分辨气味的能力也会进一步提升。

（5）肤觉的发展

肤觉是最早出现的感觉，包括温觉、痛觉和触觉。新生儿对冷热的感觉十分灵敏，到了3个月时已经能对33 ℃和31 ℃的水温有所分辨。出生第一天的新生儿便有了感受疼痛的能力，但对痛觉的反应较为迟钝；2个月左右对痛的刺激才表现出痛苦。婴幼儿的痛觉也是随年龄增长而逐渐发展，痛觉感受性越来越高。

触觉是儿童感知外界刺激、认知并接触世界的关键途径，它是肤觉和运动觉的联合。新生儿能表现敏感的触觉反应，4个月以后已经能伸手够物，表明视触协调能力已发展起来。5～6个月的婴儿出现了听觉和触觉的协调，6个月左右开始出现手眼协调动作，到了1岁时已能只用手的搜索认识规则物体。

2. 知觉能力的发展

知觉的发育与视觉、听觉、触觉等感觉的发育有着密切的关系。新生儿能对逼近物体产生某种初步反应，并具备原始的深度知觉。2～3个月大的婴儿产生了对来物的闭眼性保护反应，说明已具有以视觉为主的距离知觉。5～6 个月的婴儿出现了手眼协调的动作行为。在美国心理学家沃克和布吉森的“视觉悬崖”实验中，证实了6个月的婴儿已具有深度知觉。

婴幼儿对外界事物的方位知觉是以自身为中心定位的，3岁能辨别上下方位，约4岁可辨别前后，到了5岁时开始辨别以自身为中心的左右。

时间知觉是对客观现象的延续性、顺序性和速度的反映。婴幼儿主要依靠生理上的变化产生对时间的条件反射，我们称为生物钟。3～6岁的幼儿能逐渐以外界事物作为时间标尺，3～4岁时已具有初步的时间概念，大多与具体的生活活动相联系。比如，天黑了就要睡觉了。

3. 婴幼儿感知觉发展的注意事项

（1）利用感知觉特性，诱发婴幼儿感知兴趣。婴幼儿对强度大、新奇、活动的刺激物，以及与周围背景差异大的对象更感兴趣，可以通过刺激物的属性诱发婴幼儿的感知兴趣。

（2）注重观察力的培养。由于经验和认识能力的限制，婴幼儿在观察时容易出现抓不住重点的现象，教给婴幼儿有顺序的观察方式，可有效避免观察时顾此失彼。启发婴幼儿运用多种感官进行观察，有利于婴幼儿对观察对象形成立体视觉形象，增强观察效果。

（二）记忆的发展

记忆是人类心智活动的一种。代表着一个人对过去活动、感受、经验的印象累积。心理学中将其定义为：记忆是人脑对经验过事物的反映，包括识记、保持、再认和回忆（再现）四个过程。四者之间的关系：识记、保持是再认、回忆的前提和基础；再认、回忆是识记、保持的结果和证明。

1. 记忆的种类

根据记忆有无目的和是否运用一定方法可分为有意记忆和无意记忆。有意记忆是指按一定的目的和任务，需要采取积极思维活动的记忆，如背诵古诗；无意记忆是指没有自觉记忆目的和任务，也不需要意志努力记忆，如对广告词的记忆。

根据记忆保持时间长短可分为感觉记忆（或瞬时记忆）、短时记忆和长时记忆。感觉记忆是个体通过感觉器官感觉到刺激时所引起的短暂记忆，一般只有0.25～2 s；短时记忆是指获得的信息在头脑中储存不超过1 min的记忆；长时记忆是指1 min以上，甚至终身保持的记忆，其信息来源大多是短时记忆经加工和重复的结果。通常所提到的记忆，大多是长时记忆，包括再认和再现。

再认是指过去感知过的事物重新出现时能认出，如在路上遇到以前见过的人能成功认出。再现是指过去感知过的事物没出现，但能在头脑中重新呈现，包括人或物、思考过的事情和体验过的情绪等，如想起某位同伴，头脑中立刻浮现出该同伴的形象。再认和再现的时间随年龄增加而延长。

2. 婴幼儿记忆的发展

（1）0～1岁。1岁以前婴幼儿记忆能力比较差，只有再认而没有再现。5～6个月时能再认和自己每天朝夕相处的人，如妈妈，并且记忆保持的时间很短。如果当人与物在反复出现的情况下，可以逐步认识周围所熟悉的事物并能保持对事物的记忆。到了1岁时能再认相隔几天或十几天的人与物。

（2）1～3 岁。1岁以后，幼儿的记忆能力发生了重要变化，但此时的记忆主要以无意记忆为主，婴幼儿凭借兴趣认识并记住自己喜欢的事物。随着言语能力的逐渐发展，表象的积累及稳定性逐渐增强，开始形成并主动提取眼前不存在的客体意向，即再现。到了2岁左右，婴幼儿可以有意识地回忆数天前的事件，其有意记忆开始萌芽，不过这种能力还很弱，这与幼儿言语的发展密切相关。3岁左右，能再认3个月前的人与物，但是再现仅仅局限于几星期内的事或物。

3. 婴幼儿记忆发展的注意事项

（1）对记忆效果不能操之过急。要了解婴幼儿记忆发展的规律，在形式上应采取婴幼儿喜欢的方式。

（2）激发幼儿的兴趣与活动的主动性。一旦产生兴趣，婴幼儿积极投入的状态可以有效提高识记的效果，应以游戏为主，运用生动直观、形象具体的事物，激发兴趣，调动感官参与其中，促使婴幼儿在无意识集中记住内容。

（3）丰富生活经验。丰富的生活经验可以为婴幼儿有意记忆的发展提供良好的基础，因此，多创造婴幼儿接触自然与社会的机会，扩大其眼界，不失为一个好方法，但要符合婴幼儿认知发展的规律，贴近婴幼儿的生活。

（三）想象的发展

想象是人脑在一定刺激的影响下对已有表象进行加工改造，建立新形象的心理过程。

1. 想象的种类

根据是否有预定目的，可分为无意想象和有意想象。无意想象是最初级、最简单的想象，指没有预定目的，在一定刺激的影响下不由自主地进行的想象，如天空中变化的浮云，有时像一条鱼，有时像一幢楼。有意想象指根据一定目的，自觉地造出新形象的过程，如织一条围巾，想象用什么颜色等。

按照想象的独立性、新颖性和创造性的不同，分为再造想象和创造想象。再造想象是对没有直接感知过的事物的语言、图样、符号等，在大脑中形成新形象的过程，如阅读名著《西游记》，头脑中会浮现孙悟空的形象来。创造想象是根据一定目的、任务，不依赖现存的描述而独立创造出新形象的过程，如吴承恩创造出《西游记》中孙悟空的形象。

2. 婴幼儿想象的发展

（1）0～1岁

出生的新生儿具有原始的感知和记忆形式，可获得对某些客观事物的映像，但都是具体表象，保持时间很短，难以成为想象的加工材料，因此，新生儿产生想象的空间很小，1岁之前的婴儿也没有想象活动。

（2）1～3岁

1～2岁的幼儿基本具备了想象的基础，但由于个体生活经验不足、认知水平不高等大脑中已有的表象有限，只有最初级形态的想象。他们能够把日常生活中某些简单的行动反映在游戏中。比如，幼儿正吃饼干，忽然看到手中被咬了一口的饼干，高兴地说："看月亮。"2岁左右，想象进一步发展，开始能够通过想象把日常生活中的行动迁移到游戏中去，主要表现在动作和语言上，如幼儿将凳子当火车，边开边发出"呜呜——"声。

3岁左右，随着幼儿生活经验的不断丰富、语言理解能力逐渐增强和分析综合能力稳步提升，幼儿的想象也逐渐发展，突出表现在一些可以产生带有简单主题和角色的游戏，能够反映婴幼儿模仿成人社会生活情节的想象活动。比如，带上一个"听诊器"，装扮成大夫给"病人"看病；拿上一个小碗，装扮成"妈妈"给"婴幼儿"喂饭等。

3岁以前的婴幼儿想象的内容一般都是比较简单化的，水平也不高，大多源自他所看到成人或其他婴幼儿的某个简单行为的重复，属于再造想象的范围，缺乏一定创造性。就是想象也均以无意想象为主，主题也不稳定，容易受外界刺激的干扰，常常是零散的、无系统的。比如，在画画时一会儿画小猫，一会儿画苹果。

3. 婴幼儿想象发展的注意事项

（1）丰富婴幼儿表象，重视感性经验的积累。表象是想象的原材料，表象越丰富、越准确，想象越新颖和深刻。因此，在各种活动中，让婴幼儿充分感知，通过看、听、触摸、模仿和意察等开阔视野，积累感性经验，可为想象的发展提供条件。

（2）提供丰富多样的玩具材料，开展各种活动。玩具为婴幼儿的想象提供了物质基础，使想象处于积极状态，在游戏中可以通过各种角色的扮演，促使婴幼儿展开各种想象。

（四）思维的发展

思维是人类所具有的高级认识活动。心理学中对思维的定义：思维是人脑对客观现实间接和概括的反映。按照信息论的观点，思维是对新输入信息与脑内储存知识经验进行一系列复杂的心智操作过程。同样都是人脑对客观现实的反映，但思维与感知觉还是有着本质的区别：感知觉反映的是客观事物的外部现象或个别属性，而思维反映的是客观事物共同的本质特征和内在联系。

儿童思维的发展主要包括三个阶段，即直观行动思维、具体形象思维和抽象逻辑思维。

直观行动思维是指以直观的、行动的方式进行的思维，思维过程离不开直接感知的事物和实际的动作行为，如幼儿用数手指头的方式进行计算。

具体形象思维是指依靠事物在头脑中的具体形象进行的思维活动。比如，游戏中扮演不同角色，会按不同角色的身份进行表演，主要依靠头脑中关于角色、规则及行为方式的表象。

一般抽象逻辑思维在幼儿晚期开始萌芽，六七岁之后逐渐发展。在抽象逻辑思维不断发展中，儿童开始能够对事物的一些本质特征进行初步认识。

1. 婴幼儿思维的发展

（1）0～1岁。思维是在对事物感知的基础上产生的，凭借用手触摸、用嘴去尝、用鼻子去嗅、用耳朵去听和用眼睛去看等，收集大量感知材料发展感知觉，在此基础上产生萌芽状态的表象。表象的产生，加上言语的发展，促使思维开始萌芽。

（2）1～3 岁。此阶段主要是以直观行动思维为主，属于最低水平的思维。婴幼儿

2～3岁时直观行动思维表现非常突出，但思维不能离开对具体事物的感知，也离不开自身的行动。一旦情境消失，思维活动就停止；当动作停止，思维活动也就结束了。

2. 婴幼儿思维发展的注意事项

（1）为婴幼儿提供更多直接感知和动手操作的机会。思维能力只有在婴幼儿操作的过程中才能得到充分发展，提供大量可直接感知的玩具与活动材料，让婴幼儿更真切地感知事物的存在、变化和发展，如认识苹果需要看、尝、摸、闻。

（2）创设问题情境，激发思维动力。问题情境是激发婴幼儿进行认知的动力，成人可以创设问题情境来激发婴幼儿的认知。比如，在娃娃家活动区域的小厨房中故意少放一个炒菜的锅，让婴幼儿发现并尝试解决问题。

四、言语的发展

语言是人类进行沟通交流的表达方式，人们彼此的交往离不开语言。心理学中对语言的定义：语言是人类在社会事件中逐渐形成和发展起来的交际工具，是一套约定俗成的符号系统，是一种社会现象。

往往我们会将语言和言语相联系起来，人们运用语言进行交际的过程叫言语，语言和言语是两个不同的概念。语言是社会现象，是语言学研究的对象；言语则是心理现象，是心理学研究的对象。言语是指人们对语言的运用，它有两层意思：一是指人的说和写的过程，是人的一种行为，叫言语活动，也叫言语行为；二是指人说出来的话，写出来的东西，也叫言语作品。在婴幼儿言语发展中，0～3岁是言语发展的早期阶段。

（一）婴幼儿言语的发展

1. 0～1岁

这一阶段是言语准备阶段，即前言语阶段，包括牙牙学语、能开始听懂别人说话和自己说词三阶段。胎儿出生后的第一声啼哭是最早的发音，也是今后语言发展的基础。婴幼儿会用哭声吸引他人的注意，到了2～3个月时会主动发出笑声，与成人进行互动。

2. 1～3岁

1～3岁幼儿言语的发展，可划分为理解语言阶段和言语活动发展两个阶段。

第一阶段：理解语言的阶段（1～1.5岁）。尽管幼儿对成人所说语言的理解在不断地发展中，但对于幼儿本身而言，积极的言语交际能力发展得较慢。1岁的婴幼儿能懂得成年人说出的与自己生活经验有关的某些词，到1岁以后也能说出这些词，但数量很少，如“爸爸”“妈妈”等一些常用词。1岁半能听懂50个左右的词，会讲10个左右有意义的词，但由于个体差异性较大，一般男孩的发展晚于女孩，词汇量也少于女孩。

第二阶段是言语活动发展阶段（1.5～3 岁）。在这一阶段幼儿的积极言语表达能力发展很快，词汇量迅速增加，词类范围明显扩大，言语结构也更加复杂化，句法更加成熟。到了1.5岁后言语能力迅速发展，掌握新词的速度也逐渐加快；2岁时能掌握词汇已达300～500个，能流利地讲2～3个词构成的简单句；3岁时掌握词汇达1000个左右，既能说出自己姓名、性别，也会唱一些简单儿歌，这个时候幼儿已基本掌握了母语的语法规则系统。

（二）婴幼儿言语发展的注意事项

1. 创设良好的语言交流环境，提供语言模仿与学习的机会

日常生活是幼儿学习语言的基本环境，成人应利用丰富的语言刺激，有意识地引导婴幼儿交谈。其次，丰富的社会活动与生活内容也是语言发展的良好环境，要注意发挥成人的语言示范与指导作用，为婴幼儿树立良好榜样。

2. 在人际交往中提供语言交流实践的机会

成人应经常与婴幼儿进行交谈，同时对其发音积极回应，如微笑或爱抚。要鼓励和支持要幼儿的同伴交往，多创造与同伴交往的机会，让要幼儿学习各种称呼及礼貌用语。这样不仅有利于婴幼儿语言能力的发展，对其社会性发展也十分重要。

3. 在游戏活动中进行语言练习

游戏是幼儿最基本的活动形式，在游戏活动中为幼儿语言实践提供了良好的表达交流机会，是进行语言练习的最佳途径。如听说游戏、识字游戏、语言游戏、角色扮演游戏和社会交往游戏等。

4. 在阅读中接受语言的熏陶

儿歌、童谣、故事等文学作品的语言生动、形象，富有节奏，更易被理解和接受，是促进幼儿言语发展的重要手段。文字欣赏和早期阅读有助于婴幼儿从口头语言向书面语言的过渡。同时也为要幼儿扩展词汇、丰富语言内容奠定了基础。

5. 组织专门的语言教育活动

婴幼儿语言教育的内容主要包括学说口语、听话、交谈、早期阅读和文学作品欣赏等，可以通过聆听、表述、欣赏、听说游戏和早期阅读等形式开展，一般早教机构会进行有目的、有计划的活动。

五、情绪情感的发展

（一）婴幼儿情绪情感的发展

情绪和情感是人对内外环境变化产生的体验，分为积极体验和消极体验两大类。良好的情绪和情感会激发幼儿积极的探求欲望与行动，寻求更多的刺激，获得更多的经验。心理学家孟昭兰的研究发现，情绪在个体生活中的发生有一定的顺序，这种顺序服从于婴幼儿的生理成熟和适应的需要。引起体验反应的诱发因素也是各不相同。

新生儿具有原始的情绪反应，生活中新生儿的哭、安静或四肢划动等，都与生理需要是否得到满足直接关联，是与生俱来的本能反应。在这些原始情绪的基础上，婴幼儿逐渐出现各种基本的情绪反应。比如，随着年龄的增长，他们的笑从自发性地笑到无选择的社会性微笑，最后再到有选择的社会性微笑；当与父母分离时，婴儿也会产生焦虑情绪，对陌生人会出现“认生”现象。

0～3岁婴幼儿的情绪表现出的最大特点是容易冲动、不稳定且外露，对于年龄越小的婴幼儿，这些情绪特点就越突出，并容易受外在环境变化的影响。

（二）婴幼儿情绪情感发展的注意事项

1. 创设适宜的环境，发展积极情感

婴幼儿的情绪、情感具有明显的情境性，在和谐、愉快、轻松的生活环境下对其有较强感染力，能使幼儿情绪受到潜移默化的影响。成人应学会自我控制，多展现积极情绪，避免消极情绪对幼儿产生的不良影响。

2. 善于发现和辨别婴幼儿情绪，及时回应

婴幼儿的情绪有外露性，面对婴幼儿的不同情绪应及时回应。比如，面对消极情绪应先了解情况、耐心倾听，分析产生的原因，并及时干预，帮助克服和纠正；面对积极情绪应及时肯定并加以保护。

六、个性和社会性的发展

（一）婴幼儿个性的发展

个性是具有一定倾向性的各种心理活动特点或品质的独特组合，是一个相对稳定的体系。个性包括个性动力系统和个性心理特征：个性动力系统即自我意识和个性倾向性，如需要、动机、兴趣、志向和价值观等；个性心理特征包括能力、气质和性格。

1. 自我意识的发展

自我意识是个体对所有属于自己身心状况的意识，包括对自己的生理状况、心理特征，以及自己与他人关系的意识等。自我意识从形式上可以分为自我认识、自我体验和自我调节。自我意识是婴幼儿个性形成和发展的前提，直接影响幼儿的个性发展水平及其健康成长。

婴幼儿在1岁前是没有自我意识的，从而不能把自己作为主体同周围客体相互区分开，如7～8个月大的婴儿咬自己的手指或脚趾，有时会因为疼而哭叫。

从1岁左右开始，幼儿就会把自己的动作和动作对象区分开来，逐渐知道自己和物体的关系，认识到自己的存在和力量，并产生自信心，如妈妈问“你的嘴巴在哪里”，幼儿会指向自己的嘴巴。对身体的认识是幼儿认识自我存在的开端。

2岁的婴幼儿已经产生了自我意识。阿姆斯特丹（B. Amsterdam）通过对88名3～24个月的婴幼儿展开实验，在他们毫无察觉的情况下在其鼻尖涂上一个红点，然后观察其照镜子时的反应。研究者假设，如果婴幼儿在镜子里立即发现自己鼻子上的红点，并用手去摸它或试图抹掉，表明其已能区分自己和加在自己形象上的东西，揭示了婴幼儿自我意识的发生、发展过程。

2～3岁时，随着生活范围的扩大、经验和能力的不断增长，包括言语的不断发展，幼儿开始掌握代名词“我”，标志着幼儿自我意识开始萌芽。比如，幼儿经常说“我的”，并且不让别人碰自己的东西。

2. 气质的发展

气质是个体所特有的较稳定的心理活动的动力特征，主要表现在心理活动的速度（反应快慢）、强度（反应大小）及灵活性（转换速度）等方面。研究表明，新生儿表现出明显的气质差异。气质与人的神经系统联系密切，因此，和其他心理想象相比，气质和遗传的关系更为密切。可见，气质是个体与生俱来的特质，尽管气质具有相对稳定性，但也会在环境和教育的影响下发生变化，心理学上称之为“掩蔽现象”。

气质只表现个人特点，并没有好坏之分。关于气质类型，目前多以古希腊医生希波克拉底的“体液说”，将气质分为多血质、胆汁质、黏液质、抑郁质四种类型，这也是在气质类型分类中最常见的典型气质类型。

在个体的各种心理特征中，气质是最早出现的，气质发展是个性发展的最原始基础，但在气质基础上，婴幼儿个性的形成受后天环境和教育的影响极大，表现出相对稳定性、个体差异性和一定的可变性特点。掌握婴幼儿气质发展的特点，并有针对性地采取良好且适宜的环境刺激，施加相应教育，能促进婴幼儿的良好气质的发展。

3. 婴幼儿个性发展的注意事项

（1）创设温暖环境，给予充分的安全感。温暖和谐的家庭氛围、父母的精心照护能让婴幼儿感受到世界的温暖，有安全感，促使其积极主动地参加各种活动，敢于表达，乐于探索，增强自信心。

（2）了解气质特点，有差别地进行补偿教育。可通过将婴幼儿在游戏、学习等活动中的情感表现和行为态度与气质类型的典型特征对照，初步判断婴幼儿的气质类型。气质无好坏，但针对不同气质类型，应进行合理干预和引导，使其扬长避短。比如，加强胆汁质婴幼儿细致性和深刻性方面的教育，培养自我调控能力；培养多血质婴幼儿自主决策能力和锲而不舍的精神；帮助黏液质婴幼儿克服做事拖拉的毛病，培养行为效率；鼓励抑郁质婴幼儿参加集体活动，多与同伴交往，逐渐消除负面情绪。

（二）婴幼儿社会性的发展

社会性是作为社会成员的个体为适应社会生活所表现出的心理行为特点。当婴幼儿开始对母亲的爱抚报以微笑或动作，说明人际交往已开始。

1. 亲子关系的发展

亲子关系是0～1岁婴儿生活中最主要的社会关系，亲子关系有狭义和广义之分，狭义的亲子关系是指儿童早期与父母的情感关系，即依恋。广义的亲子关系是指父母与子女相互作用的方式，即父母的教养态度及方式。父母是与婴儿接触最多，也是最亲近的人，尤其表现在婴儿与母亲之间的一种社会性情感联结，婴儿通常会将微笑、牙牙学语、哭叫、注视、依偎和拥抱都指向母亲，与母亲的接近会使他们感到愉悦、舒适。一般认为，婴儿与母亲的依恋大概在六七个月时形成，与此同时，也会出现分离焦虑和“认生”现象。

心理学家安斯沃斯将婴儿依恋的类型分为安全型、回避型和反抗型。安全型是母亲在场时会使其感到安全，母亲离开时会苦恼，但回来时又能平静下来；回避型也称无依恋，婴儿对母亲是否在场都无所谓，离开不反抗，回来不欢迎或很少欢迎，但时间短暂；反抗型也称矛盾型，婴儿如果觉察母亲要离开，会表现出极度反抗，当母亲回来后想寻求接触，却又会被幼儿反抗接触。安全型依恋是良好、积极的依恋类型，依恋对婴儿的心理发展具有重要作用，婴儿是否形成依恋、依恋性质如何，将直接影响其情绪情感、社会性行为、性格等方面的发展。

总之，早期的亲子关系是婴幼儿同他人建立关系的基础，如果婴幼儿早期亲子关系好，则比较容易与他人建立良好的关系。

2. 同伴关系的发展

6个月的婴儿间还只有短暂的接触，如看看、笑笑或抓抓同伴。1 岁后，随着认知力的增强、言语能力的发展及活动范围的扩大，开始表现出同伴交往行为。良好的同伴关系有助于知识技能的获得，也有助于情感、认知和自我意识的发展。

婴幼儿之间的社会交往发生在游戏情境中，在3岁左右，其游戏主要是非社会的，以独自或平行游戏为主。3岁前建立的同伴关系通常是一对一的，群体交往关系的建立还存在一定困难。早期的同伴交往有助于婴幼儿社交技能及策略的获得，能增加亲社会行为的产生，减少攻击性行为。

3. 亲社会行为的发展

亲社会行为又叫积极的社会行为，是指个体帮助或打算帮助他人的行为及倾向，是人与人之间形成和维持良好关系的重要基础，包括同情、关心、分享、合作、谦让和援助等。出生后第一年就可以看到亲社会行为，如对他人微笑，对他人的哭泣、关注，甚至共鸣。幼儿1岁左右会对困境中的人做出积极抚慰的动作。在2岁左右，越来越明显地表现出同情、分享等利他行为，比如和同伴一起游戏时，分享自己喜欢的玩具。到了3岁左右，能在成人的教导下遵守游戏和公共场所的规则，知道要爱护玩具和其他物品，形成了简单的道德规范。

4. 攻击性行为的发展

攻击性行为是一种不受欢迎却经常发生的行为，它也是婴幼儿社会化发展中的重要内容之一。婴儿早期的社会性交往通常是积极的，1岁左右开始出现工具性攻击行为，2岁左右在同伴交往中出现了一些更加明显的冲突，如打人、揪头发、推人、抓人、咬人和踢人等，而绝大多数的冲突都是为了争夺玩具和物品。

5. 幼儿社会性发展的注意事项

（1）建立良好的亲子关系。父母要多与婴幼儿保持身体的接触，同时，还要为婴幼儿提供积极稳定的情感支持，关注婴幼儿的情绪和需求并积极回应。良好的亲子关系与父母的教养方式是密不可分的，在家庭教养方式中，往往民主型家庭的父母能准确判断婴幼儿的需求，尊重并理解孩子，因此能与孩子形成融洽的亲子关系。

（2）不断扩大交往范围。幼儿在与同伴交往的过程中，可以了解他人的想法和情感体验，并学会在不同思想的碰撞中尊重他人意见，体会合作带来的乐趣和成就感，以及矛盾带来的痛苦和失败感。同伴交往更能锻炼婴幼儿的交往能力。

（3）发挥榜样作用。榜样在婴幼儿社会性学习和发展中占有重要地位。对于0～3岁的婴幼儿，父母就是直接模仿和学习的对象，因此父母应该言行一致，发挥好榜样的作用。

（4）学习社交技能。适当的交往方式不仅能满足婴幼儿的需要，又不会影响他人。比如，打招呼的方式可以是点头、牵手和拥抱，分享玩具可以是交换或轮流。针对良好的交往技能和合作性行为，成人应适时强化，进行关注和表扬；针对不良的交往方式，成人应适当制止，让婴幼儿知道这样的行为不受欢迎。

第三节　影响婴幼儿心理发展的因素及保育措施

一、影响婴幼儿心理健康的因素

影响婴幼儿心理健康的因素是复杂多样的，包括遗传因素、环境和教育因素、实践活动因素及主观因素等等。在这些影响因素中，一方面来自先天个体主观因素，一方面来自后天客观因素。不管是主体还是客观原因，都离不开生理因素、心理因素和社会因素三个方面。

1. 生理因素

生理因素主要包括遗传因素、先天非遗传因素、生理发育迟缓、后天的大脑损伤或疾病等。

（1）遗传因素

遗传因素是指从父母的遗传基因中获得的生物特征，是心理发展的自然条件和物质前提。人的许多心理行为是因为遗传导致的，婴幼儿的智力和能力、情绪和性格的发展都与遗传有着千丝万缕的关系。

（2）先天非遗传因素

有些婴幼儿并非因为先天遗传而出现如智力等方面的缺陷。造成这种婴幼儿心理发展问题的原因，更多来自未出生前在胎儿期时，母体的健康状况和胎儿宫内环境等。孕妇的健康状况及胎儿宫内环境直接或间接影响儿童的心理健康。例如，在妊娠中期，孕妇患风疹，可引起胎儿畸形、智力低下；如果孕期缺碘引起甲状腺功能减退，可使儿童患呆小症；用药不慎也可引起各种心理疾患；胎儿未出生前过多接受X放射线照射，可导致胎儿出现严重畸形，身体、大脑发育迟缓；孕期内母亲长期大量饮酒，可引起胎儿患“酒精中毒综合征”，导致生长发育迟缓、中枢神经系统发育障碍。

（3）大脑损伤和脑疾病

心理的实质是人脑对客观现实能动的反映，大脑是心理的机能。一旦大脑损伤则会影响心理健康发展，以及造成各种心理障碍。对于婴幼儿心理健康而言，大脑损伤是影响婴幼儿心理健康发展和造成心理障碍的重要原因。在婴幼儿期，如果造成脑震荡、脑肿瘤、传染性脑疾病，或出现身体发烧高热等情况，都可能使幼儿的脑细胞受损，从而影响个体情绪反应和行为的稳定性，以及婴幼儿对周围环境的反应方式和对自己情绪的控制能力，引起适应不良，阻碍其智力发育，使其智力低下、学习困难、心理发展迟滞，产生种种行为问题。

2. 心理因素

（1）需要

需要是个体感到某种缺乏而力求获得满足的心理倾向，它是有机体自身和外部生活条件的要求在头脑中的反映，是人们与生俱来的基本要求。人本主义心理学创始人马斯洛把需要分为生理需要、安全需要、爱和归属感、尊重和自我实现五类，依次由较低层次到较高层次排列。在婴幼儿期的个体需要主要是以生理需求为主，婴幼儿对食物、睡眠、空气、水、衣着、游戏、安全、爱抚等方面的基本需要十分敏感，当需求不能得到满足甚至缺乏时，就会产生消极、紧张的情绪。由于婴幼儿心理发展不成熟，受认识能力局限，自我控制和调节能力差，因此，很容易因需求受挫产生恐惧、孤独、退缩等心理变化，如果长久得不到满足，最终会导致一些行为问题和心理障碍。

（2）情绪

婴儿一出生，就会出现情绪表现，如哭、笑等，这些都与幼儿的需求是否得到满足有着直接的关系，但是在不同的情绪体验下，对幼儿的心理健康发展有一定的影响。婴幼儿心理的紧张状态和平衡失调常常与他们的消极情绪联系在一起。比如，婴幼儿出现焦虑和恐惧两种消极情绪时，会影响婴幼儿的心理健康，容易使其产生心理障碍。

（3）自我意识

心理健康的婴幼儿具有良好的自我意识，能了解自己的优缺点，悦纳自己，对表扬会感到高兴，对批评感到羞愧。虽然婴幼儿的自我意识不成熟、不稳定，但对其人格发展和行为适应有着很大的影响。一般来说，儿童往往会依据成年人的评价和态度，和同伴进行比较，以及在游戏与交往中的成败来认识自我，并以自身的情绪体验作为评价的依据。大多数儿童都会表现出对自己过高的评价，但随着年龄增长，儿童的自我评价会逐渐接近客观事实。如果儿童到了一定的年龄，仍自我评价过高，就会阻碍其个性的健全发展；反之，如果自我评价过低则常常缺乏自信心，表现为沉默寡言、行为退缩、不合群，其个性和行为也会因此出现问题。所以，应该加强婴幼儿自我意识的培养，保护心理健康。

3. 社会因素

（1）家庭

家庭是社会的细胞，是每个人成长的起点，家庭对于人们心理健康的影响是重大而深远的。对婴幼儿而言，家庭是其生活和社会化的主要场所。家庭关系、家庭成员角色、家庭结构、教育方式等都与婴幼儿的心理健康有着密切的关系。处在和谐愉快的家庭气氛中的儿童，心理问题的发生率低；反之，经常吵闹、悲观失望等不健康的家庭气氛，容易使儿童形成孤僻、冷漠、焦虑等不良情绪，影响儿童的心理健康。另外，完整幸福的家庭，对个体的心理健康有很好的维护作用。

总之，家庭完整和睦，情感融洽，教养方式得当，家长的文化、心理素质良好，对婴幼儿心理健康起有效的促进作用；反之，家庭对儿童不适当的期望，不和谐的亲子关系，不良的教养方式如过度溺爱、简单粗暴、放任不管等，会对婴幼儿心理健康起消极作用。

（2）婴幼儿托育幼教机构

托育幼教机构的环境、人际关系等因素对婴幼儿心理健康和社会适应性的形成有重要的影响。托幼机构的保育员和教师是婴幼儿除家长之外，接触较多的早期照管人，由于年龄小，婴幼儿对保育员、教师有着较强的依赖性，因此保育员、教师与婴幼儿之间的关系直接影响着婴幼儿心理的健康发展。亲切、和蔼的教育教学态度可以诱发婴幼儿良好的情绪情感，可以促使儿童产生浓厚的学习兴趣、灵活敏捷的思维、丰富的想象力和创造力。反之对婴幼儿的态度粗暴或冷漠，会导致儿童紧张、胆怯、焦虑、恐惧。事实证明，许多婴幼儿的心理问题源自教师不恰当的教育态度和行为，因此作为幼教工作者应该具备一定的爱心、耐心和细心，给婴幼儿创造温暖、安全、愉悦的教育氛围；同时保育员、教师们也应该不断调适自己的心理状态，教师不健康的心理状态会造成婴幼儿的某些心理问题。

此外，托幼机构整洁幽雅的环境，和谐适度的色彩和照明，合理完善的制度，也会让婴幼儿感到舒适、安逸、愉快。所以，托幼机构的物质环境、生活作息制度等也会对婴幼儿的心理健康产生一定的影响。

（3）社会生活环境

社会环境制约着儿童心理发展的方向和水平。其中社会经济、风俗民情、伦理道德、宗教信仰等因素，对婴幼儿内在的心理品质和行为方式的形成都有影响。其中，大众传媒、社会风气和居住环境是影响婴幼儿心理健康的重要因素，如电视、图书等大众传媒以直观、易于接受的形式对婴幼儿的心理健康产生巨大的影响。

综上所述，无论是生理因素、心理因素还是社会因素，都与婴幼儿的心理健康成长有关，同时这些影响因素又相互联系、不可分割地交织在一起，共同对婴幼儿的心理健康产生影响。

二、婴幼儿心理保育措施

（一）婴幼儿心理健康教育理念

对婴幼儿心理健康教育需根据婴幼儿生理、心理发展的特点，运用恰当的心理健康教育的方法和手段，培养婴幼儿良好的心理素质，促进婴幼儿身心全面和谐发展。因此，在对婴幼儿心理健康教育中应注重以下几点：

1. 面向全体婴幼儿，注重个别差异。要以婴幼儿为主体，根据婴幼儿生理发展和心理活动的规律、特点，解决心理发展中的共性问题。同时，每个婴幼儿又有其独特性，因此还需注重个别差异进行保育。

2. 以培养婴幼儿良好的心理素质，促进婴幼儿身心和谐发展为根本目的。

3. 运用心理学和教育学的方法、技术和手段，科学地对婴幼儿进行心理健康教育。

（二）不同年龄阶段婴幼儿心理保育措施

1. 0～1岁（婴儿期）

婴儿期是人生的最初阶段，对婴儿的身心健康成长具有非常重要的意义。心理健康的婴儿通常体格发育正常，饮食、睡眠和大小便有规律，动作发育良好，情绪反应适度，对环境能较好地适应。

因此在这一阶段对婴儿的养护过程中，要注意保证丰富的物质营养和精神营养。保证哺乳定时定量，进食情绪愉快。满足婴儿的睡眠需求，卧室空气流通，温度适宜，培养婴儿单独睡眠的习惯。加强母婴情感交流，通过母亲的哺乳、抚摸、微笑，建立安全型的母婴依恋。加强对婴儿感知觉和动作的训练，为婴儿提供丰富多彩的适宜感官刺激，如色彩鲜艳的玩具、悦耳动听的音乐；为婴儿提供足够的活动空间，让他们在摸爬滚打中发展自己的动作，为认知发展打好基础。

其次，对婴儿心理卫生问题要及早、及时处理。如孩子情绪不稳定、哭闹，常常是因得不到关爱或患有疾病引起，应给予适当的爱护，及时治疗疾病。对睡眠不安、夜惊的孩子，应提供安静的睡眠环境，睡前不要恐吓、训斥孩子，被褥不要太厚或太薄。对发育迟缓的孩子，要加强针对性的特殊教育和训练。

2. 1～3岁（婴幼儿期）

3岁前是婴幼儿心理发展较快的时期，心理保育必须得到重视。要注意促进幼儿大脑的发育，保证足够的营养，加强肢体活动，积极开展亲子游戏和开发智力的活动。要注意培养孩子良好的生活习惯，让孩子学会吃饭、穿衣等自我服务能力。要有意识地促使孩子良好个性的形成。通过亲子交流、榜样示范，使孩子建立一定的行为规则，礼貌待人，学会与人分享和合作。要促进幼儿言语的发展，这个时期是孩子口头言语发展的关键期，成年人要认真回答孩子的各种问题，鼓励孩子能说话、想说话、敢说话。

对这一时期容易出现的一些心理问题，如突然断奶，导致孩子情绪不稳定，大哭大闹甚至拒食情况，需要保育者有计划地断奶，及时添加辅食。当幼儿说话偶尔出现口吃现象，不要讥笑和批评，要正确引导和训练，解除其心理压力。另外，千万不要吓唬，避免孩子产生恐惧感，要为幼儿提供与同伴交往的机会。最后，要培养幼儿生活自理能力，家长切记不要一切包办，可采取引导方式进行教育。

3. 3～6岁（幼儿期）

幼儿期是儿童认知、情绪情感、言语和社会性发展的重要时期，对这一时期的心理健康教育尤为关键。游戏是幼儿期的主导活动，通过游戏，可以促进幼儿的各种动作协调能力、认知能力、情绪表达和控制能力以及良好个性的发展。因此要注意满足幼儿活动的需要，组织多种形式的游戏。鼓励孩子与同伴交往，合群、乐群。尤其是对一些有攻击、退缩、害羞行为的幼儿，应创造条件，鼓励他们与同伴一起游戏，教他们如何与同伴打交道、如何恰当地表达和控制情绪、如何处理宣泄内心的焦虑和冲突。由于幼儿好模仿，成人要为幼儿树立榜样，培养孩子良好的个性。这一时期的幼儿处于家庭和幼儿园两种环境下，因此家园合作，协同保育非常有必要，尤其是对恐惧入园的幼儿，幼儿园教师和家长要耐心引导和训练，使幼儿及早进入幼儿园的生活状态。

第四节　婴幼儿常见心理健康问题处理

一、情绪问题

婴幼儿的情绪问题主要是以分离焦虑、恐惧、暴怒发作、屏气发作等为主要表现的一种心理健康问题，只要很小的诱因，就会引发，甚至对幼儿造成不可挽回的破坏性局面和损失。

（一）分离焦虑

分离焦虑是焦虑的一种表现形式，指婴幼儿因与亲人分离而引起的焦虑、不安或不愉快的情绪反应，又称离别焦虑。属于婴幼儿焦虑症的一种类型，多发病于学龄前期。

1. 主要表现

婴幼儿的分离焦虑分为三个阶段：

（1）反抗阶段——主要表现为又哭又闹，很难接受成人劝导。

（2）失望阶段——表现出虽然在哭泣，但反应断断续续不太明显，动作的吵闹减少，有的则表现出表情迟钝，不理睬他人。

（3）超脱阶段——很快地接受外人的照料，开始正常地活动，如吃东西、玩玩具，但是一看见母亲出现时又会出现悲伤的表情。

有分离焦虑的婴幼儿，往往表现出烦躁、哭泣、吵闹、害怕、恐惧和不适应，难以安抚和照料。

2. 原因分析

（1）环境变化：当身边的环境发生变化时，如幼儿从家庭初入幼儿园，环境有了巨大的改变，大多数幼儿的心理都是非常不安的，会有很大的变化，这种心理上的变化会让幼儿产生焦虑的情绪。

首先，以幼儿园环境为例，幼儿园里的生活规律和生活习惯与幼儿在家中是完全不一样的，幼儿园里有相对固定的作息时间，与幼儿在家中的生活规律并不一定相符。其次，入园之初，老师和伙伴均是陌生的面孔，容易使幼儿感到心神不安，在与教师和同伴的交往中不知所措。最后，陌生的幼儿园环境以及老师的各种要求等，都会让幼儿产生不适应感，进而造成心理压力。

（2）家长的溺爱：由于家长的溺爱，婴幼儿产生了严重的依赖性。婴幼儿一旦离开父母就会心里难过，进而出现焦虑情绪。研究证明，那些能较快适应幼儿园生活且情绪问题较少的幼儿，其家长平时不娇惯孩子，同时注重幼儿独立能力的培养，鼓励孩子探索新环境和与同伴交往；而那些在溺爱、一切包办代替的家庭中成长的孩子则需要较长的适应期。个别幼儿由于环境的巨大差异和转折而出现情绪和生理上的问题，如因过分哭闹和情绪不安，会有夜惊、梦魇或者腹泻、生病等问题。

（3）自身性格：婴幼儿出现分离焦虑与其自身性格有着很大的关系。如果婴幼儿是比较内向孤僻的性格，则很容易出现分离焦虑；如果婴幼儿是外向开朗的性格，则很少出现这种现象。事实证明，性格外向、活泼大胆的幼儿要比性格内向、安静胆小的幼儿更容易适应幼儿园的生活。

3. 分离焦虑对婴幼儿发展的影响

（1）焦虑会引起婴幼儿的生理上的应激反应，长时间焦虑容易导致幼儿抵抗力下降。如刚入园的幼儿很容易感冒、发烧、腹部疼痛等；甚至害怕与父母分离，不愿意去幼儿园等。

（2）焦虑也会阻碍幼儿的社会性发展。有些幼儿不会主动与其他小朋友交往，出现不该有的过激行为，比如利用哭闹、喊叫来表达自己的焦虑，呼唤妈妈的出现等等。

4. 处理方法

婴幼儿一旦出现分离焦虑，会对其身心发展造成严重的影响，但是婴幼儿期的分离焦虑是难以避免的，那么当婴幼儿出现分离焦虑时，该如何处理呢？以下介绍几种常见的方法：

（1）家长和老师要正确引导婴幼儿，多与婴幼儿沟通和交流，这样才能减少婴幼儿入园时的分离焦虑。

（2）幼儿园老师与家长建立良好的沟通，了解婴幼儿在家里的习惯，以便更好地与婴幼儿相处，照顾婴幼儿。

（3）对于出现比较严重分离焦虑的婴幼儿，可对其进行心理辅导、行为辅导，必要时建议家长带其去看医生。

（二）恐惧

恐惧是一种人类及生物的心理活动状态，从心理学的角度来讲，恐惧是指在面对某种危险情境时，企图摆脱、逃避某种情景，却又无能为力时产生的一种难以压抑的、担惊受怕的心理情绪体验。恐惧常常伴有焦虑情绪和自主神经系统功能紊乱症状，以及回避、退缩行为。恐惧是婴儿期常见的一种情绪问题。

1. 主要表现

婴幼儿恐惧主要表现为对所面对的具体事物或情境产生过分或不合理的回避反应，常常出现紧张、哭闹、焦虑等症状，如婴幼儿在打针、打雷、闪电时，在黑暗处、社交场合、人多的地方等都容易出现恐惧情绪。一般来说，大多婴幼儿的恐惧是相对短暂的，不需要任何处理，随着婴幼儿年龄的增长及智力的发展会逐渐消失。但是也有少数婴幼儿表现出比较严重且持久恐惧的问题，在恐惧的对象与婴幼儿年龄不符的情况下，如果没有明显的恐惧刺激或原因时，幼儿无缘无故地表现出惊恐，如紧张、恐慌、出汗、恶心等症状，就会干扰婴幼儿正常的行为表现。

2. 原因分析

（1）不正当的教养方式：成年人采用恐吓的方式实现自己的管教。比如，当孩子不好好吃饭时，家长常常用医生打针等言语吓唬孩子，这让孩子产生了不正当的恐惧心理。

（2）观察和模仿：幼儿的模仿能力很强，其观察常常与模仿相联系。婴幼儿年幼无知，分不清楚真假虚实，出于感兴趣和满足自身需求，在观察和模仿成人的言行中，就会产生恐惧心理。生活中当看到家里人或外人对某种外界刺激或情境表现出过度的恐惧而做出回避反应时，婴幼儿就会模仿，也会出现同样的恐惧。例如，妈妈看到老鼠时发出的尖叫声和露出的恐惧表情，孩子也会因为妈妈的言行举止而受到惊吓。

（3）受到刺激：婴幼儿还可能因为受到某种特殊的刺激而产生恐惧感。例如，婴幼儿曾经被狗抓伤，当他再次见到狗的时候就会产生恐惧。

3. 处理方法

（1）为预防婴幼儿的恐惧心理，在日常生活中，老师和家长要经常组织婴幼儿到户外参加一些活动，培养婴幼儿乐观、勇敢、自信、积极向上的精神，鼓励婴幼儿观察分析各种自然现象，引导其懂得一些粗浅的科学道理，如看到电闪雷鸣、风雨交加的天气，可以给婴幼儿讲“雷公”“电母”的故事让他们接受自然现象，而不要说恐吓的话，更不要让婴幼儿看恐怖的影视、图片、书刊等。

（2）一般的恐惧、害怕不需要治疗，是婴幼儿正常的心理反应。作为照护者，应对其予以重视，不能回避，要想方设法地帮助婴幼儿克服恐惧，走出心理阴影。如果因恐惧问题严重影响婴幼儿的正常生活和学习时，需要对其进行心理治疗。

（3）利用注意力转移法消除婴幼儿的恐惧心理。比如，在打针的时候，婴幼儿特别害怕，经常出现哭闹行为，使用注意力转移法，让婴幼儿看看窗外的树木、路上疾驰的车辆等，或给婴幼儿一个其喜爱的玩具。将注意力转移到其他感兴趣的事物上后，恐惧也就会随之减弱或消失。

（三）暴怒发作

暴怒发作是指在极轻微的刺激下诱发的情绪突然变化。这种情况会使婴幼儿失去自我控制。幼儿期尤为常见，男孩多于女孩，城市多于农村。婴幼儿暴怒发作也是一种情绪问题。

1. 主要表现

婴幼儿暴怒发作最常见于婴幼儿遭受挫折，或者个人需求和欲望得不到满足时容易发作，通常表现出大哭大闹、口头威胁、坐在地上或躺在地上打滚，有时伴有自我伤害行为，如打自己的头或用头撞墙，也会有破坏物品的表现，如摔东西、破坏玩具、撕衣服等。

2. 原因分析

（1）成人的“妥协”，强化了婴幼儿的暴怒发作行为。婴幼儿出现暴怒发作，往往是因为每一次发作后，其要求都会得到满足而导致。

（2）婴幼儿的大脑神经系统功能发育还不完善，兴奋和抑制过程发展不平衡，易兴奋、难抑制。

（3）婴幼儿的是非观念和评价是非的能力较差，其道德意识正处在形成阶段，因而难以辨别是非，导致以自我为中心，出现情绪上的突然转变。

3. 处理方法

（1）对于容易暴怒发作的婴幼儿，成人要在日常生活中对其加强心理辅导。当发生不愉快时，采用活动转移法，在他们喜欢有兴趣的好地中发泄内心的紧张缓解情绪的过激反应，并为他们树立讲道理、讲礼貌的榜样供他们学习。

（2）婴幼儿的暴怒发作平息之后，要及时地进行教育引导，让他们认识到自己的错误。对于能克制自己不发作的婴幼儿，应及时予以表扬和奖励。

（3）对于个别暴怒发作行为较严重的婴幼儿，家长或老师可以将他暂时隔离在一个单独、安全的地方，使他的暴怒发作不引起注意，从而减小其暴怒发作的概率。

（四）屏气发作

屏气发作是儿童癔症的一种表现形式，又称儿童愤怒惊厥，也称为呼吸暂停症，表现为婴幼儿由于各种精神因素而突然出现憋气、四肢不动、不语等。多发生在2～3岁，6个月以前和6岁以后少见。一般当婴幼儿在剧烈哭闹时突然出现呼吸暂停现象居多。

1. 主要表现

当婴幼儿需求得不到满足时，造成突然出现急剧的情绪爆发，如发怒、恐惧、剧烈啼哭及过度换气等，常常伴随着呼吸暂停的发生。轻度呼吸暂停者持续0.5～1分钟，面部发白，口唇呈现出青紫色；重度呼吸暂停者长达2～3分钟，口唇青紫，全身僵直，意识丧失伴有身体抽搐状。症状缓解后肌肉逐渐松弛，婴幼儿恢复正常呼吸。

2. 原因分析

（1）多在婴幼儿需要未得到满足、情绪受挫或暴怒时发作。

（2）由于紧张、抑郁等心理诱因而容易触发。

（3）有些与机体缺铁有关，相当一部分发作的婴幼儿，本身伴有缺铁性贫血症状。

3. 处理方法

（1）重视生活环境的调整，尽可能解除或减轻可引起婴幼儿心理过分紧张和矛盾冲突的种种因素，预防婴幼儿屏气发作的发生。

（2）成人要对婴幼儿进行正确的教育和引导，增强其适应能力，注意培养其健全人格。

（3）婴幼儿出现屏气发作时，要冷静处理，避免过度紧张和关注，平时也不要过分迁就、溺爱婴幼儿。

（4）对于频繁发作者，老师或家长应多给婴幼儿进行心理辅导，情况比较严重者，应及时看医生。

（5）若婴幼儿在幼儿园出现屏气发作，老师应该做如下处理：首先，不必惊慌失措，将婴幼儿平放在床上，解开其衣领扣，保持其呼吸道通畅；轻吹婴幼儿的脸部，以缓解其脑缺氧的症状；拍打婴幼儿足心或后背，也可以按压胸部，帮助发作者迅速改善缺氧状况，恢复呼吸。切勿将婴幼儿紧紧搂抱强屈成团，一定要注意避免搂住婴幼儿的脖子，以免造成窒息的严重后果。

二、睡眠问题

人一生中有三分之一的时间在睡眠中度过，睡眠是生命的需要，人不能没有睡眠，睡眠质量对于人体健康起着至关重要的作用。充足的睡眠以及良好的睡眠习惯对婴幼儿身心健康有着重要影响，常见的婴幼儿睡眠障碍主要有入睡困难、睡眠不安、夜惊、梦魇、梦游等。

（一）睡眠不安和入睡困难

1. 主要表现

如果婴幼儿在睡眠过程中表现出经常翻动、肢体跳动、反复摇头、无故哭闹、磨牙、讲梦话，迟迟不能入睡或早醒；年龄越小的婴幼儿在入睡前出现不愿意上床，要求家长抱着等，均是睡眠不安或入睡困难的典型表现。

2. 原因分析

（1）精神因素：紧张、焦虑、恐惧、兴奋等精神因素可引起短暂失眠，主要表现为入眠困难及易惊醒。

（2）身体因素：如果躯体出现疼痛、痛痒、鼻塞、呼吸困难、气喘、咳嗽、尿频等不适反应，也可能会引起入眠困难和睡眠不深。

（3）环境因素：生活环境的改变，特别是陌生的、幼儿不熟悉的环境也会导致婴幼儿难以入睡或睡眠不安。

3. 处理方法

（1）创设良好的睡眠环境（睡觉时不要开着灯、保证室内空气流通等），以及培养婴幼儿良好睡眠习惯（正确的睡觉姿势、睡前不要吃过多的东西等）。

（2）缓解婴幼儿对陌生环境的心理压力，以讲故事、做游戏等方式转移不良的抵制情绪，必要时对幼儿进行有针对性的心理疏导，以解除焦虑、放松身心。

（二）夜惊

儿童夜惊是儿童的睡眠行为异常，属于一种睡眠障碍，其影响因素既有生理原因也有心理原因。

1. 主要表现

婴幼儿夜惊一般发作的时间在入睡半小时内，在没有任何外界环境变化的情况下，突然尖叫、啼哭，并从床上坐起，两眼直视，表情表现为紧张、恐惧，有的婴幼儿出汗比较多，会呼吸急促、心率增快，睡醒后，对睡觉时发生的事情是没有记忆的。夜惊的发作时间、次数不定，可在午睡时或夜间发作，睡觉时可发作多次，可隔一天或数天发作一次。

2. 原因分析

（1）婴幼儿由于大脑中枢神经系统中控制睡眠觉醒的大脑皮质发育的不成熟，导致出现夜惊。随着婴幼儿的成长、身体各部分发育的逐渐成熟，症状会慢慢消失。

（2）情绪的焦虑、压抑、紧张不安等心理因素，都可能导致婴幼儿夜惊。但是有些情绪刺激是暂时或临时的，如婴幼儿在活动中遭受强烈的刺激，这些刺激会使他们做各种各样的梦，也就可能导致婴幼儿当天或连续几天出现夜惊表现。

（3）有些夜惊则是由病理因素引起的，比如大脑神经营养供应不足，发育有异常，器官之间的相互调节不良，内分泌紊乱等都是可能导致夜惊发作的病理性原因。

3. 处理方法

（1）培养婴幼儿良好的睡眠习惯，尽量不要让婴幼儿趴着睡觉，引导幼儿采用正确的睡姿，若呈仰卧位时，双手不要放于胸前，以免压迫心脏，影响血液循环。

（2）在婴幼儿入睡前不要让婴幼儿剧烈活动，也不要和婴幼儿嬉戏打闹，以免婴幼儿的大脑在睡前处于兴奋状态。

（3）不要让婴幼儿进行高强度刺激的活动，避免婴幼儿因精神高度紧张而发生夜惊现象。

（4）老师和家长要多与婴幼儿进行情感交流，这样有利于疏导婴幼儿的紧张情绪。

（5）婴幼儿夜惊时，家长首先需要放松心态，不能因为着急而自乱阵脚；其次要安抚婴幼儿的情绪，陪婴幼儿进行适当的户外活动，或者一起玩他感兴趣的游戏，帮助婴幼儿缓解和消除症状。若婴幼儿的症状依然难以缓解建议就医，寻求专业帮助。

（三）梦魇

梦魇在儿童中很常见，是一种常见的睡眠问题，是指在睡眠中突然惊醒，并心有余悸。

1. 主要表现

婴幼儿梦魇主要表现为梦中见到可怕的景象或遇到可怕的事情，醒后对梦境中的内容尚有部分印象，仍有短暂情绪紧张，面色苍白和出冷汗等。

2. 原因分析

（1）睡姿不当。梦魇有一部分是睡姿不正确引起的，如婴幼儿在睡觉时把手放在胸前，压在心脏上，在不知不觉中会感到呼吸困难，形成梦魇。

（2）精神因素。精神受到刺激或经历了非同寻常，尤其是带有恐怖色彩事件的人，容易发生梦魇。

（3）环境因素。婴幼儿如果在睡前听紧张兴奋的故事、看紧张惊险的电影，或者用威胁的方式哄婴幼儿入睡，都容易导致婴幼儿出现梦魔。

3. 处理方法

（1）保证婴幼儿生活有规律，按时入睡，按时起床，按时用餐，避免熬夜，保持睡眠充足。

（2）不要在睡前让婴幼儿做剧烈运动，不宜在睡前为其讲述恐怖的故事或者看恐怖的视频、图书等。

（3）婴幼儿发生梦魇后，家长应该给婴幼儿精神安抚，缓解其紧张情绪。

（四）梦游

梦游是一种常见的生理现象，指在睡觉的过程中自行下床走动，而后再回床继续睡眠的怪异现象，在精神学上是一种睡眠障碍，属于睡眠问题。

1. 主要表现

婴幼儿常见的梦游表现：入睡后不久突然坐起或起床四处走动，表情迷茫，双目向前凝视不说话，不回答询问，也有个别婴幼儿会做出一些复杂的行为，如大小便、穿衣、避开障碍物等。梦游者很难被强行唤醒，发作时间可持续几分钟至一小时，然后上床入睡，醒后完全遗忘。

2. 原因分析

（1）婴幼儿的大脑发育不成熟。随着婴幼儿的成长发育，梦游一般会有所好转。

（2）婴幼儿在白天过于兴奋、劳累，或受到了惊吓后，心理紧张等情绪得不到缓解。

（3）家族性遗传。有些梦游是由遗传原因所致。

3. 处理方法

（1）对于有梦游问题的婴幼儿，千万不要取笑他们。

（2）尽量消除会使婴幼儿产生恐惧、焦虑的精神因素。

（3）对于经常会出现梦游的婴幼儿，起居室内务必要有安全措施，以免梦游发作而发生不必要的意外。

（4）当婴幼儿梦游时，首先要保证婴幼儿的安全，不能强行叫醒，以免影响婴幼儿的情绪。照护者不必惊慌，不要焦虑恐惧，应该引导婴幼儿回床入睡，可以用语言轻轻呼唤和牵引的方法进行。

三、语言问题

（一）语言发育迟缓

1. 主要表现

婴幼儿语言发育迟缓主要表现为言语发展与同龄相比较晚或语言发展水平缓慢；往往语言发育迟缓的婴幼儿，开始说话后，比正常个体发展慢或出现停滞；尽管也会说话，但口头语言表达能力或语言理解能力明显落后于同龄婴幼儿正常发育水平，回答问题反应差，语言理解困难和遵循指令困难。

2. 原因分析

（1）老师或家长平时不爱和婴幼儿讲话，与婴幼儿交流少，婴幼儿没有学习说话的机会，处在说话少的环境，自然也不爱说话。

（2）可能是遗传因素所致，父母小时候说话晚是婴幼儿语言发育迟缓的原因之一。

3. 处理方法

（1）加强语言训练。平时要多与婴幼儿交流，交流时用成人的正常语言沟通，丰富他的词汇，让他多听、多看，学会用语言表达自己的需求。

（2）多与人交往。增加婴幼儿与其他小朋友交往的机会，鼓励婴幼儿多跟别的小朋友玩，照护者应多带婴幼儿出去走走，开阔其视野。

（二）口吃

口吃俗称结巴、磕巴，是一种由多种因素导致的言语问题口吃多发生于幼儿，50%的口吃于5岁前出现。另外，当幼儿在情绪紧张时出现一时性的口吃通常是比较多见的。随着年龄的增长，口吃会逐渐改善或消失，极少数人可持续至成年期。

1. 主要表现

口吃的表现为正常的语言表达受阻，通常会不自觉地重复某些字句，反复犹豫停顿或语音拖长。一般幼儿出现口吃表现时，会伴随各种不正常的动作和行为，比如连续性地眨眼睛、不自觉地跺脚、面部和头部出现抽搐、咬手指及说话故意停顿等。口吃的婴幼儿大多性格内向、孤僻、胆怯、自卑、不合群。

2. 原因分析

（1）精神因素：恐惧的情绪或惊吓以及精神紧张、焦虑等会导致婴幼儿出现口吃现象。

（2）身体疾病：当脑部出现感染、头部受伤，以及身患各种传染性疾病可使婴幼儿出现口吃，除此之外，由于出现疾病治愈后所出现的一些后遗症也会有口吃症状出现。

（3）模仿：经常模仿别人的行为和语言，如果其周围有口吃的人，他们出于好奇，在看到口吃者时会因觉得有趣而去模仿，久而久之，就养成口吃的习惯。

（4）其他：语言神经中枢发育不良或神经生理异常也可能引起婴幼儿口吃。

3. 处理方法

（1）老师或家长要正确引导婴幼儿，当婴幼儿出现口吃现象时，要用平静、柔和的语气和婴幼儿说话，不要嘲笑、讥讽他们，同时避免其他婴幼儿嘲笑他们。

（2）不要强迫婴幼儿当众说话，多给予鼓励和帮助，树立婴幼儿的自信，尽量消除婴幼儿的紧张心理，可多让他们练习朗诵、唱歌等。

（3）鼓励婴幼儿说话放松，引导婴幼儿在说话时语速放慢，不要过于急躁，保持愉悦的情绪。

四、其他问题行为

（一）攻击性行为

攻击性行为是一种不受欢迎但经常发生的行为，一般指有意伤害他人身体或心理的行为，是婴幼儿常见的一种行为问题。

1. 主要表现

婴幼儿攻击性行为较频繁，主要表现为，为了玩具和其他物品而争吵，甚至出现打架等。攻击性行为多见于男孩。

2. 原因分析

（1）生理因素。有些攻击性强的婴幼儿可能存在某些微小的基因缺陷，导致其先天具有较强的攻击性。例如，婴幼儿大脑两半球的均衡性发展与协调能力较差，大脑的抗干扰和认知能力弱。

（2）心理因素。通常自卑、妒忌与骄横的婴幼儿，其攻击性行为较突出。如果婴幼儿长期得不到成人的赞扬、关心，或者因缺乏自信心而产生自卑感，就会产生攻击性行为。有的婴幼儿由于家长溺爱娇生惯养，过着“小皇帝”般的生活，唯我独尊，不愿意与别人分享，于是常会发生争玩具、抢座位等情况，容易导致出现攻击性行为。

（3）家庭因素。不良的家庭教养方式也会促进幼儿攻击性行为的滋生。有些家长用打骂等过激的方法教育孩子，致使幼儿模仿学习，也用同样的方式对待其他婴幼儿。其次，由于家庭温暖的缺失，如单亲、离异家庭中的孩子，不知道如何正确地与同伴交往的婴幼儿，也常会攻击同伴。另外，家长的不良引导也会导致孩子出现攻击性行为，如家长教孩子时，经常说“别人打你，你就打他”，使孩子形成了“别人打我，我就可以打别人”的错误思想，致使幼儿容易发生攻击性行为。

（4）社会因素。由于婴幼儿模仿性强，是非辨别能力差，如果婴幼儿经常看暴力影视片、武打片，玩暴力电子游戏，会使婴幼儿的攻击性心理得到加强，容易出现攻击性行为。其次，如果当幼儿出现攻击性行为时，家长不加以制止或听之任之，其发生攻击性行为的欲望则会有所增强。同伴之间也能学会攻击性行为，如果幼儿成功地引用了攻击策略来控制同伴，可以增加他以后的攻击性行为。

3. 处理方法

（1）加强家园联系。老师要与婴幼儿的父母多保持联系，并指出家长教养方式中存在的不足及其严重性，并指导家长调整不当的教养方式。

（2）平时要了解婴幼儿的想法，及时与婴幼儿沟通，并适当地满足他们的部分合理要求。

（3）帮助婴幼儿掌握一些常用的交际手段，如礼貌用语，鼓励他们用商量的口气跟同伴借玩具等，获得社交成功感。

（4）鼓励其他婴幼儿共同帮助有攻击性行为问题的婴幼儿，跟他做好朋友，当他出现攻击性行为时，能较快地转移他的注意力，并树立榜样。

（5）不让婴幼儿接触有攻击性的暴力影视镜头，引导婴幼儿正确对待具有攻击性倾向的玩具，成人最好不要在婴幼儿面前讲有攻击色彩的语言，从而减少婴幼儿攻击性行为的产生。

（6）如果婴幼儿出现攻击性行为，可对其采用“冷处理”的方式。即在一段时间里不要理会他，或者让婴幼儿单独在一个房间里让他思过、反省，从而不断削弱其攻击性行为的发生。

（二）遗尿

1. 主要表现

遗尿是指5岁以上婴幼儿入睡后仍有不自主排尿的情况，除夜间尿床外，日间常有尿频、尿急，或者排尿困难、尿流细等现象。有遗尿问题的婴幼儿多表现为注意力不集中、自卑、较古怪、怕羞、孤独、胆小、不合群、社会适应能力差等，严重者还会出现一些精神心理和行为问题。经常遗尿的幼儿，会因受到家长和老师的指责而担心尿床，致使其睡眠质量不佳，而影响日常生活。

2. 原因分析

（1）婴幼儿由于大脑发育迟缓，不能抑制脊髓排尿中枢，睡眠后逼尿肌出现无抑制性收缩，将尿液排出。

（2）如果婴幼儿夜间睡眠很深，不易唤醒，唤醒之后，往往还是半醒不醒，不能接受来自膀胱的尿意而觉醒发生反射性排尿。

（3）婴幼儿因为受到精神刺激而出现遗尿现象，如父母吵架、经历恐惧或者受到惊吓等都可能导致此现象。

（4）研究表明，遗尿与遗传关系密切，有遗尿问题的婴幼儿中大多数的父母双方或单方有遗尿的历史。

（5）未养成正常的排尿习惯，或者白天活动过度，也可造成婴幼儿夜间不能适时排尿而出现遗尿。

3. 处理方法

（1）要使婴幼儿养成一个良好的排尿习惯，在婴儿睡前，照护者应减少其水分的摄入，避免睡前过度紧张、兴奋，避免过度疲劳。

（2）可以在夜间定时让婴幼儿起床排一次尿，从而减少遗尿的发生。

（3）避免婴幼儿受到精神刺激和情感创伤。

（4）对遗尿的婴幼儿，家长和老师不要采取惩罚的方法，更为重要的是解除其紧张情绪，使其有安全感，帮助婴幼儿树立起战胜遗尿的信心。

（三）多动症

多动症是一种常见于儿童时期的行为障碍。医学上称为注意力缺陷多动障碍，又称为轻微脑功能失调（MBD），是儿童的一种行为问题。需要注意的是，往往人们会将幼儿多动和“多动症”联系在一起，其实两者是不同的概念，多动即爱动，是幼儿的一个特点，虽然都和幼儿注意不稳定有关系，但二者之间不能等同。

1. 主要表现

婴幼儿多动问题的表现有活动过多、话多、乱跑乱跳、注意力不集中、易激动、易怒、易哭、常发脾气、精细动作发育比较差等。

2. 原因分析

（1）研究证实，多动问题与遗传因素密切相关，属于遗传度较高的一类问题。

（2）注意缺陷多动障碍人群大脑中特定的化学物质发生改变，且特定脑区活动下降、发育不成熟和体积萎缩。

（3）环境因素。妊娠期和围生期的异常状况，包括孕妇的不良生活习惯等，均会导致婴幼儿的多动问题。

（4）家庭不良关系及不当教育方式等，均可成为多动问题的诱因。

3. 处理方法

（1）婴幼儿生长发育过程中应注意避免脑外伤、颅内感染等情况。

（2）老师和家长应多关心婴幼儿的多动问题，鼓励婴幼儿增强信心，解除自己的多动问题。可对婴幼儿进行个性化训练，如认知训练、感觉统合训练，促进其行为协调。

（3）可带幼儿多参加一些需要精力的活动，如绘画、系纽扣等，以消耗其多余的精力，也可通过游戏等形式对婴幼儿的注意力进行训练，逐渐延长其注意力集中的时间，改善其注意障碍。

（4）如果婴幼儿多动问题严重，建议家长带婴幼儿看医生。

知识链接

与幼儿沟通的技巧

保持耐心和尊重：幼儿的语言和沟通能力可能还不完全成熟，所以需要我们耐心倾听，理解他们的意思，而不是急于表达自己的观点或打断他们。同时，对他们的话题、观点和感受表示尊重。

使用简单、清晰的语言：与幼儿沟通时，使用简单、清晰、易于理解的语言，避免使用复杂的词汇或过于复杂的句子结构。如果需要使用一些复杂的词汇或概念，确保用简单的方式解释清楚。

身体语言和表情：身体语言和面部表情在沟通中起着重要作用。与幼儿交流时，使用亲切的微笑、拥抱、抚摸等身体语言来表达爱和关注。同时，用面部表情来表达自己的情绪和情感。

重复和示范：对于幼儿来说，重复是学习的重要方式。在与他们沟通时，重复他们的话语或行为，以帮助他们更好地理解和记忆。同时，为他们示范正确的语言和行为方式，帮助他们学习如何表达自己的情感和需求。

创造积极的互动环境：与幼儿沟通时，创造一个积极、安全、愉快的环境。鼓励他们表达自己的想法和感受，让他们感到被接纳和尊重。同时，积极回应他们的需求和问题，给予他们支持和帮助。

表扬和鼓励：及时表扬和鼓励幼儿的积极行为和进步。让他们感到被肯定和被鼓励，这将有助于增强他们的自信心和积极性。

总之，与幼儿沟通需要耐心、爱心和关注，使用简单、清晰的语言，并使用身体语言和表情来增强沟通效果。同时，创造积极的互动环境，鼓励他们表达自己的想法和感受，给予他们支持和帮助。

【思考与练习】

1. 什么是心理健康?
2. 幼儿心理健康的标志是什么?
3. 幼儿心理发展有哪些特点?
4. 焦虑对幼儿有哪些影响?如何缓解幼儿焦虑?
5. 幼儿暴怒发作的处理方法有哪些?
6. 幼儿夜惊的原因有哪些?如何预防?
7. 幼儿口吃的原因有哪些?如何矫治?
8. 影响幼儿出现攻击性行为的因素有哪些?如何矫治?
9. 幼儿遗尿症的诱因是什么?如何矫治?

【案例分析】

乐乐5岁，经常乱摸乱翻，到处闯祸；上课时不能安静坐下来超过5分钟，手脚不停地干这干那，注意力不能集中于一件事情上，玩玩具也常常是一分钟的热度；在教室里的举止令老师和家长感到十分棘手。突然喊叫或乱跑，排队时没有耐心等候，经常违反纪律，情绪不稳，爱惹是生非。乐乐的行为让老师和家长感到十分棘手。

你知道乐乐到底怎么了？可能出现了哪种心理卫生问题？你认为该如何矫正？

第四章　婴幼儿主要生活环节的保育

学习目标

1. 主要生活环节的保育要求及操作要点。
2. 婴幼儿生活保健制度。

情境导入

宁宁3岁，刚入园两天。午餐的时候，她从老师手中接过碗，看了看饭菜，没有立即吃，而是趴在餐桌上，添着勺子。过了一会，左手抱着碗，右手拿着勺舀了一勺饭，吃了一小口饭，嚼一口停一会，听到旁边有人说话便立刻跑过去。

思考：请问宁宁在进餐中可能出现了什么问题？你如何正确处理？

教育部下发的《3～6岁儿童学习与发展指南》指出，幼儿阶段是儿童发育良好的身体、愉快的情绪、强健的体质、协调的动作、良好的生活习惯和基本生活能力是幼儿身心健康的重要标志，也是其他领域学习与发展的基础。

第一节　婴幼儿的生活制度

制定合理的生活制度是指根据婴幼儿的年龄特点，对其日常生活中的进餐、睡眠、盥洗、活动、游戏等各个环节的时间、顺序、次数和间隔进行科学、合理的安排，并将其固定下来，以确保制度的有效实施。

一、合理安排生活制度的意义

（一）促进婴幼儿身心健康成长

合理规划婴幼儿的生活制度，能确保其饮食合理、营养充足、睡眠充足；并交替进行各种形式和内容的活动，有助于促进其身体发育和心理发展。

（二）养成婴幼儿良好的生活习惯

遵循规律的生活制度，如按时吃饭和睡觉、讲卫生等。这些都是婴幼儿日常生活中应该遵守的基本规范。通过培养婴幼儿良好的生活习惯和行为规范，有助于激发他们的自主性和独立性，从而为未来的成长打下基础。

（三）有助于提升保教人员的工作效能

只有在组织好婴幼儿一天生活的基础上，保教人员才能有效地开展各种教育活动，从而使婴幼儿获得各种知识和技能，并养成健康的生活方式、卫生习惯、学习习惯和行为规范。因此，精心策划和制定婴幼儿的日常生活制度，是实现学前教育目标的一个重要方面。

二、制定生活制度的原则

（一）根据各年龄段儿童的身心特点，科学、合理地制定生活制度

不同年龄段的婴幼儿有不同的生长发育特点和生活需求。在制定生活制度时，应该根据孩子的年龄段进行适当的调整。例如，对于较小的婴儿，应该注重睡眠和饮食的安排，同时适当安排一些简单的活动；对于较大的幼儿，可以增加活动量和内容的复杂性，促进其智力发展和社交能力。所以不同年龄的婴幼儿其睡眠、活动及游戏的时间不同，不同的年龄段应有不同的作息制度。

（二）交替进行各种形式和内容不同的活动，以达到多样化的效果

合理安排儿童睡眠、进餐、活动、游戏等各个生活环节的时间、顺序和次数。根据幼儿身心发展规律和年龄特点，选择合适的时间与方法安排活动内容。交替进行各种形式和内容不同的活动，注意动静结合，组织集体活动与自由活动结合、室内活动与室外活动结合，不同形式交替进行，以达到多样化的效果。同时根据婴幼儿生理机能特点安排各种适宜的活动量，要保证婴幼儿的休息时间，避免过度劳累和刺激。

（三）结合本地区的地理位置和季节变化，适当地调整

在制定生活制度时，应该充分考虑本地区的地理位置和季节变化，合理安排活动时间。例如，正常情况下儿童户外活动时间每日不少于2小时，寒冷、炎热季节可酌情调整。在阳光充足的季节，可以在早晨和傍晚安排户外活动，避免中午的高温和紫

外线辐射；在阴雨季节，可以适当增加室内活动时间；在一般情况下，夏季的早晨起床时间较早，因此上午的活动时间可以适当提前，中午可以延长午睡时间。而在冬季，由于早晨起床时间较晚，因此上午的活动时间可以适当推迟，同时缩短午睡时间。

（四）要适度考虑到家长的需求

托幼机构的职责之一是为家长提供便利的工作条件。为了更好地为家长和孩子服务，托幼机构应根据幼儿身心发展规律和不同年龄层次家长的需要，制定切实可行的生活制度。在规划生活作息时，必须充分考虑到婴幼儿的生理和心理特征，以及教育目标，同时也需适度权衡家长的通勤时间。

三、执行生活制度应注意的问题

（一）严格执行制度

托育机构生活制度是为了保障幼儿的安全和健康，制度一旦制定，全园工作人员必须严格执行，不得随意更改。保教人员要按一日生活的各个环节，要求准时开展各项活动。保证幼儿各项活动的时间，不要拖长某一活动的时间而影响其他活动的进行。

（二）做好制度宣传，家园同步

托育机构要通过多种形式宣传幼儿园生活制度，让幼儿和家长都能够了解制度的内容和意义。在周末和节假日，建议家长尽量保持幼儿的作息规律不变，同时合理规划幼儿的饮食和睡眠，同时注意合理安排幼儿的饮食和睡眠。勿随意干扰幼儿的生活规律，若因生活习惯改变而导致睡眠不足或饮食不规律等问题，可能会对幼儿的身体健康造成不良影响。

（三）保育和教育相结合

在儿童一日生活中，作为保教人员，既要注重对婴幼儿的教育，也要注重保育。应该把教育贯穿于整个保育过程之中，在保育过程中实施教育，二者相结合。保教人员要从单纯的儿童生活的照料者、活动的旁观者变成活动的参与者和指导者。减少包办代替的做法，将服务的权利还给儿童，在生活的各环节中，引导儿童自己解决问题，培养儿童形成健康的生活方式、卫生习惯、良好的行为习惯以及积极的生活态度。

（四）要体现“以人为本”的保育理念

转变理念，由关注“活儿”到关注“人”。有些托幼机构的保教人员，在工作中只顾自己工作方便，想尽快地完成自己分内的事情。还有些保教人员认为教育是上课教师的事，与自己无关，就会出现这样一些现象：如在儿童进餐时，总是催促儿童快点吃饭；午餐后，即刻安排孩子上床午睡，以方便后续的清扫工作；以担心孩子安全为借口，限制儿童的各种活动；对于孩子的失误不顾场合地进行斥责等。这些做法都违背了保育原则和要求，这不仅对孩子的健康成长不利，也对他们的身心发展产生了负面影响。作为保教人员，应一切以儿童为重，在处理孩子生活问题时，必须时刻牢记，孩子是一个具有完整人格和独立性的个体，保教工作应当以尊重儿童为出发点，真正践行“以人为本”的基本指导思想。

（五）要关注全体儿童

保教人员对于那些体弱多病、有生理缺陷或心理问题的儿童要给予个别照顾，同时也要关注全体儿童，有些保教人员在照顾孩子时，往往过于关注那些自理能力较弱或身体虚弱的孩子，或者过于专注于琐碎事务的处理，而忽视了对所有孩子的照顾，尽管部分幼儿具备较强的自理能力，但由于其年龄尚幼，他们仍需依赖于成年人的照顾和引导，以确保其身心健康和全面发展。

第二节　进餐管理与保育

进餐是幼儿健康成长的基础保障，也是托幼机构一日常规活动中的一个重要环节，对于儿童的身心健康、营养需求和行为习惯的养成有着至关重要的影响。因此，托幼机构要规范化地管理儿童进餐。进餐管理过程必须遵循一系列规范和标准，以确保婴幼儿的用餐安全和健康。保教人员要充分了解幼儿进餐状况，解决幼儿进餐问题，并引导幼儿养成良好的进餐习惯。

一、托幼机构的进餐管理工作

（一）餐前准备

1. 心理准备

进餐前后不做剧烈运动。饭前半小时，应当为孩子们安排一些安静的游戏活动，以避免其过度兴奋，从而影响其食欲。进餐前，不处理各种影响儿童情绪的问题，应当以安抚孩子的情绪为前提，为孩子提供心理准备，以确保他们能够享受到愉快的用餐体验。

2. 环境准备

进餐环境要整洁、明亮，餐桌、椅子高低适中，餐具大小适中，摆放整齐。适当播放一些轻松悠扬、优美动听的音乐，营造出宽松温馨的用餐氛围，使孩子们情绪轻松愉快，从而刺激消化液的分泌，提高孩子们的食欲。还要根据不同季节的气候条件调节室温。

3. 餐桌消毒

餐前的桌面消毒，使用专用抹布，先用清水毛巾擦净餐桌浮尘，再用配制好的250 mg/L含氯消毒液擦拭，20分钟后，再用清水毛巾擦净桌面，去除消毒液的残留。在对餐桌进行消毒时，不要忽略对椅子的消毒。

4. 分发餐具

保教人员拿取饭菜前，应穿好工作服，戴上口罩，并使用流动水和洗手液（肥皂）彻底清洗双手。所有餐具放在消毒过的餐车上，切勿直接置于地面上。饭菜餐具进班后，保教人员可先将餐具（筷、勺、擦手巾）分发在已消毒的餐盘上。分发餐具时，根据当日出勤人数和婴幼儿的年龄，进行餐具的分发。如为托班和小班幼儿提供勺子，为中班幼儿提供勺子和筷子，供幼儿自由选择，而大班幼儿则开始使用筷子。在托班和小班中，幼儿所使用的餐具规格应当是最小的碗和勺子，而在中班和大班中，幼儿所使用的餐具则应当略大些。托班、小班的餐具由保教人员负责分发。中、大班可由值日生分发餐具。

5. 如厕、洗手

在进餐前，教师应当负责组织和指导幼儿自主有序地完成餐前如厕和洗手的工作，并指导儿童规范洗手。幼儿洗完手后直接进餐，保证吃饭不等待。

注意事项：

（1）取回的饭菜应放置在婴幼儿活动区域之外。提醒婴幼儿远离盛饭菜的容器，以免烫伤。

（2）分发餐具时若不慎掉落在地上，应立即更换。

（3）由值日生分发餐具时，保教人员要做好组织和引导，让值日生按照一一对应的关系进行餐具分发。

（二）餐中管理

1. 餐食分发

为了防止食物交叉污染和保证儿童饮食卫生，一般采用“分餐制”。在进行饭菜分发时，保教人员会根据带量食谱的要求，将配菜均匀、齐全地分发给每个孩子。

餐食分发的基本顺序：蔬菜→荤菜→饭→汤。根据每个孩子的食量，分发适量的主食。分发米饭前，需先将米饭捣松。盛汤前用汤勺搅拌，使汤、菜混合，然后再均匀地盛到孩子汤碗中。

餐食分发遵循的原则：少盛勤添。从心理学的角度来说，对胃口不太好的幼儿而言，过多的饭菜是一种负担，感觉自己会吃不完。而分量少的饭菜，给人轻松愉快的感觉。分菜时，动作要快，均匀，注意饭菜的保温、保洁。在对食物过敏的婴幼儿所食用的饭菜进行确认时，必须排除任何可能引起过敏反应的食物，并在分发前进行再次核实。

餐食分发的摆放：一般使用小碗时，三只碗呈倒三角放置，即饭碗在前，汤碗在左后，菜盘在右后。如果使用餐盘，盛米饭的一格朝向孩子。

注意事项：

（1）注意饭菜的温度，做到夏季散热，冬季保温。

（2）遇到有刺的菜时，不能将此菜与其他菜混放在一起，以免发生意外。

（3）分发时轻拿轻放。如果孩子们已坐好，餐盘或碗不能从孩子的头顶越过，以免打翻发生伤害事件，要从他面前递送，且高度以孩子视线以下为宜。还应注意在分发的整个操作过程中保教人员的手不能接触食物。

2. 进餐中的指导

在进餐时，保教人员要观察和指导幼儿进餐，根据不同情况分别采取相应的保育措施。例如，创设安静、愉快的进餐环境，不大声说话；引导幼儿正确使用餐具，并确保他们在进餐时保持正确的姿势，及时提醒和纠正不正确的进餐姿势，以养成其良好的用餐习惯；帮助、指导幼儿尝试学习吃带壳、带皮、带核食物的方法；对有汤泡饭习惯的孩子要及时指正，逐渐引导他们养成饭和汤分开吃的饮食习惯；帮助吃饭慢、胃口不好、身体不适的幼儿吃饱、吃好；对于幼儿不爱吃的饭菜，保教人员应以和蔼的态度鼓励幼儿吃，并结合膳食教育幼儿了解哪些食物对人体有益，哪些食物对人体有害，从哪些食物中去获取人体所需的营养素，培养儿童对平衡膳食的积极态度，让他们知道偏食、挑食会影响身体健康；对于中班、大班幼儿，保教人员可引导他们自我服务；对低幼年龄中自理能力较弱的孩子，我们可以提供一些适当的喂养帮助。

注意事项：

（1）不强迫孩子进食，顺应喂养。

（2）进餐时不批评、不催促、不引导孩子比赛吃饭。要做到细嚼慢咽，咽下最后一口饭菜后才能离开餐桌。

（3）保教人员在进餐过程中，不要批评孩子和处理非进餐问题。

（4）观察孩子们的进餐情绪、进餐速度以及对食物的偏好，以便及时发现问题并采取相应的措施。

（三）餐后管理

1. 餐后漱口、擦嘴

培养婴幼儿餐后漱口、擦嘴的习惯。餐后及时漱口，可以将口腔中的食物残留物冲掉，在清洁口腔的同时清除口腔异味，保护牙齿，降低患龋率。漱口后擦嘴能保持面部整洁，保持良好的个人形象和卫生习惯。

餐后漱口的方法：在咽下最后一口饭后，用水杯接适量温开水漱口。先喝口水含于口中，然后用力鼓动两腮。需鼓漱多次，使漱口水与牙齿、牙龈及口腔黏膜表面充分接触，并利用水力反复冲洗口腔内各个部位，清除食物碎屑，从而达到清洁口腔的目的。漱完口后，将身体蹲下对准漱口水桶吐水。

正确的擦嘴方法：双手拿餐巾，从嘴角两边往中间擦；将餐巾对折后，再进行一次擦拭，把用过的餐巾放在指定容器内。这些做法需要保教人员经常提醒和督促。

2. 餐后的清洁卫生

保教人员要等孩子们全部用餐完毕，才能进行打扫工作。先用混有少量洗洁精的温水浸湿毛巾擦去桌面油腻，再用清水毛巾擦净桌面残留。要先扫地，再拖地。

地面油腻的可以用混有洗洁精的温水浸湿拖把拖地，再用清水洗净拖把，拖净地面。

餐具回收区域整洁，摆放好残渣桶。餐后将餐具中的食物残渣倒入残渣桶，餐具分类摆放，送营养室、厨房或专用消洗间。

指导孩子们餐后将餐具不能着地摆放，能将饭碗、汤碗、勺子、筷子等按要求分门别类地摆放。

注意事项：

（1）严禁保教人员在儿童进餐时进行清扫、擦洗等活动。

（2）严禁餐后立即组织儿童午睡。餐后应组织儿童进行安静活动，如散步，散步确保在15～20分钟。

二、培养婴幼儿良好的进餐习惯

（一）掌握不同年龄婴幼儿的进餐特点

1. 1～2岁婴幼儿的进餐特点

1岁以后的孩子不能完全吃成人的食物，营养均衡、易于消化应成为此时幼儿饮食的原则。由于孩子的乳牙还未长齐，无法咀嚼和吞咽成人的食物，因此需要提供颗粒状或小块状的食物，或者将食物进行切碎或捣烂。为了满足1～2岁幼儿对于抓取食物的需求，可以为他们准备一些手抓食物，如苹果片、馒头等，以供其啃食。12～18个月的婴幼儿处于自主进餐的关键期，已经具备了学习使用小勺进食的能力，到2岁时，已经掌握了自主使用小勺进食的技巧。

2. 2～3岁幼儿的进餐特点

此阶段幼儿的饮食在慢慢向成人过渡，粮食、蔬菜、肉类已成为幼儿摄取营养的主要来源。2至3岁阶段的孩子乳牙数量已达20颗，其咀嚼能力得到显著提升，但是消化能力还没有完全发育完善，还是要注意食品的硬度。这个时候的幼儿活动范围逐渐扩大，他们的注意力逐渐转向周围环境的探索和游戏活动，这导致了食欲的下降，表现出食欲不稳定、时好时坏的特征。许多儿童会表现出对食物的挑剔、偏好和缺乏兴趣等问题。在这个阶段是幼儿习惯培养的关键期，如果幼儿训练得当，不需要太多帮助就可以自主进餐了。

3. 4～6岁幼儿的进餐特点

当幼儿4岁以后，随着消化和咀嚼功能的不断完善，可以接受稍硬的食物了。这个阶段的幼儿食欲开始逐渐趋于稳定。在饥饿时会表现出一种积极的食欲，主动地进食。然而，由于多种因素的综合作用，诸如疾病、情绪波动、精神紧张等，均可能导致食欲减退。此时需要注意让幼儿养成良好的饮食习惯，如不挑食、不偏食、不暴饮暴食等。

（二）指导婴幼儿正确进餐

1. 正确的进餐姿势：吃饭时要身体坐正，将背部挺直，避免懒散或者弯曲的姿势。双脚平放在地面上，将手肘放在餐桌上，稍稍向前倾斜身体，而不是弓腰靠近餐桌。一只手拿着勺子或筷子，另一只手扶着碗，专心吃饭。不良的进餐姿势，如托腮、扶头、左顾右盼、身体左右摇晃等，需引起保教人员的注意并及时予以纠正。

2. 正确使用餐具的方法：在使用饭勺，需要用大拇指、食指和中指三个手指头捏住勺柄上端约1/3处，不要满把攥。在使用筷子时，应该用拇指、食指、中指和无名指掌握筷子，不要将筷子放在嘴巴里，不要用筷子指着别人，不要敲打碗筷。

（三）幼儿进餐中的语言指导

在指导婴幼儿进餐时，保教人员的语言要规范，与婴幼儿年龄特点相符，态度要亲切，语气要随和。例如用形象有趣的语言，向幼儿介绍饭菜营养，激发幼儿进餐欲望：“看看今天吃什么？今天吃米饭，米饭可以让我们更有力气玩耍和运动。它就像是我们身体的小电池，为我们提供能量。”鼓励婴幼儿自己动手拿食物，尝试独立进食，可以说：“你可以自己拿一块面包，然后把它放在你的盘子里。”教育儿童珍惜食物，不浪费粮食，可以说：“我们应该把每个食物都吃掉，不要浪费它们。”鼓励幼儿尝试不同的食物和食品，可以说：“这个沙拉看起来很美味，你可以试试看。”或者“这个蔬菜对你的身体有好处，你可以尝试一下。”向幼儿介绍餐桌礼仪，如慢慢咀嚼、保持干净整洁，可以说：“一口饭一口菜，细嚼慢慢咽。”或者“我们应该保持整洁，把骨头放在餐盘上。”

总之，保育员在儿童进餐中的语言指导应该以鼓励、引导和互动为主，帮助儿童建立健康的饮食习惯和饮食观念。

（四）良好饮食习惯的建立

1. 定时定量进餐

建立规律的用餐时间，到点吃饭，不随意给零食，避免过度饥饿或饱腹的情况，保证消化系统的正常运作。控制进餐时间，每次进餐时间为20～30分钟。避免过量或不足的饮食，根据幼儿的年龄、身高、体重等情况合理安排饮食量，保证营养的均衡和充足，建立规律的饮食习惯。

2. 食物种类多样化

为幼儿提供多种类、多样化的食物，包括各种蔬菜、水果、肉类、蛋类、豆类等。让幼儿尝试各种口味的食物，注意食物的色香味形，从而增加他们的食欲和对各种食物的认知，培养他们对各种食物的兴趣和爱好。

3. 适时引导和鼓励

指导幼儿正确地进餐，对待尝试自主进餐的幼儿应具备耐心、细心和爱心。不要责备和催促，以免引起他对进餐的厌恶。对幼儿正确的饮食行为给予幼儿鼓励与表扬。

4. 以进餐为契机，开展营养卫生教育

为了引导儿童了解哪些食物可以提供人体所需的营养素，我们可以采用结合膳食菜肴的方式进行指导。引导儿童树立平衡膳食的积极心态，深刻认识到挑食和偏食对身体健康带来的不良影响。

此外，良好的进餐环境也是培养幼儿良好饮食习惯的重要因素之一，包括室内环境整洁、空气清新、餐桌整洁等。要及时跟家长进行沟通合作，纠正进餐中的不当行为，引导幼儿养成正确的饮食习惯。

三、进餐的保育要求

（一）注意饮食卫生和安全

托幼机构必须严格遵守食品安全法规和卫生管理制度，确保食品新鲜、无毒和无污染。在食品的制作、保存、分配和用餐过程中，严格遵守卫生标准，为幼儿提供安全、易于消化、吸收的食物，从而避免婴幼儿在食用后出现任何不适症状。

（二）注重婴幼儿的营养需求

营养是保证幼儿正常生长发育、身心健康的物质基础。幼儿正处在生长发育的旺盛期，要保证满足儿童身体正常生长发育所需的各种营养素，为他们提供营养丰富、均衡的膳食，促进儿童的身体健康。

（三）重视心理氛围的营造

为幼儿创造轻松愉快的心理氛围。保教人员对幼儿态度要热情、和蔼可亲，与幼儿交流要面带微笑，语气亲切，多鼓励和表扬孩子，使幼儿产生积极愉悦的情绪。保育员要注意观察孩子的情绪变化，及时发现孩子的不满和焦虑情绪，并采取适当的措施进行引导和调节，使孩子感受到关爱和支持。

（四）给予幼儿适当的引导和照顾

在进餐过程中，保教人员要态度和蔼、亲切、周到地照顾幼儿，并给予孩子们适当的引导，注意进餐中的语言，多运用一些鼓励、积极的语言有可能提高幼儿进餐的食欲，并有计划地对他们进行营养卫生教育。保育员可以向幼儿介绍各种食物的营养成分、特点等，帮助幼儿了解不同食物对身体健康的作用，引导幼儿养成正确的饮食习惯和饮食方式。

（五）培养幼儿良好的饮食、卫生习惯和文明进餐的行为

培养儿童良好的饮食、卫生习惯和文明进餐行为。良好的饮食、卫生习惯包括：定时定量进餐、不挑食、不偏食、不暴饮暴食，平时少吃零食；饭前洗手，饭后漱口、擦嘴；不剩饭、不捡拾掉在桌上或地上食物等。文明进餐行为包括：进餐时应保持安静，咀嚼食物、喝汤时尽量不发出声响，做到细嚼慢咽；保持桌面、地面和衣服的整洁等。

知识链接

表4-1 对不同年龄段婴幼儿的进餐指导语言示例

年龄段	指导语言示例
乳儿班	（1）宝宝先喝奶，再吃泥糊状食物。 （2）宝宝，我们来喝蔬菜粥、吃烂面条。
托小班	（1）宝宝，吃饭了，吃得真香啊。 （2）不想吃了？好的，我们不吃了。
托大班	（1）宝宝自己用勺子吃饭，真棒！ （2）我们今天吃的绿色的是……，红色的是…… （3）闻闻我们今天吃的是什么？ （4）这是胡萝卜，甜甜的。
小班	（1）看看今天吃什么？有××，有××…… （2）一口饭一口菜，细嚼慢咽。 （3）每一道菜都有营养，吃了身体就会健康。 （4）吃完饭别忘了要漱口。 （5）需要我帮忙吗？ （6）吃完应该把毛巾、碗、勺子放在哪里？
中班	（1）今天的饭菜好香啊！知道吃什么吗，谁来说说？ （2）坐姿端正脚放平。 （3）手上筷子拿好，嘴里有饭不说话，一口饭一口菜，合上嘴巴细细嚼。 （4）吃完饭应该做什么？ （5）毛巾、碗、筷子都放好了吗？
大班	（1）今天吃什么菜，谁来告诉大家？ （2）今天吃了几种荤菜／素菜？今天的菜有几种颜色？ （3）嘴里有饭不说话，一口饭一口菜，合上嘴巴细细嚼。漱漱口、擦擦嘴，文明进餐做得好。 （4）毛巾、碗、筷都放好了吗？

表4-2　对不同年龄段婴幼儿的进餐指导要点

年龄段	进餐指导
乳儿班	（1）餐前擦手。 （2）坐在餐椅中，戴上餐兜，保教人员使用奶瓶喂哺或使用小勺喂泥糊状食物。 （3）用餐巾擦拭嘴边的残留食物。
托小班	（1）餐前先小便再洗手。 （2）有正确的进餐坐姿。 （3）尝试使用勺子或用手抓取食物，用手抓取食物时保教人员不制止。
托大班	（1）餐前先小便再洗手。 （2）有正确的进餐坐姿和进餐习惯，能独立使用勺子和餐具。 （3）知道饭后要漱口、擦嘴，并把毛巾、碗、勺放到指定地方。
小班	（1）餐前先小便再洗手。 （2）有正确的进餐坐姿和进食习惯（身体靠紧桌子，一手扶碗、另一手拿勺，一口饭一口菜，最后再喝汤）。 （3）会咀嚼，不挑食。 （4）知道将杂物（骨头、壳等）放在碗边的桌子上。初步做到碗、桌面、地面三净。 （5）知道饭后要漱口、擦嘴，并把毛巾、碗、勺放到指定地方。
中班	（1）餐前先小便再洗手。 （2）有正确的进餐坐姿和进食习惯，初步学会使用筷子。 （3）能基本保持碗、桌面、地面、衣服四净。 （4）不挑食、不剩饭。 （5）知道饭后要漱口、擦嘴，并把毛巾、碗、筷子放到指定地方。
大班	（1）餐前先小便再洗手。 （2）能安静有序入座。 （3）能安静、自主用餐，不剩饭菜。 （4）各种食物都要吃，不挑食。 （5）保持碗、桌面、地面、衣服四净。 （6）饭后要漱口、擦嘴，并把毛巾、碗、筷子分类摆放整齐。

《保育员 初级》中国就业培训技术指导中心，2021. 06

第三节　饮水管理与保育

水是人体组织和体液中含量最多的元素，占体重的60%～80%，几乎身体所有的功能，包括消化、吸收、循环、排泄等，都需要水的参与才能进行。水还有助于维持人体正常的体温，并促进废物的代谢和排泄。水是维持人体正常活动所必需的重要物质。

婴幼儿健康与饮水关系密切。充足地饮水不仅有助于维持机体新陈代谢的正常运转，增强机体对疾病的免疫力，还能有效降低疾病的发生率。同时，由于婴儿体内组织器官还未完全成熟，抵抗力差，如果不能及时供给足够的水及电解质，就会影响生长发育。特别是在婴幼儿出现发热、多汗或呕吐、腹泻等症状时，及时补充水分以避免因失去水分而导致病情恶化。因此，确保充足的饮用水供应对于维护婴幼儿的身体健康具有至关重要的意义。

一、托幼机构的饮水管理工作

（一）托幼机构常用的饮水设备

1. 保温水桶

水桶应当具备良好的保温性能，并加盖上锁以确保安全。每日需对保温桶身和水嘴进行全面检查，以确保水流顺畅，避免任何异常情况的发生。为确保饮用水的卫生安全和避免水垢的产生，建议对水桶进行每日一次的彻底清洗，并每周进行一次彻底的消毒处理。

2. 水杯

水杯必须每人一个，专人专用，每日进行彻底的清洁和消毒。用完的杯子要及时清理干净，不能随意丢弃。在将经过消毒的水杯放入橱壁之前，必须仔细核对相应的标识，确保杯柄朝外，杯口朝上，不会与橱壁接触。在取水杯时，应握住杯柄，避免触及杯柄以外的区域。

为了方便消毒，保障婴幼儿的使用安全，水杯的材质可以采用聚碳酸酯（PC）或不锈钢，这些材料能够承受高温和摔落。建议选择刻度清晰的水杯，以方便掌握孩子在园内的饮水量。

3. 杯橱

为了方便孩子们取放水杯，杯橱的高度应当控制在适宜的范围内，避免设置过高。为了方便孩子们识别并放置自己的水杯，必须在杯橱内设置标识，如姓名、学号或照片等。

根据托幼机构的实际情况，除了常见的饮水设备外，还包括饮水机、直饮水机等，这些设备需要每日进行彻底的清洁和消毒，并检查电源、水温、出水情况是否存在任何异常。直饮机需要定期清理机内积垢，保持干净卫生。每月必须对饮水机内部进行一次彻底的清洗和消毒，同时定期更换滤芯，并记录相关信息。

（二）饮水设备的清洁要求

1. 保温水桶的清洁要求

使用专用毛巾、餐具清洗剂和流动水，从内向外进行清洗，首先对桶内壁进行清洗，再自上而下，对桶外壁周围以及盖子和水嘴进行彻底的清洗和冲洗，以确保其干净无污染；然后将适量的开水倒入容器中，轻轻晃动水桶，对桶内壁进行冲洗，最后打开水龙头，将水嘴冲洗干净，并用半干的抹布擦干水桶外部。

2. 水杯的清洁要求

在幼儿离园后，水杯应进行彻底的清洗，首先使用餐具清洗剂进行短暂的浸泡，随后使用杯刷和流动水在专用的清洗池中清洗。按照由内向外、由上至下的顺序，先对杯壁进行清洗，接着对杯壁和杯柄进行清洗，最后使用流动水进行冲洗，并妥善保管。

（三）婴幼儿饮用水的准备

婴幼儿饮用水的适宜温度通常与环境温度相一致，可根据季节和气温的变化进行调整。在冬季，饮用水的温度应控制在37℃左右，而在夏季，则应保持在10～30℃。在为婴幼儿接取饮用水之前，建议先将两杯水放空，然后使用手腕内侧进行试温，或者准备专门用于测温的杯子接一杯水，并使用中心温度计测量水温，以确保水温的安全。

在秋冬季节，随着气温的骤降和散热速度的加快，为了有效地维持水温，一种可行的方法是将保温水桶外壁包裹在保温套内，以达到保温的目的。在春夏季节，由于高温和缓慢的水温调节，相较于秋冬季节提前打水，打开水桶盖后将其置于阴凉处，并覆盖防蝇罩，既能加速散热，又能有效避免水受到污染

注意事项：

（1）在气温骤降的季节里，留意饮用水的温度，以确保其恰到好处。

（2）在将经过消毒的水杯摆放之前，注意手部的卫生，使用流动水和洗手液来清

洁双手。在放置水杯时，应紧握杯柄，避免与杯口接触，以确保水杯的卫生状况。

（四）合理安排饮水时间

婴幼儿正处于快速生长发育阶段，新陈代谢旺盛，对水分的需求相对较高。合理安排饮水时间不仅能满足他们的生理需求，还能帮助培养良好的饮水习惯，预防脱水和相关健康问题。因此合理安排婴幼儿的饮水时间是托幼机构日常保健工作的重要组成部分，有助于保障婴幼儿的健康和舒适，促进其良好成长。

二、培养婴幼儿良好的饮水习惯

（一）掌握婴幼儿科学饮水知识

通常情况下，婴幼儿的新陈代谢处于旺盛状态，每日消耗的水分占其体重的10%～15%，因此水分的蒸发速度较快，导致其对水分的需求比成人更高，年龄越小，其对水分的需求量也越大。

1～3岁宝宝日水总摄入量为1300 mL左右，其中液态奶类水含量为500 mL左右，其他食物和饮用水水含量为800 mL左右。4～6岁儿童每天水总摄入量为1600 mL，饮水量为800 mL。

（二）良好饮水习惯的建立

1. 养成定时饮水的习惯

每天要安排婴幼儿定时喝水，以保证机体的需要。在托幼机构，婴幼儿喝水大体可以分为6个时间段（具体时间详见表4-3）。

表4-3　**婴幼儿饮水时间安排**

饮水的时间段	饮水的大致时间
第一次教育活动后	9:30
做操后	10:15
第二次教育活动后	10:45
午睡起床后	14:30
下午游戏后	15:30
户外活动后	16:30

注：根据托育机构作息时间的不同，可适当调整。

2. 养成不定时饮水的习惯

在引导婴幼儿养成规律饮水的同时，必须有意识地引导他们养成不规律饮水的习惯。由于婴幼儿对水的需求受到多种因素的影响，如气温、活动量、饮食结构和身体状况等，因此在定时饮水无法完全满足其需求时，保教人员应及时提醒他们随渴随喝，以确保其健康成长。例如，在气温酷热、运动量大、汗水频繁的情况下，必须及时进行水分补充；饮食太咸、太干，还应及时补充水分；在寒冷季节，还要给孩子们多喝些热水。此外，当身体遭受感冒、咳嗽、发烧等疾病之苦时，必须给予他们充足的饮水，以促进体内废物和毒素的代谢和排出，否则缺水将会进一步恶化病情。

3. 多喝白开水，少喝果汁饮料

对于婴幼儿而言，饮用纯净的白开水无疑是最为理想的选择。因为白开水含有大量热量和各种矿物质元素，可满足其生长发育需要。婴幼儿正处于生长发育的关键时期，饮料和果汁由于糖分含量较高，过量的糖分摄入可能导致肥胖、龋齿、潜在糖尿病和食欲下降，从而对其健康生长产生不良影响。

4. 养成自我补充水分的良好习惯

随着年龄的增长，保教人员应当有意识地培养婴幼儿自我补充水分的习惯，使其在无须外界提醒的情况下保持水分的充足供应。通过这种方式，不仅可以让婴幼儿认识到自我满足需求的重要性，及时补充水分，同时也有助于培养他们独立完成任务的技能。

注意事项：

（1）在进行运动时，需留意孩子们的表现，对于大量出汗的孩子，可以暂停活动，待呼吸平稳后，鼓励孩子们进行少量多次的饮水。

（2）对于那些不爱喝水的孩子，应该关注他们每日的饮水量，并向家长反馈情况，以便了解原因并寻求解决方案。

（3）对于那些身体虚弱、正在接受药物治疗或刚刚康复的孩子，应该更多地提醒他们注意饮水问题。

（4）为了避免水杯被打翻，导致水杯无法更换，建议备有应急用的水杯或一次性水杯。

三、饮水的保育要求

（一）为幼儿提供自由喝水的设施设备

为幼儿准备适宜的饮水设施设备，保证每个人都能自由饮水，教育幼儿不要渴了才喝水，也忌喝水过量。要提醒幼儿喝水，保证每个幼儿的正常饮水。

（二）教会幼儿正确使用水杯和接水的方法

喝水时要两只手拿水杯，杯口向上，右手握杯柄。接水时以小半杯水为宜。接水时要有序，不拥挤，不推拉。中大班幼儿自己排队接水，小班幼儿老师帮助接水。接水时，要杯口对准水龙头，养成专心接水的习惯。

（三）培养幼儿随时自主喝水的习惯

要保证幼儿的饮水足量就要帮助他们养成自觉饮水的习惯，只靠保教人员的提醒、督促是不够的。要让儿童了解到喝水对自己身体的重要性，如通过引导幼儿观察自然界的动植物，了解动植物缺水的后果，初步了解水对人类的作用，水与健康的关系。养成其自主喝水的习惯。

（四）建立饮水常规

如接水时要排队，喝多少水就接多少水，不浪费水；不要边走路边喝水，接水后，引导孩子们坐在自己的椅子上或喝水区域喝水；喝完水后将水杯放回原处等。

第四节　清洁管理与保育

由于幼儿的生理机能尚未完全发育成熟，其免疫力较弱，因此容易受到常见病和传染病的侵害。尤其是传染性疾病，如果没有得到及时、有效的控制，会对幼儿健康造成很大危害。许多传染病的发生与不良的卫生清洁习惯密切相关，因此，在幼儿时期培养良好的清洁习惯是预防传染病的重要习惯和手段。保教人员应当全面掌握幼儿的清洁保育知识，并以耐心细致的态度为幼儿提供指导，帮助他们养成良好的卫生清洁习惯，从而预防疾病的发生，促进身心健康的发展。

一、托幼机构的清洁管理工作

（一）盥洗的要求

1. 盥洗前的准备

准备足够的符合儿童年龄特点的盥洗设施设备。如足够多的水龙头，其高度、密度，甚至款式，均应符合儿童年龄特征。确保每个孩子都配备了专门的盥洗用具，同时提供流动的水源。将经过充分消毒的毛巾、洗手液或肥皂放置于方便婴幼儿拿取的固定位置。

2. 盥洗时的指导

在组织幼儿盥洗时，保教人员可以要求幼儿按一定顺序或分组进行，以避免因人多拥挤而导致的意外情况。同时，引导他们安静、有序地盥洗；对于年龄较小、自理能力较差的婴幼儿，保教人员可以在一旁提供协助，如洗手时帮助孩子挽袖口、擦肥皂或洗手液，洗完后协助孩子用毛巾擦干等；还需提供巡回指导，可以及时纠正幼儿在盥洗过程中出现的问题或不良习惯。例如，在盥洗过程中，提醒孩子们注意节约用水和肥皂，注意不要将水要弄到同伴身上或彼此戏水，防止意外事故的发生。

3. 盥洗后的整理

等最后一名儿童洗完手或洗完澡后，应及时整理毛巾、盆子等物品，彻底擦干盥洗室地面和洗手池上的水渍，并将洗涤用品有序地摆放在原位。同时进行彻底的清洁、消毒，并及时补充擦手毛巾。

（二）如厕的要求

1. 如厕前的准备

厕所要做好清洁、消毒、除味、通风等工作。将手纸放在固定地方，备足柔软的卫生纸，裁剪成合适的大小，抖松，以方便婴幼儿拿取。

2. 如厕时的指导

组织儿童如厕时，按男女分组进行，并按照幼儿年龄给予不同的如厕指导。

（1）托班、小班孩子如厕指导：帮助孩子脱裤子；有的孩子大便时不习惯蹲厕，保教人员可根据情况在一旁搀扶；鼓励孩子自主使用蹲厕，可提供儿童坐便器；便后要帮助并教孩子擦屁股、整理衣裤的方法。

（2）中班、大班孩子如厕指导：指导孩子用蹲厕时应将双脚分别站立在便池的两侧，双腿劈开，将裤子脱至膝盖处，小手扶好把手；教孩子掌握擦屁股的方法。便后提好裤子再离开；指导孩子便后主动冲厕所；指导孩子便后使用洗手液（或肥皂）规范洗手。

3. 如厕后的清洁整理

大小便后立即冲洗，不得有异味。及时补充卫生纸，保持地面干燥、厕所通风；按要求在无人使用期间使用500 mg/L的有效氯消毒液对便器消毒；注意观察儿童大小便情况，记录儿童大便时间及大便质量。

注意事项：

（1）婴幼儿大小便异常时，保教人员要及时通知家长。

（2）保教人员发现婴幼儿有排尿、排便的迹象后，应及时指导他们排泄，并对成功排尿、排便给予表扬和鼓励，以增强其对排尿、排便的自信心。

（3）对偶然不小心将大小便排到裤子上或床上的孩子应给予理解，不能指责，并消除孩子因排泄失误而造成的紧张感，稳定孩子的情绪，增强独立排泄的信心。

二、培养婴幼儿良好的清洁习惯

（一）养成及时洗手的好习惯

保教人员应当对婴幼儿进行教育和引导，以帮助他们养成在各种情况下及时洗手的好习惯。

（1）在进餐之前和排便之后

俗话说“病从口入”。在未洗手或洗手不够彻底的情况下吃东西，容易将手上携带的大量细菌和灰尘带入体内，进而引发疾病。此外，厕所是大肠杆菌大量繁殖的场所，若不及时洗手，便会为细菌和病毒提供侵入的机会，从而对身体健康构成潜在威胁。因此，应该注重培养婴幼儿在饭前便后洗手的良好习惯，以促进其健康成长。

（2）在户外活动结束后

在结束户外活动后，回到教室的第一步是进行一次彻底的手部清洁。由于日常生活中细菌和灰尘无处不在，孩子们在户外活动时，会接触到各种玩具、沙土、楼梯扶手等物品，这些物品上潜藏着大量的细菌，如果不及时洗手，就会将外部细菌带入室内，从而导致室内环境污染，对幼儿的健康构成威胁。

（3）离开医院后

在医院的各个角落，细菌和病毒的肆虐无所不在，因此在离开医院后，必须立即进行彻底的手部清洁。

（4）在打喷嚏或咳嗽的情况下

在打喷嚏或咳嗽的过程中，细小的飞沫会从鼻子或嘴中飞散，而携带这些飞沫的病人或携带者的飞沫中含有大量的病毒或细菌。如果立即用手捂住口鼻，这些细菌或病毒就会在手上传播，因此，应该教育婴幼儿在打喷嚏或咳嗽后养成洗手的良好习惯。

（二）养成良好的口腔卫生习惯

口腔卫生清洁，包括刷牙和漱口。婴幼儿要坚持早晚刷牙、饭后漱口。如果不刷牙、漱口，食物残渣将滞留于牙面或牙缝之中，细菌将在口腔内大量繁殖，久而久之，口臭便会滋生，从而引发龋齿、牙龈炎等口腔问题，对牙齿健康构成威胁。此外，还可能因长期不注意口腔卫生而导致口腔溃疡等疾病发生。保教人员可以通过语言讲解、游戏和视频播放等多种方式，向婴幼儿传达刷牙和漱口的重要性。另外，可以与家长沟通协作，共同帮助婴幼儿养成刷牙、饭后漱口的良好口腔卫生习惯。

（三）养成勤洗脸、洗头、洗澡、洗脚的习惯

每天睡前和醒来后都要及时洗脸，保持皮肤的清爽。在炎热的夏季，由于身体代谢旺盛，导致出汗多，因此需要确保婴幼儿每天都进行沐浴和洗头，以便及时清除皮肤上的细菌和污垢，从而有效地预防病菌的侵入，减少皮肤病发生。而在其他季节，则可以每周洗澡一次或两次。每日以温水浸泡双脚，可以保持足部的清洁和卫生，还可促进血液循环，缓解身体疲劳，促进睡眠。

（四）养成其他的个人卫生习惯

养成婴幼儿勤于修剪指甲、勤于理发、勤于更换衣物的良好习惯。在人体的指甲、头发等部位是最容易滋生细菌的隐蔽区域，若不及时进行清洁，可能会导致疾病的发生。

三、盥洗、如厕的方法指导

（一）洗手的方法指导

1. 卷袖子（部分儿童袖子难卷的，保教人员要帮助其卷袖子）。

2. 拧开水龙头，将手打湿，关掉水龙头，抹香皂或洗手液。

3. 用七步洗手法揉搓双手（如图4-1）。搓手共七个步骤：掌心对掌心搓擦；手指交错掌心对手背搓擦；手指交错掌心对掌心搓擦；两手互握互搓指背；拇指在掌中转动搓擦；指尖在掌心中转动搓擦；手腕在掌中转动搓擦。

4. 冲洗：打开水龙头冲洗干净，再手捧水冲洗水龙头，然后关水龙头，把手在水

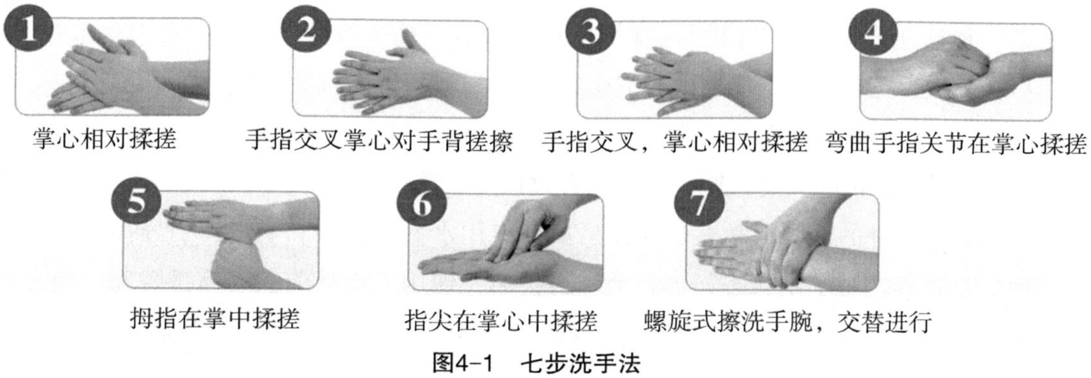

图4-1　七步洗手法

池内甩三下，防止水滴在地上。

5. 擦手：从毛巾架上取下自己的毛巾擦干，然后将毛巾挂回原处，再拉下袖子。

（二）刷牙的方法指导

幼儿刷牙时，保教人员需帮助或指导幼儿分步骤刷牙，以清除食物残渣和细菌。具体步骤如下：

1. 挤牙膏。幼儿刷牙时，牙膏量在黄豆大小即可，可选择含氟的牙膏，有助于抑制牙菌斑的生长。

2. 刷牙方法：先清洁上排牙内外侧，将牙刷与牙龈交接的地方对准，在刷上颌部的牙齿时将牙刷刷毛面朝上，做水平方向的短距离颤动移动，颤动时牙刷移动仅1毫米，每次刷2～3颗牙；清洁下排牙内外侧，在刷下排牙齿时需要将刷毛朝下，依据同样的手法刷牙；清洁牙齿咀嚼面。在刷咬合面时需要刷毛贴向咬合面，在咬合面做来回运动，上下左右都要仔细清洁。

3. 漱口。最后刷完牙后进行漱口，将牙膏漱干净即可。

（三）清洁两便的方法指导

1. 小便后的清洁

由于女孩的尿道长度较短，容易受到不卫生因素的感染，因此，保教人员应该引导女孩养成小便后擦拭的习惯。使用卫生纸清洁尿道口残余尿液，要从外阴部向前进行擦拭，如果是男孩就不需要这样做了。对于小班和托班的女孩而言，在小便后，保教人员则会协助她们进行清洁工作；大班、中班则需要保教人员进行提醒和指导，以确保她们实施便后清洁。

2. 大便后的清洁

对于小班和托班的孩子，保教人员有责任在排便后积极协助孩子进行清洁工作。中班及大班都要进行便后清洁训练，方法是先由老师讲解便后护肛知识和正确使用卫生纸，让幼儿模仿学习，以便在排便后进行清洁。具体的操作方法：将卫生纸对折，然后从前往后擦拭屁股，接着再将卫生纸对折，最后从前往后再次擦拭。

建议女孩使用两张纸，一张从外阴向前擦拭，以清除残留的尿液，另一张则从肛门向后擦拭，以清除大便污垢。这样能有效预防尿道感染的发生。

如果有条件的话，保教人员在便后准备专用水盆、温水和毛巾，引导孩子将毛巾浸泡后，将其拧至半干状态，再将毛巾对折后，使用毛巾从前往后擦拭臀部。经过两次擦拭后，将使用过的毛巾放于指定位置，由保教人员按照规定进行清洗、消毒处理。

四、盥洗、如厕的保育要求

（一）盥洗的保育要求

1. 教会儿童基本盥洗的方式方法，养成科学卫生的盥洗习惯。

2. 帮助儿童掌握盥洗的相关知识和基本生活技能。

3. 培养儿童自我服务的能力，以指导、鼓励、表扬为主，不要包办代替，不要谴责、批评。

（二）如厕的保育要求

1. 教会儿童使用坐便器、手纸，学会蹲厕坑和擦屁股的方法。

2. 养成有序上厕所，不拥挤、不玩耍，便后洗手，保持厕所整洁，自觉遵守常规的好习惯。

3. 对儿童进行相关文明教育，知道随地大小便是不文明的行为。

4. 让儿童知道憋尿、憋便对身体的危害，培养幼儿按需小便、定时大便的习惯。

第五节　睡眠管理与保育

人的一生中，睡眠占了近1/3的时间，睡眠质量的好坏与人体是否健康有着密切关系。睡眠对保证婴幼儿身心健康有着重要的作用。在睡眠期间，机体的代谢速度减缓，能量消耗减少，这有助于恢复各种重要脏器的功能，使机体各部分得到适当的休息和调整。此外，脑垂体在睡眠中能够大量分泌生长素，从而促进骨骼生长和大脑皮层的发育。婴幼儿的神经系统还未发育成熟，大脑皮质的特点是容易兴奋，也容易疲乏。如果疲劳得不到休息，将会导致精神疲惫、食欲减退，从而增加患病的风险。充足的睡眠不仅能使婴幼儿食欲旺盛，心情愉快，更能够促进婴幼儿的生长发育、增进身体健康。所以，保教人员要认真做好睡眠的保育工作，确保婴幼儿每日获得优质的睡眠。

一、托幼机构的睡眠管理工作

（一）睡前准备

1. 环境准备

确保睡眠室内外环境安静，没有任何嘈杂声响的干扰。在进入睡眠室后，婴幼儿、保教人员都应当低声说话；为确保睡眠室内空气流通、新鲜，保教人员应根据气温变化灵活调整开窗通风的时间和频率；维持适宜的温度和湿度，以确保环境的健康和舒适。一般室内温度都控制在20℃左右，湿度维持在40%～60%；要根据季节的变化，及时更换枕头和被子；为了确保婴幼儿的睡眠质量，睡眠室内的光线应该是柔和的，在睡觉时要关闭灯光、拉上窗帘，使睡眠室内的光线变得昏暗，营造良好的睡眠氛围。

2. 心理准备

保教人员可以通过营造一个类似于家的环境，帮助他们建立归属感；在日常生活中，保教人员可以运用肢体语言为婴幼儿提供关怀，协助他们穿衣、入眠，并通过各种动作、表情等方式向他们表达亲近和爱抚的情感，逐渐增强婴幼儿对保育人员的信任感；在婴幼儿入睡之前，保教人员应当避免对其进行批评或训斥，不应讲述任何可能引起孩子紧张或恐惧的故事，同时也不应组织孩子们进行剧烈的游戏活动。保教人员应当以亲切和蔼的语气、温和的态度对待孩子，要尽量给予温暖和安慰，逐渐增强婴幼儿的安全感。确保婴幼儿情绪稳定，让他们在愉悦轻松的状态下入眠。

3. 睡前安全检查

提醒幼儿如厕；巡视房间周围环境，检查有无安全隐患；检查床铺是否牢固、是否有不安全的物件带上床；检查床铺和衣服上是否有裸露的长线头，排除安全隐患。检查幼儿口袋里是否有异物；检查孩子口腔，确保口中没有食物。

4. 睡前指导

要求幼儿将衣物和鞋袜脱下，并妥善摆放。帮助托班和小班儿童脱衣，指导幼儿园中、大班幼儿自己脱衣。脱衣服顺序为鞋子、袜子、裤子、上衣。指导孩子在脱下衣服后，以整齐的方式将其叠放在靠近床尾的床边角落，或者将衣服巧妙地搭在床的围栏上。帮助孩子放好被子。

（二）睡眠中的保育

在儿童午间休息时，保育人员有责任加强巡视和观察，留意并纠正儿童睡眠中出现的异常情况，以便及时发现并处理。禁止保教人员在儿童床上睡眠、倚靠或坐，同时也禁止使用任何孩子的寝具；加强对于多汗、体弱儿童的睡眠护理，定期对其床上用品进行晾晒、消毒等工作；引导孩子养成健康的睡眠方式和良好的睡眠习惯，在发现个别儿童出现尿床、吮指、玩弄生殖器等行为时，应避免高声斥责，而要深入分析原因，并提供必要的帮助和纠正，否则可能会对儿童的自尊心造成伤害，同时也会对其他儿童的睡眠产生负面影响。必要的情况下多与家长沟通，共同帮助儿童改掉不良习惯；注意观察孩子的睡眠时间、睡姿、呼吸、精神状况以及有无异常表现，并及时给予处理。如果发现有被子捂住口鼻的，保教人员要及时帮助孩子将被子往下拉一拉，盖到胸口处即可。

（三）起床时的保育

起床时，保教人员先要指导幼儿穿衣。在春秋两季，穿衣顺序为袜子、裤子、鞋子、上衣。冬季的穿衣顺序为上衣、袜子、裤子、鞋子、外衣。

然后保教人员负责带孩子如厕、喝水，其他的保育人员可整理寝具。在孩子离开寝室后，开启窗户，让空气流通起来。将床上的被褥翻转至背面，让其通风透气，去除潮气，用干布擦除床上的油污和尘土。对寝室进行清扫，用干布擦除床上的尘土。除去床底的纸屑等杂物，并使用半干拖把将地拖一遍，以确保寝室环境的清洁卫生。最后进行床铺整理工作。

叠被子。在被子完全凉透之后，开始进行折叠，被子叠得棱角分明，宽度与床的宽度相当。叠好的被子放床沿上并整齐有序地排列。

整理床铺。平整床单和枕巾，以刷子为工具，彻底清扫床单。请勿将枕头置于被褥之下，这一点需特别留意。由于孩子在睡眠时容易出汗，枕头和枕巾可能会变得湿润，因此要将枕头放置于被子之上。

注意事项：在起床后，务必进行充分的午检，对于那些精神状态不佳或面色通红的孩子，可以通过触摸额头试温的方式，观察其精神状态，检查身体状况，如发现任何异常情况，应立即联系保健医生并送往保健室进行体温测量，并采取相应的措施。

二、培养婴幼儿良好的睡眠习惯

（一）养成自主入眠的良好习惯

初入托幼机构的幼儿常常面临睡眠障碍的困扰，这是因为他们置身于一个陌生的环境中，内心充满了恐惧和焦虑。如果不及时给予适当的帮助，会给儿童带来严重影响。有些儿童在家庭中已经养成了需要成年人陪同才能入睡的不良习惯，这种行为可能会对他们的睡眠质量产生负面影响。对于那些在入睡方面遇到困难的孩子，保教人员应该以耐心和努力的态度去理解并满足他们的需求。如果孩子的睡眠问题严重，家长要及时给予关注并采取积极措施帮助解决。为了让孩子在新的环境中得到更好的安抚，可以尝试坐在他的床边，轻轻拍打、陪伴入睡等方法，同时也允许刚入园的孩子带着家里的小被子或毛绒玩偶等陪伴入睡，这样可以让孩子更加安心。如果孩子不愿入睡，可再给孩子做一些简单的心理安慰和行为训练，以提高其睡眠质量。一旦孩子适应了环境，保教人员可以逐步减少陪伴的频率，或者根据孩子的具体情况逐步移除陪伴的玩偶等依恋物品，以帮助孩子独立入睡。

（二）培养正确的睡眠姿势

为了确保婴幼儿的睡眠质量和身体健康，托幼机构和家庭都应该注重培养他们正确的睡眠姿势。让孩子侧卧或仰卧，因为侧卧时脊柱会略前弯曲，肩膀前倾，两腿弯曲，两臂自由放置，从而最大限度地放松全身肌肉，畅通呼吸和血液循环，使全身得到充分的休息。

三、睡眠中的特殊保育

1. 对易尿床孩子的护理

对于经常尿床的孩子，保教人员应给予特别的关注。入睡前要提醒他小便，入睡后保教人员要经常过去摸一摸其被褥，如有尿床，应及时予以更换。同时，保教人员要注意观察，掌握孩子的排尿规律，或在睡前给他穿上纸尿裤，缓解孩子和老师的压力，尤其是对未满3岁的孩子。

2. 对体弱儿等的差异化护理

对睡觉时间较长、脱衣动作较慢的孩子，或年龄较小、体质较弱的孩子，保教人员应组织他们提前入睡。

对不喜欢睡觉或睡眠时间相对较短的孩子，或上床后喜欢与别人打闹、不能及时入睡的孩子，保教人员可以组织他们晚一会儿上床，同时可以把他们的床铺安排在靠近睡眠室门口或靠近保教人员视线的位置，这样既可以避免影响其他孩子，也便于保教人员的组织管理。

对体质较好、怕热的孩子，保教人员可以把他们的床铺安排在睡眠室门口、窗户下面等通风好的地方，以保证其睡眠质量。

四、睡眠的保育要求

1. 为幼儿营造一个安静、舒适、卫生的睡眠环境。

2. 培养幼儿的规则意识，如睡前如厕，睡前醒后保持安静，不干扰他人睡眠的习惯等。

3. 养成幼儿按时睡眠、保持充足睡眠、按时醒来的优良习惯。

4. 为了培养儿童的自理能力，需要引导幼儿掌握整理床铺、被褥，穿脱衣服、鞋袜的技能，同时养成他们将物品有序地摆放在指定位置的良好习惯。

5. 养成幼儿健康的睡眠方式，避免睡觉用口呼吸，避免蒙头睡觉等不健康的行为。

第六节　清洁消毒

一、婴幼儿的居住环境的卫生清洁

家庭是婴幼儿成长发育的重要场所，家庭环境对婴幼儿身心健康影响很大。在婴幼儿的生活环境中，保持清洁是非常重要的。

室内环境中有害气体浓度高，对婴幼儿健康危害较大。室内空气的清洁一般采用自然通风的方式，通过空气流动，将污浊的空气排出，同时将新鲜的空气送到室外。在环境温度适宜、空气质量较佳的情况下，应当采用持续开启窗户并进行通风的措施。

为了保持室内的清洁卫生，必须定期对其进行彻底的清洁，以确保空气的清新、整洁和无尘。在清扫家具和物品时，应当按照由内向外的顺序，将扫帚压住，以避免扬尘的产生，同时注意清扫卫生死角，确保家具和物品下面的地面也被彻底清扫干净。用清水冲洗房间或墙壁，保持室内空气流通，防止细菌滋生。为了避免自己踩脏地面，要用半干的墩布，由内向外倒退着拖地，以保持地面的清洁和卫生。用毛巾擦净地板后，再用干布擦一遍即可。每日可使用洁净的湿布对门、窗台、床栏、桌椅、柜子、书架、玩具柜、玩具架等物品进行擦拭。为了确保抹布的清洁卫生，必须定期对其进行清洗，并在阳光下进行晾晒。在进行地面清洁时，需注意避免地面过于湿润，以避免婴幼儿滑倒。注意保持门窗密封完好，防止灰尘进入室内。定期对窗帘进行清洗，每隔半个月至少对床单和被套进行一次清洗，同时将被褥暴露在阳光下，以保持其干燥。

二、确保婴幼儿用品的卫生和消毒达到标准

（一）进行清洁、消毒和灭菌处理

物体的清洁过程是通过物理手段去除表面的污垢、尘埃和有机物，以减少微生物数量的一种过程。清洁是一种有效的方法，可以消除大量潜在的病原微生物，从而确保物品接触时的安全性，减少感染的风险。消毒与杀菌一样属于一种卫生技术措施，

但两者又有很大区别。消毒是一种通过物理或化学手段对除芽孢以外的所有病原微生物进行消除或消灭的过程，以达到无害化处理的目的，如紫外线照射、高压蒸汽灭菌、臭氧发生器、空气等离子技术、低温等离子体技术、超声波清洗及蒸汽渗透法等。灭菌是一种通过物理或化学手段彻底清除或消灭所有微生物的过程，其中包括致病和非致病微生物，以及细菌芽孢和真菌孢子的处理。

1. 采用物理消毒技术进行消毒

物理消毒的方法多种多样，包括机械消毒、煮沸消毒、蒸汽消毒、日晒消毒以及紫外线消毒等多种方式。其中煮沸消毒具有杀菌率高、时间短、操作简单、费用少等优点。煮沸消毒是利用水的高温作用，该消毒方法主要适用于各种搪瓷、玻璃、橡胶、金属等制品，也可应用于其他一些易腐物品的消毒。将待消毒物品彻底清洗干净后，将其完全浸泡于水中，至少进行15分钟的煮沸处理。在煮沸过程中使被消毒物受热分解，从而达到消毒目的。利用蒸汽的高温特性，对物品中的致病微生物进行杀菌消毒，这是一种高效的消毒方法，适用于易生细菌和病毒的食品及医疗器具的杀菌。在消毒耐湿热物品方面，压力蒸汽灭菌是一种广泛应用的方法，尤其适用于餐饮用品，毛巾、餐巾等物品。

机械消毒是一种利用各种机械手段，如清洗、清扫、擦拭、通风换气等，以减少或去除环境中的致病微生物为目的的消毒方法，主要应用于室内空气、玩具等物品的消毒，是一种被广泛采用的基础消毒手段。

日晒消毒是一种利用紫外线辐射对物品表面附着的病原微生物进行有效杀灭的消毒方法。目前，日晒消毒已广泛地应用于食品加工、药品制造和医疗卫生等领域。为了对衣物、被褥、床垫、图书、玩具等需要消毒的物品进行有效消毒，该方法采用将其置于阳光下并持续暴晒3～6小时的方式，利用适宜波长的紫外线进行照射，以达到杀菌消毒的目的，其特点为作用迅速，安全无刺激性，且能杀灭多种微生物。

为了对室内空气和物体表面进行有效消毒，常使用紫外线消毒器和紫外线灯等设备。在进行室内空气消毒之前，必须对室内环境进行彻底的卫生处理，同时关闭门窗以确保卫生安全。使用消毒灯要选择合适功率、灯管长度及安装位置，并注意保持灯具周围清洁干燥。在使用紫外线消毒灯时，建议人离开室内，以避免对人体造成任何潜在的危害。紫外线灯管应在一定高度或合适位置处安装，并要保持适当距离。在使用消毒灯后，务必开启门窗，并进行充分的通风换气，经过30分钟的等待，方可顺利进入室内。

2. 采用化学消毒技术进行消毒

化学消毒是一种利用化学制剂进行杀菌消毒的技术手段，其原理就是用一定浓度的化学物质对细菌或病毒起杀灭或抑制作用。如乙醇、84消毒液、碘酒、消毒灵、过氧乙酸等，这些都是广泛应用于化学药品领域的。其主要目的是杀死病原微生物及有害细菌，使之不能再繁殖而达到灭菌效果。

消毒剂可分为粉末、液态和片剂三种形式，建议选择液态或水溶型的，以便快速接触致病微生物并发挥消毒作用。常用的消毒剂主要为甲醛、二氧化氯、高锰酸钾、次氯酸钠等。化学消毒法可用于对物体表面、周围环境以及常见物品进行消毒，常用的消毒方法包括擦拭、浸泡和喷雾等。

（二）对于婴幼儿所需的物品，进行彻底的清洁和消毒

1. 对奶具进行彻底的卫生和消毒处理

由于婴幼儿的免疫系统尚未完全成熟，因此其易受病原微生物的侵袭。当细菌侵入到婴幼儿体内会产生大量毒素而导致疾病。食物是病原体传播的主要途径，因此必须对婴幼儿的奶具进行全面消毒。为防止婴儿被感染，应选择合适的器具来处理奶具上残留的奶液，如清洗塑料碗或玻璃瓶等，先用流动清水洗净双手之后，再对奶瓶进行彻底的清洁。将残留的奶液倒掉，然后用流动水冲洗干净奶瓶，接着将奶具浸泡于温水中，最后使用奶瓶刷刷洗奶瓶及其部件，特别需要注意刷洗奶瓶颈部和螺纹处。最终，将奶具用流动的清水彻底冲洗干净，然后将其妥善地摆放在清洁的容器中，等待进行消毒处理。如果有条件的话最好将奶具放在消毒室内。对于奶瓶的消毒，常用的方法包括将奶瓶加热至沸腾状态进行消毒，以及采用蒸汽进行消毒。在使用消毒用的煮锅或蒸锅时，需注意避免与家中做饭的锅混合使用，同时消毒过的奶具应使用奶瓶夹取出，切勿直接用手操作。另外，在消毒过程中要特别小心。在使用新的奶具之前，必须对其进行清洗消毒处理，每一次使用后都必须进行彻底的清洁和消毒。若超过24小时未使用，再次使用前必须重新进行消毒处理。

2. 对餐具进行清洁和消毒处理

若不对餐具进行彻底的清洁，其容易滋生细菌，从而导致婴幼儿出现消化道感染、呕吐、腹泻等不适症状，因此必须高度重视餐具的清洁和消毒工作。在进行餐具清洁时，需先将残留在其表面的食物和污垢清除干净，然后将其浸泡在水中5～10分钟，接着使用碱水或奶瓶清洗液彻底清洗餐具表面的油腻和污垢，最后使用流动水将餐具彻底冲洗。如果餐具没有经过处理就直接投入水中浸泡，会使其中所含的病菌繁殖生长，从而引起肠道疾病。对餐具进行彻底的清洗后，必须进行消毒处理，常见的消毒方式包括将其加热至沸腾状态进行消毒、采用蒸汽进行消毒以及使用消毒柜进行消毒。煮沸消毒法是最常用也是最好的一种。为了确保婴幼儿餐具的卫生，每一餐都应该进行彻底的清洁和消毒。

3. 对玩具进行彻底的卫生和消毒处理

玩具作为一种常见的接触物品，其表面细菌易感染婴幼儿，会对身体健康产生不良影响。为保障儿童的身心健康发展，家长和保教人员应重视对婴幼儿使用玩具的卫生监督与管理，选择适合婴幼儿的玩具种类，采用正确的方法对玩具进行清洗和消毒，防止因不注意而引起二次污染。常见的婴幼儿玩具种类繁多，包括木质、塑料、毛绒、纸质和电动等多种类型，每一种玩具都有其独特的清洁方式。在购买玩具后，应当对其进行彻底的清洁和消毒，以确保其符合婴幼儿的健康和安全标准，然后再进行玩耍。玩具的清洁度应符合国家标准要求，且不含有害物质。定期对玩具进行消毒是必要的，通常每周进行一次，同时也可以根据玩具的使用频率和材质进行灵活调整，以确保消毒效果。

4. 对衣物进行彻底的清洁和消毒

为了保护婴幼儿的皮肤健康，建议使用专门为其设计的洗衣液或洗衣皂进行清洗，因为儿童专用的洗涤产品不含荧光剂、漂白剂等化学成分，且洗涤后残留的化学成分较少。洗好以后不要直接放置，要及时晾干，并把衣物挂干或晾至阴凉干燥处保存，防止受潮霉变。在进行婴幼儿衣物清洗之前，需要对其进行充分浸泡，并用手轻轻搓洗，以清除衣物上的污渍，包括奶渍、汤渍、大小便等，最终使用清水漂洗至少三遍，以确保水质清澈透明。漂洗时加入洗衣液，可有效去除污垢和浮尘。将经过漂洗的婴幼儿服装置于阳光下晾晒，借助紫外线的照射，达到杀灭细菌的目的。另外，婴幼儿衣物要及时晾干，不要让其暴露在外，以免被微生物污染。为了避免细菌污染婴幼儿的衣物，建议使用手动洗涤方式，尽量避免使用洗衣机，因为这可能会导致细菌交叉污染。成年人活动场所的多样性和活动范围的广泛性，他们所穿的衣物携带的细菌数量较多，混合使用可能会导致细菌附着在婴幼儿衣物上，因此建议将婴幼儿的衣物和成人的衣物分开清洗。

5. 对便器进行卫生清洁和消毒处理

婴幼儿排泄物的收集方式多种多样，包括坐便器、蹲便器、小便器以及便盆等多种类型。其中，坐便器是最常见的一种。在每次使用便器后，务必及时对其进行彻底的冲洗，以确保卫生安全。在清洗前最好先将便器表面及周围用湿毛巾擦一遍。每日需对便器进行彻底清洁，特别是要留意其与皮肤接触的区域以及内侧边缘的污垢，彻底清洁后再洗手。可使用消毒液对便器槽或便盆内侧进行消毒，浸泡30分钟，最后用清水将便器冲洗干净。

第五章　婴幼儿的营养与膳食

学习目标

1. 掌握营养学相关基础知识，以及婴幼儿所需各类营养素的生理功能和食物来源。

2. 了解婴幼儿膳食的特点和婴幼儿膳食配制的原则依据，能够对各年龄段婴幼儿喂养提出科学的营养建议，形成科学的营养观。

3. 了解营养与健康的关系，能够辨别婴幼儿常见的营养问题。

食物是维持婴幼儿正常生长发育和身体健康的物质基础，其对婴幼儿生长发育的影响是一个长期而逐步的过程。幼儿阶段是一个人生长发育中最关键、最迅速的阶段，在此期间如果没有得到良好的膳食指导致营养状况不良，不仅会对儿童今后健康发展产生不良影响，还会造成许多疾病的发生。因此，掌握婴幼儿营养学相关知识是一项至关重要的任务。

第一节　营养学知识概述

一、关于营养

（一）营养

营养指机体摄取食物，经过消化、吸收、代谢和排泄，利用食物中的营养素和其他对身体有益的成分，构建组织器官，调节各种生理功能，以维持正常的生长、发育和预防疾病的过程。它既可以表示人体所需要的营养物质，又可以反映出一个人或群体在某一特定时期内获得的营养状况。食物中的营养素含量和质量的优劣，也可以通过营养指标来进行衡量。合理营养能够促进健康，营养平衡失调则会引起疾病。

（二）营养素

1. 定义及分类

营养素能够维持人体生命活动的正常运转，促进人体的正常生长发育，维持日常新陈代谢，以及提供机体所需的能量。来自食物的营养素种类繁多，根据其化学性质和生理作用可将营养素分为七大类，即蛋白质、脂类、碳水化合物、矿物质、膳食纤维、维生素和水。

根据人体对各种营养素的需要量或体内含量的多少，可将营养素分为宏量营养素和微量营养素。人体对宏量营养素的需要量较大，包括碳水化合物、脂类和蛋白质，这三种营养素经体内氧化后均可以释放能量，故又称为产能营养素。相对宏量营养素而言，人体对微量营养素需要量较少，包括矿物质和维生素。

2. 膳食营养素参考摄入量（ DRIs ）。

这是一组每日平均膳食营养素摄入量的参考值，其中包括四项内容：平均需要量（ EAR ）、推荐摄入量（ RNI ）、适宜摄入量（ AI ）和可耐受最高摄入量（ UL ）。

（1）平均需要量（ EAR ）：EAR是群体中各个体需要量的平均值，是根据个体需要的研究资料计算得到的。可以满足某一特定性别、年龄及生理状况群体中50%个体要量的摄入水平，而不能满足另外50%个体对该营养素的需要。

（2）推荐摄入量（ RNI ）：RNI可以满足某一特定性别、年龄及生理状况群体中绝大多数个体需要量的摄入水平。长期按RNI水平摄入，可以保证组织中的营养素有适当的储备。

（3）适宜摄入量（ AI ）：AI是通过观察或实验获得的健康人群某种营养素的摄入量，该值的主要用途是作为个体营养素摄入量的目标。

（4）可耐受最高摄入量（ UL ）：UL是平均每日摄入营养素的最高限量。目的是限制膳食和来自强化食物及膳食补充剂的某一营养素的总摄入量，以防止该营养素引起不良作用。

（三）能量

1. 能量单位

能量，也叫热能或热量。人体组织器官的功能和代谢都要靠能量来进行调节，如新陈代谢过程等。人不断地从食物中提取能量是必不可少的，这不仅有助于促进身体的生长发育和维持正常的生理功能，同时也为我们从事各种活动提供了必要的支持。如果缺乏了足够的能量就会引起疾病甚至死亡。即使在沉睡中，人也需要源源不断的能量来维持其基本的生理活动，如呼吸和心跳等基本生理活动。在考虑营养问题时，首要考虑的是能量的供需问题。焦耳在国际上被用作能量单位，其单位符号为J，1 J相当于1 kg物体移动1米所消耗的能量。在营养学领域，能量的计量单位通常为千卡（kcal）和千焦耳（kJ），这两个单位代表着人体所吸收的能量。营养学中常用的能量单位是“卡（calorie）”，但由于其计量单位过小，因此常使用“千卡”，1 kcal=4.184 kJ，以确保精准计量。

2. 能量来源

食物中的糖类、脂肪和蛋白质是构成人体所需能量的重要组成部分。它们通过消化道被吸收进入血液和组织后又以糖原形式储存于细胞内。三种营养素被归为“产能营养素”，其中糖类提供的能量占总能量的55%～65%，脂肪占20%～30%，蛋白质占10%～15%。这三种营养素在人体内氧化所产生的能量分别为1 g糖类提供热能4 kcal，1 g蛋白质提供热能4 kcal，1 g脂肪提供热能9 kcal 。

3. 能量消耗

婴幼儿能量消耗主要体现在以下几个方面：

（1）人体的基本代谢过程

基础代谢是指人体在进行心脏跳动、呼吸运动、维持体温、肌肉收缩与舒张、吸收营养素等基本生命活动时所消耗的能量，这一过程被认为是人体最基本的能量消耗。通常情况下，男性的基础代谢水平高于女性，而儿童的基础代谢水平则高于成年人。婴幼儿年龄的越小，其基础代谢所需的能量水平也随之增加。对婴幼儿而言，基础代谢消耗了约50%的日常能量。

（2）体力活动

人体的能量消耗中，体力活动是最主要的支出之一，除了基础代谢之外。能量的消耗受到活动强度、持续时间和复杂程度的影响。孩子们的活泼好动程度与他们的运动习惯和能量消耗之间存在着显著的关系。不好动、不喜欢锻炼的儿童能量消耗要小得多。儿童约有35%～40%的能量用于其日常活动所需。

（3）摄取食物、排泄废物

食物虽然能够提供能量，但其摄入和消化过程也需要消耗相应的能量。这种因进食而导致的能量消耗增加的现象，被称为食物的特殊动力作用。正常情况下，儿童总摄入能量的5%～8%被消耗在食物的特殊动力作用中。当食物在胃肠道中消化吸收后，其中一部分进入血液循环，另一大部分留在体内。而废物的排泄过程也会导致一定程度的能量损失。未被吸收利用的食物随着粪便被排出体外，这个过程所损失的能量大约占到了摄入能量的7%～10%。

（4）生长发育

在儿童的生长发育过程中，身体所需的能量与其生长速度成正比，当婴儿出生后，由于体内没有合成脂肪的能力，因而要从食物中获得大量热量以维持生命活动。随着年龄的增长，到了发育成熟的阶段，就可以避免这项能量消耗。因此，为了确保婴幼儿的健康成长，每日膳食中所摄入的能量应当略高于其自身所消耗的能量。

表5-1 中国婴幼儿每日能量需要量

年 龄	每日能量需要量（kcal）	
	男	女
0～6个月	90	90
7～12个月	80	80
1岁	900	800
2岁	1100	1000
3岁	1250	1200
4岁	1300	1250
5岁	1400	1300
6岁	1400	1350

第二节 婴幼儿需要的营养素

一、婴幼儿需要的营养素

（一）蛋白质

人类生命的物质基础在于蛋白质（Protein），缺乏蛋白质将无法维持生命的存在。在生物体内，蛋白质不仅作为细胞组成成分参与机体新陈代谢过程，而且还起着维持正常生理功能的作用。蛋白质，一种由氨基酸构成的生物大分子，在人体内存在着20种不同的氨基酸。由这些氨基酸组成的分子内含有大量的氨基、羧基等基团。通过肽键的有序连接，各种氨基酸形成了独特的空间结构，从而形成了无数种具有不同功能的蛋白质。人体无法自行合成的8种氨基酸，必须通过食物直接获取，这些氨基酸被称为必需氨基酸，其中包括异亮氨酸、亮氨酸、赖氨酸、甲硫氨酸、苯丙氨酸、苏氨酸、色氨酸和缬氨酸。组氨酸是婴幼儿的必需氨基酸。

1. 蛋白质的生理功能

（1）建构人体的组织结构。蛋白质参与构成人体的各个组织和器官，它是促进机体组织更新和修复的主要营养来源。蛋白质是人体肌肉、神经、骨骼、大脑、血液，甚至指甲和毛发的基本成分。

（2）构成酶、激素、抗体等活性物质，参与生理活动。激素分泌、消化过程、血液循环等各项生理活动均有蛋白质的参与，能提高机体免疫力的抗体也是由蛋白质组成的。

（3）调整身体的生理机能。蛋白质在维持体内酸碱平衡、渗透压平衡和水的分布中扮演着不可或缺的角色，其复杂的分子结构和生物活性使其成为调节体内酸碱平衡和水分分布的重要因素。

（4）提供人体所需的能量来源。蛋白质，作为一种能够为人体提供热能的产能营养素，其在人体内的氧化分解过程中，1 g蛋白质可产生约16.7 kJ（4 kcal）的能量，但它并非人体热能的主要来源。

2. 蛋白质的食物来源

蛋白质的食物来源有两种：一种为动物蛋白质，主要包含在乳类、蛋类、肉禽类、鱼虾海产类等动物性食品中；另一种为植物蛋白质，主要包含在豆类、粮谷类、根茎类食品中。

3. 缺乏或过量摄取蛋白质的危害

若在婴幼儿期蛋白质摄入不足，将会对婴幼儿的身体正常发育产生负面影响，导致生长发育缓慢、免疫功能下降、体重过轻、营养不良等不良后果，严重时甚至会影响婴幼儿的智力和危及生命安全。因此，合理地补充蛋白质对婴儿和幼儿来说非常重要。然而，蛋白质的摄入量并非越多越有益，过量摄入蛋白质会加重婴幼儿肾脏的负担，导致脂肪堆积，而过量摄入动物蛋白则会加速骨骼中钙的流失，从而引发骨质疏松。

表5-2 中国儿童蛋白质参考摄入量

年　龄	推荐摄入量（单位：g/d）
0～6个月	9
7～12个月	20
1～2岁	25
3～4岁	30
4～5岁	30
5～6岁	35

（二）脂肪

脂类（Lipids）包括脂肪（主要有甘油三酯）和类脂（主要有磷脂和固醇类）。脂类在机体内参与多种生理功能，如代谢、免疫及内分泌等。在所有动物组织中均含有一定量的脂肪。99%的脂类在人体中为脂肪。人体在新陈代谢过程中，需要不断从外界摄取大量的脂质，以维持正常生理活动。脂质是一种脂溶性的物质，它不仅可以在有机溶剂中溶解，还可以溶解其他脂溶性物质，例如脂溶性维生素。

1. 脂肪的生理功能

（1）提供并储存能量的供应。脂肪，作为一种营养素，具有最高的能量密度和产热能力，每克脂肪所提供的热量约为9 kcal，相当于蛋白质所提供热量的两倍以上。当身体吸收的能量过多或无法及时转化为可利用的能量时，便会转化为脂肪储存。

（2）人体组织的重要组成部分。磷脂、糖脂、胆固醇等成分构成了人体细胞膜、神经组织以及大脑的组成成分。

（3）保护内脏。人体的内脏器官周围均有脂肪包裹，有效减少了人体运动所带来的摩擦，避免了机械性损伤的发生。

（4）维持身体的温度。人体的热量散失可以因皮肤下的脂肪而减少，从而维持体温，脂肪同时还具有隔热、保温和御寒的功效。

（5）提供必需脂肪酸。必需脂肪酸是组成细胞膜的重要成分，可以促进大脑和视力的发育。

（6）促进脂溶性维生素的吸收。有些食物中的脂肪含有脂溶性维生素（如鱼肝油富含维生素A、维生素D），并可作为脂溶性维生素的溶媒，促进脂溶性维生素的吸收。长期脂肪摄入不足或消化吸收障碍可造成脂溶性维生素缺乏。

2. 脂肪的食物来源

脂肪的食物来源主要有两大类：一类是植物油脂，如芝麻油、花生油、玉米油、橄榄油等；另一类是动物油脂，如猪油、牛油、鱼油、羊油等。

3. 缺乏或过量摄入脂肪的危害

婴幼儿需要每天摄取一定量的脂类物质来补充营养和满足自身需求。因为缺乏脂肪会导致能量摄入不足，从而引起体重过轻，最终导致罹患脂溶性维生素缺乏症。缺乏必需脂肪酸可能导致婴幼儿患上湿疹等皮肤病，严重情况下还可能引发智力发育迟缓，从而影响其未来的发展。但脂肪过多的摄入也容易引起儿童肥胖，从而引发高血压、高血糖、高血脂等健康问题。

4. 脂肪的参考摄入量

1岁以内的婴幼儿每日推荐脂肪摄入量应根据体重、每日所需总能量值进行计算。

表5-2　中国儿童脂肪供能比

年龄	脂肪占能量的百分比（%）
0～6个月	48
7～12个月	40
1～3岁	35
3～6岁	20～30

（三）碳水化合物

碳水化合物（Carbohydrate）也称糖类，一种有机化合物，由碳、氢、氧三种元素构成，根据其聚合度可分为单糖、双糖和多糖三种类型。在生物体内，糖类通过一系列生物化学反应转化为氨基酸等小分子物质，从而参与了细胞生命活动的全过程。单糖具有直接被人体吸收的能力，而双糖和多糖则需要经过分解才能被有效地吸收和利用。因此，在人们的饮食生活中，几乎没有一种单糖不能被人所接受，而双糖则是人类日常生活中必不可少的重要物质。单糖是一种最基本的碳水化合物，由葡萄糖、果糖和半乳糖组成，其中葡萄糖是构成食物中各种糖类的最基本单元，也是机体代谢中最基本的糖类。双糖则具有多种生理功能，如调节血糖浓度，降低血脂含量等，常见于自然食品中，包括蔗糖、乳糖和麦芽糖等多种双糖成分。多糖也叫蛋白质或寡聚糖，是一种具有多功能性的生物高分子物质。多糖是一类由超过10个单糖构成的高分子化合物，其主要成分包括糖原、淀粉以及纤维等。

1. 碳水化合物的生理功能

（1）供给能量之源。糖类还参与蛋白质合成、脂肪分解等重要过程，为机体代谢创造良好条件。碳水化合物是身体最重要的能量来源之一，它能迅速地为身体提供能量，1 g葡萄糖能在身体内产生大约16.7 kJ（4 kcal）的热能。糖类不仅为机体代谢提供热量，还参与糖、蛋白质、脂肪等物质的合成与分解过程，并将其转化为供身体利用的形式或被其他组织吸收。糖类在维持幼儿生长发育所需的能量中占据了55%～65%的比例，成为不可或缺的营养来源。糖对神经组织具有保护作用。糖类在人体内以惊人的速度释放能量，同时也以惊人的速度提供能量，成为视神经系统和心肌的主要能量来源，同时也是肌肉活动时不可或缺的主要能量。确保神经系统和心肌得到充分的能量供应，以维持它们的正常运作。

（2）细胞和组织的构成离不开一系列至关重要的生命物质。糖在动物体内广泛分布于各种组织细胞中，它不仅能调节蛋白质合成，还与脂肪代谢及激素分泌等密切相关。糖类，作为机体组织的重要组成部分，参与细胞的组成和多种活动，在其中扮演着至关重要的角色。每个细胞均含有糖类成分，其浓度介于2%～10%，主要以糖脂、糖蛋白和蛋白多糖的形式存在。

（3）降低蛋白质的食用量。当摄取充足糖类则可使机体获得更多的能量，以维持正常生长和发育过程。在膳食中糖类供应不足的情况下，机体为了满足自身对葡萄糖的需求，会利用化学反应将蛋白质转化为葡萄糖，以提供机体所需的能量；当摄入足够多的糖类时，可有效预防体内或膳食中蛋白质的消耗，从而避免不必要的蛋白质供应，因此糖类具有节约蛋白质的功效。

2. 碳水化合物的食物来源

谷物、根茎、薯类和食糖是糖类食物的主要来源。其中豆类是含热量最高的食物之一。微量的果糖、果胶和纤维素也存在于蔬菜和水果之中。碳水化合物是人类生命活动的基本物质之一。动物类食物含糖量很低，动植物油类则无糖分。

3. 缺乏或过量摄入碳水化合物的危害

当幼儿缺乏碳水化合物时，他们倾向于通过消耗脂肪来提供能量，然而，由于氧化不足，大量脂肪被消耗，从而产生了过多的酸性物质（酮体），这些酸性物质的积累可能会导致婴幼儿酸中毒。另外，婴儿对蛋白质和糖类有较高需求，而蛋白质与糖又是构成人体组织最主要成分，因此，婴幼儿必须补充充足的热量以维持生命活动。婴幼儿脑细胞的正常代谢会受到碳水化合物缺乏的影响，从而导致神经系统的发育受到阻碍。因此，适当增加食品中碳水化合物含量是非常必要的。过度摄入碳水化合物将导致体内过多的热能转化为脂肪，从而增加了婴幼儿肥胖的风险。

4. 碳水化合物的参考摄入量

糖类在人体中的需求量缺乏明确的规范，通常以其在总共能量中所占的比例来衡量。一般认为儿童和老年人所需碳水化合物的供给量比成年人要高一些，但在某些特殊情况下，如糖尿病患者、严重贫血等也需要增加糖的需要量。根据我国膳食糖类实际摄入量的建议，中国营养学会建议幼儿在摄入糖类时，应将其参考摄入量控制在总能量的55%～65%。

（四）无机盐

人体内的各种元素，除了以有机化合物的形式存在的碳、氢、氧、氮之外，其余的元素无论数量多少，都被归类为矿物质或无机盐。这些无机物质是构成机体组织结构的重要物质基础，对维持正常生理功能起着极其重要的作用。在人体内，无机盐的含量在体重中占据了4%～5%的比例。这些无机盐是组成机体组织结构及生理功能所必需的物质，也是构成酶活性以及参与代谢过程中必不可少的成分。体重超过0.01%的无机盐被归类为常量元素，其中包括七种元素，分别是钙、磷、钠、钾、氯、镁和硫；微量元素是指体内含量低于体重0.01%的无机盐，其中铁、铜、锌、硒、铬、碘、钴和钼等元素被认为是维持人体正常生命活动所必不可少的微量元素。

婴幼儿容易缺乏的矿物质主要有以下几种：

1. 钙

钙是人体内含量最高的无机盐之一，99%左右集中于骨骼及牙齿，其余1%的钙则分布在软组织、细胞外液及血液中。骨和骨组织中有许多含钙丰富的区域，如肌间隙、关节腔、血管周围等处都有含钙质较多的部位。所谓混溶钙池，是指那些以游离或结合的方式存在于软组织和体液中的钙离子集合。由于骨组织内含有大量含钙矿物及少量不溶性钙盐，因此其成分主要取决于骨本身的组成和结构。为了维持细胞的正常生理功能，混溶钙池和骨骼钙之间存在着一种动态的平衡状态。

（1）钙的生理功能

骨骼和牙齿结构的形成与维护。随着年龄的增长，骨骼和牙齿中的重要成分——钙的更新速率逐渐减缓，其中婴幼儿的骨骼每隔1～2年更新一次，而成年人则需要花费10～12年的时间才能完成一次。

调节肌肉、神经正常活动。如果机体内缺乏适当的钙，会导致骨代谢紊乱，影响骨组织形成及功能。尽管钙元素仅占骨骼总量的1%左右，但其在人体内具有调节神经和肌肉兴奋性的重要功能。当血浆中的钙离子浓度明显降低时，会导致神经和肌肉的兴奋性增强，从而引发手足搐搦症，俗称抽筋。

参与血液凝固过程。钙元素具有激活凝血酶原并将其转化为凝血酶的能力，从而参与了血液凝固的过程。

（2）钙缺乏和过量的影响

缺乏足够的钙元素会引发钙缺乏症，其主要症状为骨骼发生佝偻病的异常。其病因是体内缺乏某种元素或某些物质。此外，还出现了牙齿排列不整齐和手足痉挛等症状；另外，钙摄取量不足也会引起骨质疏松及骨折，严重者甚至危及生命。摄入过量的钙元素可能会对机体产生负面影响，例如增加肾结石的患病风险。

（3）钙的食物来源

在挑选补充某种营养素的食品时，需综合考虑该营养素在食物中的含量、吸收效率以及摄入量等多个因素。目前，人们比较关注蛋白质中必需氨基酸与人体健康的关系，而对钙的摄入重视不够。奶和奶制品所含的钙元素具有较高的吸收率，且其价格实惠、获取容易，能够确保每日一定的钙摄入量，是一种理想的钙元素来源；大豆及其制品富含丰富的钙元素，经过加工去除了膳食纤维等对钙吸收产生影响的因素，从而成为一种优质的钙食品；肉类中蛋白质和脂肪的质量分数都很低，对人体来说并不缺乏，但它们容易被肠道微生物所消化，从而降低了其营养价值。虾皮所含的钙元素虽然丰富，但其摄入量难以确保，因此并不适合作为一种优质的钙元素来源。此外，海带、绿叶蔬菜和坚果等富含钙元素，为人体提供了充足的营养来源。

（4）钙的参考摄入量

成人的钙RNI为800毫克/天，视生理条件而定，可适当提高。成人钙摄入应与儿童和青少年有所不同，以维持正常体重、生长发育及骨骼健康为目标。婴幼儿钙的参考摄入量：0～6个月为200（AI）mg/d，6～12个月为250（AI）mg/d，1～4岁为600（RNI）mg/d。

2. 铁

（1）铁的生理功能

铁元素是组成血红蛋白、肌红蛋白、细胞色素以及某些呼吸酶的重要成分；参与人体内氧气的输送和组织呼吸过程，以维持正常的造血和免疫功能；促进β-胡萝卜素向维生素A的转化，参与嘌呤和胶原的合成，参与脂质在血液中的转运，以及药物在肝脏中的分解代谢等多个方面。

（2）铁缺乏和过量的影响

体内缺乏铁元素会导致缺铁性贫血，对儿童的生长和智力发育产生负面影响，尤其是在婴幼儿、孕妇和乳母中更为普遍，表现为注意力不集中、免疫力下降，同时伴随着乏力、头晕、气短、心悸、面色苍白、皮肤干燥和毛发枯黄等症状。

（3）铁的食物来源

铁元素在各种食物中广泛分布，但其分布极不均衡，导致其吸收率存在显著差异。根据铁元素的吸收效率，可将其区分为血红素铁和非血红素铁两类。其中血红素铁以其生物利用度高而备受关注，它主要由动物肝脏合成并在肠道内储存。由于其可与血红蛋白、肌红蛋白结合，动物性食物中的铁元素能够被肠黏膜直接吸收，从而提高了铁元素的吸收和利用效率。如动物的肝脏、血液、瘦肉和鱼类等，富含铁元素，且其吸收率较高。豆类和坚果也是重要的来源，其中大豆中铁含量较高。植物性食品中，富含铁元素的食材包括黑木耳、海带以及芝麻酱等等。

（4）铁的参考摄入量

由于儿童生长发育，女性月经、妊娠等原因，机体对铁的需要量增加，如孕早期为15 mg/d，孕中期和哺乳期为24 mg/d，孕后期为29 mg/d；妊娠期妇女在怀孕期间需补充铁剂以维持血红蛋白水平。婴幼儿参考摄入量：0～6个月为0.3（AI）mg/d，6～12

个月为10 mg/d，1～4岁为9（RNI）mg/d。

3. 锌

（1）锌的生理功能

在人体内，锌是多种酶或酶的激活剂之一，其在组织的呼吸、能量代谢和抗氧化过程中扮演着至关重要的角色；参与细胞的生长、分裂、分化和蛋白质合成等复杂过程，从而刺激生长发育，增强机体免疫力；保持味觉的正常状态，刺激食欲；保护皮肤，保护视力。

（2）锌缺乏的影响。

锌缺乏症的典型表现包括缺乏锌元素导致的侏儒症、反复发作的口腔溃疡、味觉下降，甚至可能导致厌食症、异食癖、面部黄瘦、头发稀疏、免疫功能下降等症状。

（3）锌的饮食来源

尽管锌的来源广泛，但其在食物中的含量和吸收利用率却存在着显著的差异。动物性食品中含有丰富的蛋白质和氨基酸及微量元素，是人体必需的营养素之一，其体内缺锌会引起多种疾病。富含锌元素的食品种类包括贝类海鲜、红色肉类以及动物内脏等，其中锌的含量较为显著。动物性食物主要含蛋白质和脂肪两种成分，其中含有丰富的锌。由于植物性食物中锌的含量较低，因此在进行精细的粮食加工过程时，可能会导致大量锌的流失。

（4）锌的参考摄入量

婴幼儿每日推荐锌摄入量：0～6个月2 mg，6～12个月3.5 mg，1～3岁4 mg。4～7岁儿童为5.5 mg/d，

4. 碘

碘元素在人体内扮演着合成甲状腺激素的重要角色，其生理功能也是通过甲状腺激素的作用而显现的。

（1）碘的生理功能

参与能量代谢过程。在蛋白质、脂类和糖类的代谢过程中，刺激分解代谢、促进能量转换、提高氧耗、参与体温的维持和调节等多个环节。促进代谢，促进体格生长发育。为了维持其细胞的分化和生长，所有哺乳动物都必须接受甲状腺激素的供应。对神经系统发育有促进作用。

（2）碘缺乏和过量的影响

缺乏碘元素可能导致地方性甲状腺肿和少数克汀病的发生，特别是对于孕妇而言，缺乏碘元素可能会对胎儿的发育产生负面影响，从而导致新生儿的神经、肌肉和认知能力下降，同时也会增加胎儿的死亡率。在我国北方部分地区存在着长期以大量低碘

食物喂养儿童的现象，因此对儿童进行补碘是必要的。但长期摄入高碘元素也可能会引发高碘性甲状腺肿大等危害，从而对身体健康造成潜在威胁。

（3）碘的食物来源

海产品中富含碘元素，特别是海藻类食物（如海带、紫菜）含有很高的碘含量，因此被认为是最佳的补碘食品之一。近年来，由于人们生活水平不断提高，饮食结构也随之改变，特别是对食盐质量提出更高要求，因此，世界上许多国家都把发展含碘丰富的海洋生物作为一种新的补充碘营养源。自1993年起，我国开始逐步推广和实施在食用盐中添加碘剂的措施，这一措施在全国范围内逐步普及。

（4）碘的参考摄入量

婴幼儿每日推荐碘摄入量：0～6个月85 μg，6～12个月115 μg，1～3岁90 μg。

5. 硒

（1）生理功能

人体内的谷胱甘肽过氧化物酶所含的硒元素，具有保护细胞膜和组织免受氧化损伤、维护心血管和心肌健康、增强免疫功能、解毒重金属和抗肿瘤等多种功效。

（2）硒缺乏与过量的影响

缺乏足够的硒元素是导致克山病发生的一个重要因素，易感人群为2至6岁的儿童和育龄妇女，表现为心肌的凝固性坏死，同时伴随着明显的心脏扩大、心律失常和心功能不全，严重时可能导致心源性休克或心力衰竭，致死率较高。硒在预防克山病中具有一定作用，但目前尚无有效方法防治其发病。大骨节病的发生与机体缺乏硒密切相关，此外，缺乏硒还会对机体的细胞免疫、体液免疫功能以及抗氧化能力产生负面影响。

摄入过多的硒元素可能导致中毒，引发头发和指甲的脱落，皮肤受损和神经系统异常，以及肢体末端的麻木和抽搐等症状，严重情况下可能导致死亡。

（3）硒的食物来源

牡蛎和蛤蜊等海洋产物，以及动物内脏和杂豆类，均为富含硒元素的优质食物来源。种植土壤中硒的含量水平与植物性食物所含的硒元素数量密切相关。

（4）硒的参考摄入量

乳母为78 μg/d，婴幼儿参考摄入量：0～6 个月为15（AI）μg/d，6～12个月为20（AI）μg/d，1～4 岁为25（RNI）μg/d。

（五）维生素

维生素（Vitamin）是一类微量的低分子有机化合物，它对于维持机体的生命活动具有不可或缺的重要性。一般认为，所有生物都需要一定数量和种类的维生素才能满足正常生长、发育、繁殖以及新陈代谢等过程对各种营养素的需求。维生素虽无法提供能量或构成组织，但在机体代谢活动的调控中扮演着不可或缺的角色。维生素缺乏或过量都会引起疾病。尽管需求量微不足道，然而由于人体无法自行合成大部分维生素，也无法在机体内大量储存，因此，必须通过日常饮食来获取。

维生素的品种繁多，其化学结构差异显著，通常根据其溶解性质分为脂溶性和水溶性两大类。脂溶性维生素一般不溶于水，但易溶于脂肪，而水溶性维生素表现出较差的热稳定性，容易在受热时分解。虽然脂溶性维生素对热相对稳定，但在高温照射下容易被氧化分解，导致氧化速度加快；此外，在酸性和碱性溶液中也容易受到破坏。因此，在进行膳食加工时，需要注意其各自的特性并进行合理的加工处理。

表5-3　维生素的分类

类别	性质	举例
脂溶性维生素	溶于脂肪	维生素A、维生素D、维生素E、维生素K
水溶性维生素	溶于水	B族维生素、维生素C

1. 维生素A

（1）维生素A的生理功能

维持视觉系统的正常运作。这两种细胞在光反应和色觉方面存在着明显差别。维生素A与正常视觉息息相关，人体视网膜上存在着两类视觉细胞，一类被称为视锥细胞，而另一类则被称为视杆细胞。后者感知微弱光辐射。前一种个体能够感知强烈的光线刺激，并能够识别出其所呈现的色彩；后者受到微弱光线的刺激，导致其产生视紫红质感光物，而维生素A则是视紫红质中不可或缺的成分。

维护上皮组织细胞的健康状态，以确保其在身体内的健康状态。维生素A在上皮的正常形成、发育和维持过程中扮演着不可或缺的角色。

（2）维生素A缺乏和过量的影响

缺乏维生素A可能导致夜间视力下降，有些人在白天视力良好，但到了傍晚或光线微弱的时候，视力会变得模糊不清，从而影响暗光下的视觉效果，这种情况被称为夜盲症。此外，还可能引起其他疾病，如白内障、眼葡萄膜炎等。摄入过量的维生素A可能导致中毒症状的出现。若家长给儿童过度使用浓缩鱼肝油或维生素A制剂，则会导致儿童的健康状况出现不良变化。

（3）维生素A的食物来源

人体从食物中获取维生素A的途径主要包括两个方面。动物性食品中富含维生素A，乳类和禽蛋中也含有一定量的该营养素；另外一部分来源于植物组织和微生物发酵产物，其中包括一些对人体有益的天然成分，如大豆异黄酮、黄酮类化合物、多酚、生物碱、多糖以及某些微量元素等。植物性食品中富含一类胡萝卜素，可在小肠内转化为维生素A并被人体吸收，其中胡萝卜素的来源包括菠菜、胡萝卜、番茄、柿子、橙色蔬菜和水果等。

2. 维生素D（钙化醇）

（1）维生素D的生理功能

刺激钙元素的吸收过程。维生素D的摄入可以刺激小肠黏膜对钙元素的吸收，同时增强肾小管对钙和磷元素的再吸收能力。促进骨骼组织的钙化过程。促进和维持血浆中适宜的钙、磷浓度，以满足骨钙化过程所需的营养成分。促进牙齿生长。

（2）维生素D缺乏和过量的影响

佝偻病是由于婴幼儿缺乏足够的维生素D所致。过量摄入维生素D可能导致中毒症状的出现。此外，还会影响钙磷代谢和骨骼发育。主要为精神状态的变化，表现为烦躁不安、睡眠质量下降，同时伴随着食欲减退，接着出现恶心、呕吐、口渴烦躁、多汗等症状。在严重的情况下，可能会对心脏和肾脏的功能造成不良影响。

（3）维生素D的食物来源。

皮肤中的7-脱氢胆固醇在接受阳光中的紫外线照射后，可转化为维生素D，成为人体获取维生素D的主要途径。如果缺乏了这些物质，就会导致佝偻病。维生素D在天然食物中的来源并不丰富，而是主要集中于海鱼、动物肝脏、蛋黄、奶油和干酪等食品中。

3. 维生素B_1

（1）维生素B_1的生理功能

构成辅酶的主要成分。维持体内正常代谢。

（2）维生素B_1缺乏的影响

维生素B_1缺乏症又称为脚气病（人们常说的脚气是指真菌所致的脚癣，与维生素B_1缺乏症无关）。主要表现为脚部皮肤干燥、发痒或有水泡等，严重者还会引起全身不适和局部感染，如不及时治疗，会造成患者终身残疾甚至危及生命。患有脚气病的初期症状表现为身体疲乏无力。如果不及时治疗，患者会逐渐消瘦，贫血和高血压等并发症也随之加重，甚至引起全身衰竭。随着病情的不断恶化，患者可能会出现四肢麻木、水肿和感觉迟钝等症状，严重时甚至可能因心力衰竭而不幸离世。

（3）维生素B_1的食物来源

维生素B_1广泛存在于天然食物中，比如糙米、燕麦、全麦面包等粗粮，黑豆、扁豆、葵花籽等豆类和坚果，以及瘦猪肉（含量最高）、猪肝、牛肝等肉类。此外，营养酵母和市面上常见的强化谷物食品（如部分早餐麦片）也是补充维生素B_1的好选择。

4. 维生素B_2（核黄素）

（1）维生素B_2的生理功能。

参与糖、脂肪和蛋白质的代谢过程，帮助身体从食物中释放能量。

（2）维生素B_2缺乏的影响。

口角炎和舌炎是维生素B_2缺乏所导致的主要症状。唇部因湿润、发白、糜烂而逐渐出现裂缝，这些裂缝在张大嘴或哭泣时可能会出血，而舌面则呈现出鲜艳的红色，表面光滑无瑕。

（3）维生素B_2的食物来源。

乳类、肝、肉、蛋、鱼、绿叶蔬菜、豆类、粗粮等含较丰富的维生素B_2。

5. 维生素C（抗坏血酸）

（1）维生素C的生理功能

刺激胶原蛋白的合成过程。维生素C有助于刺激胶原蛋白的合成，从而促进伤口的愈合和止血。通过还原高价铁为低价铁，从而刺激铁在肠胃中的吸收，以达到促进铁元素代谢的目的。提高机体抵抗力，可以减轻一些有害物质的毒性。具有抗氧化作用。具备清除体内自由基的能力，从而发挥出对氧化的抗性。

（2）维生素C缺乏的影响

维生素C缺乏病是一种以多处出血为特征的疾病，主要表现为皮肤发红或紫黑，四肢末端及内脏器官出现严重坏死和溃疡。除了导致皮下出血（如瘀斑）和牙龈出血等多处出血外，还可能导致骨膜下出血，进而引起肢体在出血部位的疼痛和肿胀。由于血液中含有大量红细胞和白细胞，所以常因血小板减少或凝集能力降低造成严重感染，甚至危及生命。如果不及时治疗，坏血病患者可能会在病情恶化到晚期时因发热、水肿和麻痹而不幸离世。此外，由于皮肤失水和组织缺氧，还会使人发生严重贫血。缺乏维生素 C 会导致胶原蛋白的合成受阻，从而影响骨骼的有机质生成，最终导致骨质疏松症发生。

（3）维生素C的食物来源

新鲜的蔬菜和水果等是膳食中维生素C的主要来源，为身体提供必要的营养元素。一些果实，例如酸枣和猕猴桃，含有丰富的维生素C。母乳含丰富的维生素C，为乳儿提供了充足的营养来源。牛奶是理想的天然食物，含有较多的蛋白质、矿物质及多种氨基酸，但牛奶煮沸后维生素C的含量极低。为了预防维生素C缺乏症，人工喂养儿需要添加富含维生素C的橘汁、番茄汁、菜水等。

（六）水

水，作为生命之源，是维持生命的重要物质基础，也是人体中含量最为丰富的成分，因此，断水所带来的生命威胁比断食更为严重。

1. 水的生理功能

（1）组成人体的有机结构。水对人体生命活动有重要意义，它既能保持体温和呼吸，又可调节血压和脉搏，还可以供给人体内代谢所需要的水分。水是一种广泛分布于细胞内外的物质，它构成了人体内部的环境，维持着机体的形态和功能。水分是人体内最为丰富的营养素之一，其存在于肌肉、眼球、骨髓、血液等器官组织中，为人体提供了充足的水分。婴幼儿70%体重为水分，随年龄增长水分含量逐渐下降，水分占成人体重的60%左右。

（2）实现润滑的效果。水分存在于关节、胸腔、腹腔和肠胃等部位，为关节、肌肉等器官提供缓冲、润滑和保护的功能。

（3）对气温进行调控。在低温环境下，由于血液流动速度减慢，热量不能及时散发出去，可使体热损失减少。在高温环境下，人体的热量会随着水分的蒸发而逐渐散发，同时由于水的流动性较好，机体产生的热能可以均匀地分布在血液循环中，从而避免了体温随着外界环境温度的变化而发生明显的变化。作为人体的一种恒温剂，它不仅能够维持体温的稳定，还能够保持身体内部的温度平衡。

（4）天然溶剂。人的血液中含有大量水分，它是维持生命活动必不可少的物质。水，作为一种优秀的溶剂，有助于人体对所需营养物质进行消化、吸收、运输和利用，同时也能够促进代谢产物的排泄。水可直接参与体内多种生化反应，如水解等，从而促进新陈代谢和生理反应的顺畅进行。

2. 水的来源

直接饮用水分是维持身体水分平衡的最主要途径；不同种类的食物所含水分的量各不相同，因此需要根据具体情况摄入相应的水分；摄入一定量的液体后再通过血液循环将其排出体外。体内通过蛋白质、脂肪和碳水化合物代谢产生的水（约 300 毫升）可通过肠道排出体外，也可进入血液循环。因此，每天必须补充一定量的水，以满足身体对水分的需求。儿童应该以纯净的白开水、汤水、液态奶制品（不包括乳类饮料）和不含糖的果蔬汁为主，避免在进餐前后大量饮用水，养成定时定量饮用温开水的良好习惯。

3. 水的参考摄入量

人体对水的需求量和排出量应当保持一种动态的平衡状态，以维持身体对水分的需求和排放的平衡。在此平衡关系中，水以恒定形式从外界摄取并储存于各组织器官中，维持着人体细胞的生理机能。由于机体代谢、年龄、环境、体力活动和膳食等多种因素的综合作用，人体对水的需求量呈现出极大的多样性。在不同季节里，对饮水需求量也有所不同。由于儿童体内水分含量和代谢率较高，活动量较大，需要大量出汗，同时由于肾脏对水的浓缩功能较差，因此相对于成人而言，儿童对水的需求量较高。在不同年龄阶段对饮水需求量有一定差别。对于不同年龄段的儿童，每千克体重每日所需的水量存在显著差异，0～6个月纯母乳喂养的婴儿无须额外补充水分，而7～12月龄的婴儿每日应摄入0.9 L水，1～2岁的幼儿则应每日摄入1.3 L水。

（七）膳食纤维

膳食纤维，作为一种碳水化合物，虽然无法被人体消化吸收，也无法产生大量能量，但其对人体健康的直接影响不容忽视。

1. 膳食纤维的食物来源

膳食谷物、豆类、蔬菜和水果都富含膳食纤维，例如小麦、全麦、胡萝卜、菠菜等。如果每天进食一些含膳食纤维的简单食物，就可以使体内储存较多的膳食纤维，以满足机体对营养的需要。随着食品加工的精细程度不断提高，膳食纤维的流失数量也随之增加。未过滤的豆浆中因含有豆渣，所提供的膳食纤维比经过过滤后的豆浆更为丰富。直接食用水果则可获得更高的膳食纤维含量，因此，在进食时，精细的饮食并不能保证食物的质量和营养。

2. 膳食纤维缺乏或过量的影响

摄入过多或过少的膳食纤维会对婴幼儿的生长发育产生负面影响，同时也会妨碍其对钙、铁、锌和维生素的吸收和利用。长期缺乏足够的膳食纤维会导致肠道蠕动减缓，从而引发便秘、肠道癌、肥胖症、高血压、高血脂等健康问题。

知识链接

蛋白质的互补作用

蛋白质的互补作用是指将两种或两种以上食物蛋白质混合食用，通过氨基酸的互补，提高蛋白质的整体利用率。这一理论最初由法国科学家路易·帕斯特在18世纪提出，并在随后的研究中得到了进一步的证实和发展。

蛋白质的互补作用主要依赖于不同食物蛋白质所含氨基酸的差异。当两种或多种食物蛋白质混合食用时，它们提供的氨基酸可以相互补充，从而促进整体的氨基酸平衡。

具体而言，如果某一种食物蛋白质中的某种必需氨基酸含量较低，而其他食物蛋白质中该种必需氨基酸含量较高，那么这两种食物蛋白质混合食用时，就可以相互补充。同时，这种互补作用还可以在一定程度上提高机体对蛋白质的利用率。

在营养学领域，蛋白质的互补作用被广泛应用于改善膳食结构和提高食物的营养价值。例如，将谷物与豆类、动物性食物混合食用，可以有效地提高蛋白质的利用率。此外，一些研究表明，通过蛋白质的互补作用，可以在保持能量摄入的同时，降低饱和脂肪和胆固醇的摄入，从而有利于改善心血管健康。

在医学领域，蛋白质的互补作用也被广泛应用于疾病的治疗和康复。例如，对于营养不良的患者，医生通常会建议采用高蛋白饮食或者通过补充蛋白粉、蛋白液等来提高患者的营养状况。此外，对于一些慢性病患者，如糖尿病、肾病等，合理的蛋白质的摄入和必需氨基酸的补充也有助于改善患者的病情和提高生活质量。

蛋白质的互补作用是生物学和医学领域中的重要理论。它通过不同食物蛋白质之间所含氨基酸的相互补充，提高了机体的营养状况和健康水平。

第三节　婴幼儿的膳食配置

婴幼儿对营养和膳食的要求较高。婴幼儿膳食要做到合理营养、平衡膳食。

一、合理营养和平衡膳食

合理营养是指通过合理的膳食和科学的烹调加工，能向机体提供足够数量热能和各种营养素，并保持营养素之间的数量平衡，以满足人体的正常生理需要，保持人体健康。

平衡膳食是把各种食物组成一种符合人体需要的合理膳食，其中所含的营养素种类齐全，数量充足，比例恰当，从而保证人体的营养需要和膳食供给之间达到平衡。

二、婴幼儿的膳食年龄特点

一岁以内的婴儿，以母乳或配方奶为主。1～2岁婴幼儿的膳食以母乳或牛奶为主转变为以粮食为主，由以半流质食物为主转变为以固体食物为主。此时要保证各种营养素的充分供给。膳食要定时定量，少食多餐，选择的食物要富含优质蛋白质，以保证婴幼儿生长发育的需要。2～3岁的婴幼儿随着年龄增长，越来越喜欢吃形式多样的饭菜，虽然乳牙全部萌出，但消化能力仍不及成人，食物仍要细软好消化，但也应搭配着吃一些有嚼劲的食物。要优先提供富含蛋白质、无机盐和维生素的食品。主食也要多样化，如米饭、花卷、包子、面条和水饺等。粗粮细做，细粮巧作，经常变换花样，才能调动儿童的食欲。

三、幼儿膳食配制的原则

科学的婴幼儿膳食配制还应遵循以下原则：

1. 营养全面丰富，膳食结构合理。为婴幼儿提供的膳食应做到品种多样，保证营养素的种类齐全，而且保证营养素的数量充足，比例恰当。既能够满足儿童的生理需要，又能避免营养失调。

2. 适合婴幼儿的消化能力。婴幼儿的口腔较小，口腔黏膜薄嫩，容易受损伤。胃容积小，胃蠕动能力较差，胃液中的胃酸和酶的强度都较低。因此，食物搭配应该以婴幼儿的咀嚼能力和消化能力为依据，尽量做到碎细软烂，避免油腻和刺激性强的食物。

3. 食物要色香味形俱全。儿童在进餐时才有旺盛的食欲，才能使食物被充分地消化吸收。由于婴幼儿对食物的色香味形都比较敏感。外形小巧美观和气味芳香的食品能刺激食欲，促进消化液的分泌，增进消化吸收功能。因此，要通过对食物的烹调加工，使食品具有良好的感官性状，充分调动起儿童的食欲。

4. 讲究饮食卫生，严防食物中毒。为婴幼儿选择食物，应把安全放在首位，选择的食物要符合安全卫生健康的要求。要选购营养价值较高、新鲜的食物，保证食物未受到病原微生物或其他有毒有害物质的污染，严防食物中毒。

四、编制食谱

第一步，计划每日所需的食物种类和数量。科学的膳食计划不仅要能满足能量及各种营养素的需求，且各种营养素之间有正确的比例关系。蛋白质、脂肪、碳水化合物三大营养素之间的重量比值应接近1∶1∶4。计划中的各种食物在质量上要有较高的营养价值，在数量上，营养素的量要达到供给量的80%以上。

制定膳食计划要符合婴幼儿的年龄特征和其对营养的需求量。熟悉各类食物的营养成分和特点，懂得营养计算和评价的方法。了解婴幼儿消化系统的解剖生理特点、食量以及饮食心理。要把每日的食物按能量、营养成分较均衡地分配到各餐中，使各餐比例适当，结构合理。

在全面满足协同膳食对各类食物总量需要的基础上，同时要考虑饮食习惯、儿童年龄等因素。从实际出发，结合当地当时的季节、气候、地理条件，婴幼儿的活动量状况，当地食品供应情况、市场情况、上市费用标准，做出合理的预算。

第二步，编制标准化食谱。食谱是膳食计划的具体实施方案，是一日内定量的各种食品的配置和烹调方法的说明。它包括食物的种类、数量、烹调方法和制成品名称。可参照中国营养学会推荐的营养素供给量标准，根据婴幼儿的年龄特点和生长发育特点，制定合适的带量食谱，并根据季节的变化有针对性地进行调整。

编制食谱还需要做到以下几点：

1. 一周食谱中一日各餐的主副食品不应重复。一周副食品不应有两次以上的重复，更换时可用同类食物的不同品种轮流进行。

2. 食谱中的食品应符合婴幼儿的消化能力，食品的品种选择和烹调配置方法也应易于儿童消化吸收。

3. 不同年龄的婴幼儿有不同的作息时间规律和不同的活动内容。因此要结合婴幼儿活动量的大小和热能消耗量的多少来配置食物，才能保证供给和消耗平衡。

4. 婴幼儿的一日食谱，要保持三大营养素的热能平衡。三餐和点心的具体要求如下，早餐以食面点为主，有奶有粥，做到干稀搭配，咸甜搭配。再配以肉类、蛋类或豆制品类食品，使早餐的能量达到一天总能量的20%～25%。中餐以谷类为主，米饭或面食。再配以一荤一素一汤，能量应达到一天总能量的30%～35%。晚餐以面点为主，配上一种荤素搭配或多种配料的汤，做到干稀搭配，晚餐能量应达到一天总能量的25%～30%。1～3岁婴幼儿每天要在上午、下午各加餐一次，选择点心或水果。晚上睡前也可喝一次牛奶，占总能量的10%～15%。

第四节　婴幼儿常见营养问题

根据世界卫生组织的定义，营养不良（malnutrition）指的是个体所摄入的能量或营养素的不足、过量或不平衡，其中包括消瘦、生长迟缓和体重不足等三种类型；主要表现为食欲减退，对食物消化吸收差，出现脱水、酸中毒等症状，严重时可发生酮症酸中毒而死亡；微量营养素相关营养不良，表现为缺乏必需的维生素和矿物质元素，或出现微量营养素过量的情况；超重、肥胖及与饮食有关的非传染性疾病。

一、我国幼儿营养状况的发展趋势

我国未成年人的整体营养状况已达到或接近于发达国家的水平，展现出了相当高的营养水平。这表明我国儿童营养状况有了明显改观，尤其是农村地区和贫困家庭儿童的生长发育情况有所改善。然而，值得特别关注的是，在我国贫困地区，儿童的生长速度仍然缓慢，同时，患有各种急慢性疾病的儿童营养不良的发生率仍然居高不下。

我国广泛推广碘盐，从而显著降低了碘缺乏病的发生率。在我国，5岁以下儿童贫血的患病率高达12.6%，这一数字在全球范围内属于中低水平，同时维生素A缺乏的发生率也处于中低水平。我国居民的营养状况已得到改善，营养知识有了很大提高。然而，鉴于我国经济发展的不均衡性，在欠发达地区，积极预防和治疗儿童缺铁性贫血和维生素A缺乏等问题仍然是至关重要的。

在我国，儿童超重和肥胖的患病率不断攀升，这一趋势不容忽视。同时，随着年龄的增大，肥胖症发病率逐渐增加。根据北京大学公共卫生学院和联合国儿童基金会于2017年联合发布的《中国儿童肥胖报告》，1985至2005年间，我国主要大城市0～7岁儿童的肥胖检出率从0.9%上升至3.2%，同时肥胖人数也从141万人上升至404万人；据估算，目前约有476万名年龄在0至7岁之间的儿童患有肥胖症，其肥胖率约为4.3%。

二、婴幼儿所需的营养元素不足

营养和能量的缺乏可能导致婴幼儿身体消瘦、生长缓慢和体重下降。由于婴幼儿正处于不断成长和发育的过程中，因此需要密切关注身体的动态变化，特别是在体重增长缓慢、停滞的情况下，这种变化往往是最先出现的。

（一）营养缺乏可能导致儿童生长发育出现以下情形

1.瘦弱。儿童的瘦弱表现为体重明显低于正常范围，即体重低于同性别、同年龄儿童两个标准差。

2.生长缓慢。长期营养不足会导致儿童身高增长缓慢，低于同龄儿童正常水平。

3.体重不足。按年龄计算，儿童体重低于同性别、同年龄儿童两个标准差或体重增长缓慢。

（二）导致营养缺乏的原因

导致婴幼儿缺乏营养的主要因素在于能量、蛋白质和营养素的摄入不足，其中一部分是由于营养吸收不良或能量需求增加所致，而另一部分则是由于喂养方式不当、各种急慢性疾病以及贫困等多种因素的综合作用所致。

（三）健康评价

通过对婴幼儿进行定期的体重、身长（高）、头围等体格生长指标的测量，可以及早发现营养缺乏的情况。婴幼儿的营养状况可以通过其体重和身长（高）来反映，前者反映了其近期的营养状况，后者则反映了其较长期的营养状态。身高、胸围可以作为预测未来健康状况的敏感参数，而体重则为判断是否营养不良提供依据。当发现婴幼儿的体重出现不足，增长缓慢、停滞甚至下降时，这可能表明其能量或营养素摄入不足。在此情况下，需评估其营养需求及相关影响因素。如对于婴幼儿的喂养和进食情况、饮食行为、食物偏好，以及通过膳食所摄入的能量和各种营养素的水平进行评价，有助于深入了解其营养状况。

营养不良患儿常伴有不同程度的生长发育异常、内分泌紊乱等临床症状。通过对各种营养缺乏性疾病的体征和症状进行细致的检查，我们可以发现儿童是否存在营养缺乏性疾病的情况。在此基础上，采用适宜的检测手段，能够及早发现婴幼儿体内营养储备不足的情况，从而实现早期诊断。

三、婴幼儿常见营养缺乏症

（一）蛋白质-能量营养障碍

蛋白质-能量营养障碍是由于缺乏能量和蛋白质所致的一种营养缺乏症。因蛋白质、糖类、脂肪等营养素缺乏或摄入不足、丢失过多、利用障碍等因素造成的营养不足状态。好发人群为3岁以下婴幼儿、厌食症患者及消化道疾病患者。

1. 表现

其临床表现为体重不增加或者下降、渐进性消瘦或水肿、皮下脂肪减少甚至消失，常伴有各器官不同程度的功能低下和新陈代谢失常，皮下脂肪厚度是判断营养不良的重要指标之一，皮下脂肪消减的顺序首先是腹部，其次为躯干、臀部和四肢，最后是面颊，皮下脂肪减少以致消失，皮肤干燥、苍白，逐渐失去弹性，额部出现皱纹。最初表现为体重不增，继而体重下降，主要表现为消瘦。蛋白质–能量营养障碍临床表现一般分为轻度、中度、重度三个程度分级。分别以体重、身高、消瘦、精神状态四个方面来进行评价，以此初步判断出婴幼儿营养缺乏程度。

2. 病因

喂养不当是导致营养不良的重要原因。如母乳不足而未及时添加其他乳品；奶粉配制过稀；突然停乳而未及时进行食物转换；长期以淀粉类食品喂养；不良饮食习惯，如挑食、偏食。

3. 护理

（1）调整饮食，增加营养。要根据婴幼儿病情轻重和消化功能来调整饮食的量以及种类，原则上要由少到多、由稀到稠，循序渐进，逐渐增加营养，直至体重恢复，供给正常的需要量。

（2）建立良好的饮食习惯。纠正偏食、挑食、吃零食的不良习惯，早餐要吃饱，午餐应保证供给足够的能量和蛋白质。

（3）促进消化，改善食欲。一方面要遵医嘱给药；另一方面注意选择科学的烹调方法，在保护营养素的同时还能适应婴幼儿的消化能力。婴幼儿膳食烹调既要能杀灭细菌又要能保持食物的色、香、味、形，适合婴幼儿的消化能力和膳食的心理特点，激发幼儿的食欲。如提供多样的、美观的、细软的食物给婴幼儿。

（4）对中、重度营养不良的婴幼儿建立专案进行管理。

（5）每月进行营养监测，生长发育评估和指导，直到恢复正常生长。

（6）向患病婴幼儿家长介绍科学育儿及相关疾病知识；提倡母乳喂养；按时完成预防接种，预防感染；及时矫正先天畸形，做好发育检测。

（二）营养性缺铁性贫血

缺铁性贫血是由于体内铁缺乏导致血红蛋白合成减少而引起的贫血，以婴幼儿发病率最高。铁是合成血红蛋白的原材料，铁元素的缺乏，会导致血红蛋白合成减少，进而使红细胞内血红蛋白含量不足而贫血。

1. 表现

其临床表现为婴幼儿脸色苍白，尤其是唇、指甲、眼睑苍白显著。严重缺铁性贫血对婴幼儿健康危害极大，会影响到智力和体格发育，对疾病的抵抗力以及肠道对食物吸收能力等。

2. 病因

缺铁性贫血根本原因是体内铁元素的缺乏。

（1）先天储铁不足。胎儿最后3个月从母体获得铁最多，故早产、双胎或多胎、孕母严重贫血，均可使胎儿储铁量不足。

（2）铁摄入量不足。这是导致缺铁性贫血的主要原因。人乳、牛乳、谷物中含铁量均低，如不及时添加含铁丰富的转换期食物，较易发生贫血。有的婴幼儿因为爱吃精白米，不喜欢吃鱼、肉、蛋以及蔬菜，也会导致摄入铁量不足。

（3）生长发育因素导致缺铁性贫血。早产儿、婴幼儿及青春期儿童生长发育迅速，铁的需要量增加，如不及时添加含铁丰富的食物，容易缺铁。

（4）铁吸收障碍。食物搭配不当可影响铁的吸收导致肠道疾病，如慢性腹泻，可使铁吸收减少，排泄却增加；有些婴幼儿因为药物或环境污染导致铅中毒而影响到铁的吸收。

（5）铁丢失过多。长期慢性少量失血而影响体内铁的含量，如钩虫病、肠息肉等；用不经消毒的鲜牛乳喂养婴幼儿，也可能因对牛乳过敏而导致少量肠出血使铁丢失。

3. 护理

（1）均衡饮食，食物搭配合理，比例适当。

（2）合理加工和烹调，饭菜多样化，纠正婴幼儿的不良饮食习惯。

（3）控制活动量，及时增减衣服，严防感冒；预防传染性疾病。

（4）中重度营养不良性缺铁性贫血婴幼儿要建立专案进行管理。

提倡母乳喂养，及时添加含铁丰富的转换期食物，合理搭配饮食，坚持正确用药；贫血纠正后要保持良好的饮食习惯；定期体检，发现贫血要及时治疗。托幼机构还要做好婴幼儿保健的社会宣传、家长教育。

（三）儿童单纯性肥胖

1. 表现

在肥胖儿童中，有95%以上的儿童为单纯性肥胖。单纯性肥胖症是指长期能量摄入超过消耗，导致体内脂肪蓄积过多，致使体重超过一定范围的营养障碍性疾病。可见于任何年龄，以婴儿期、学龄前期和青春期为发病高峰。

单纯性肥胖儿童表现出的临床症状一般有食欲旺盛，进食量大，喜欢吃高热量的食物和甜食，懒于活动。外表显肥胖高大，不仅体重超过同年龄儿童，而且身高及骨龄皆在同龄人的高限，少数可超过。其全身脂肪组织普遍增生、堆积。以面颊、肩部、胸腹等位置脂肪积聚显著。

2. 危害

单纯性肥胖症是婴幼儿期严重的健康问题。肥胖可造成机体一些器官、系统功能性损伤，活动能力和体质水平下降。如体重严重超标的儿童会有运动或劳累后呼吸困难、关节软组织损伤等情况发生，并且儿童时期的肥胖与成年期代谢综合征及心血管疾病的发生密切相关，如高血压、冠心病、糖尿病、痛风等疾病的风险明显增高。同时，肥胖还会影响儿童心理健康。肥胖儿童普遍因体形问题，缺乏自信心，自我感觉差、自我评价低。久而久之会出现抑郁、自卑、焦虑等不良心理状态，这对儿童日常生活和学习造成了很大的影响，所以儿童肥胖要引起家长的高度重视。应及早预防，避免发生肥胖。

3. 判断标准

身高标准体重。这是判断是否肥胖的最普遍的方法。是以同年龄同性别健康儿童体重的均值为参考，体重超过相应身高标准体重的20%即为肥胖。超过标准体重20%～30%者为轻度肥胖；超过30%～50%者为中度肥胖；超过50%以上者为重度肥胖。附：0～3岁儿童生长发育指数对照表（表5-4）。

表5-4　0～3岁儿童生长发育指数对照表

宝宝年龄	男宝宝体重（kg）	男宝宝身高（cm）	女宝宝体重（kg）	女宝宝身高（cm）
出生	2.9～3.8	48.2～52.8	2.7～3.6	47.7～52.0
1个月	3.6～5.0	52.1～57.0	3.4～4.5	51.2～55.8
2个月	4.3～6.0	55.5～60.7	4.0～5.4	54.4～59.2
3个月	5.0～6.9	58.5～63.7	4.7～6.2	57.1～59.5
4个月	5.7～7.6	61.0～66.4	5.3～6.9	59.4～64.5
5个月	6.3～8.2	63.2～68.6	5.8～7.5	61.5～66.7
6个月	6.9～8.8	65.1～70.5	6.3～8.1	63.3～68.6
8个月	7.8～9.8	68.3～73.6	7.2～9.1	66.4～71.8
10个月	8.6～10.6	71.0～76.3	7.9～9.9	69.0～74.5
12个月	9.1～11.3	73.4～78.8	8.5～10.6	71.5～77.1

续表

宝宝年龄	男宝宝体重（kg）	男宝宝身高（cm）	女宝宝体重（kg）	女宝宝身高（cm）
15个月	9.8～12.0	76.6～82.3	9.1～11.3	74.8～80.7
18个月	10.3～12.7	79.4～85.4	9.7～12.0	77.9～84.0
21个月	10.8～13.3	81.9～88.4	10.2～12.6	80.6～87.0
2岁	11.2～14.0	84.3～91.0	10.6～13.2	83.3～89.8
2.5岁	12.1～15.3	88.9～95.8	11.7～14.7	87.9～94.7
3岁	13.0～16.4	91.1～98.7	12.6～16.1	90.2～98.1

4. 病因

（1）遗传因素。已证实肥胖的患病存在显著的基因基础。如果肥胖儿的父母体重都明显超过正常体重，下一代的肥胖概率大概是70%～75%，如果父母中有一人肥胖，下一代明显肥胖概率约达40%。

（2）孕母因素。出生体重超重，婴儿在子宫里时营养就过剩，所以出生后很容易造成肥胖。

（3）饮食习惯不合理。肥胖病的主要原因为多食，摄入的热能超过了消耗量，因而剩余的热能转化为脂肪积聚于体内。

（4）缺乏运动。运动量不足，导致能量供给与消耗的失衡，常会引起肥胖。

（5）家长动机因素。是儿童产生肥胖的主要驱动力，如过度喂养，孩子是没有自主选择和判断能力的，在生命初期都是靠家人陪伴喂养才能成长。所以家庭膳食模式、父母健康知识水平、家庭收入、外出就餐次数等因素与肥胖的发生存在一定关联。

5. 预防及护理

婴幼儿是控制单纯性肥胖的关键时期。所以，应对婴幼儿及时实施预防保健以减少肥胖症的出现。

（1）单纯性肥胖的预防

肥胖症的预防应从小加以注意，母亲怀孕后期就应避免增重过多，以防分娩出生体重过重的巨大儿，出生后主要强调母乳喂养，按照婴儿实际需要量进行适度喂养。在出生后的前3个月内避免喂固体食物。出生后4个月的肥胖儿要避免使其继续摄入过量的热能。6～8个月的肥胖儿应减少奶摄入量，代以水果、蔬菜，用粗粮代替精面制品。用顺应喂养方式，不强迫孩子进食。

自幼养成良好的饮食习惯。膳食要遵循少糖少油、保证蛋白质和多食水果蔬菜的原则。

养成参加各种体力活动、劳动的习惯。增加体力活动，给孩子玩耍的时间和空间，幼童也不要关在室内，有条件就到户外活动。从小培养劳动习惯，鼓励做家务活，帮助孩子养成良好的生活习惯。

婴幼儿如有肥胖趋势，应定时到儿保门诊作生长发育监测或定期测体重，便于早期发现过重肥胖倾向，及时采取措施。体重严重超标的孩子，需要到正规医院的儿科或内分泌科就诊。及时求助医生，进行有效干预调整。

（2）护理

在原则上不干扰婴幼儿正常发育，不留下损害生长发育的危险因素。

制定合理的饮食计划。首先要有选择性地进食，饮食中应以低脂肪、低碳水化合物、低热量为原则，多吃含纤维素多、较清淡的食物。其次，避免进食过快、进食频率过高（即非饥饿情况下进食、睡前进食等）。要养成饮食定时定量，细嚼慢咽，合理选择零食，不偏食等良好的饮食习惯。此外，成人不要把食物作为对肥胖儿的奖励品或惩罚品。膳食应能满足基本食欲和儿童的基本营养及生长发育所需。

制定合理的运动计划。要注意运动的强度，运动量过大，反而会增强食欲。让肥胖儿童多做有氧运动，以促进体内脂肪消耗，以跳绳、慢跑、骑车、游泳等不剧烈的活动为宜，每次运动应坚持15分钟到1小时。每周训练5天。父母必须给孩子做榜样，尽量让孩子多走路，如，可走路的不坐车、可爬楼梯的不坐电梯。养成每天进行体育锻炼的习惯。

应重视肥胖儿童的心理建设。对情绪创伤或心理异常者应多次劝导，积极援助，消除肥胖儿童的顾虑和自卑感。要增强自信心，鼓励他们多参加人际交往。有些家长为肥胖儿过分忧虑，到处求医，有些对患儿进食习惯多方指责，过分干预，都可引起患儿精神紧张或对抗心理，应注意避免。要解除肥胖儿童的精神负担。减肥过程父母要更加关心孩子内心感受，经常赞扬孩子的优点，给予关心及疼爱。

最后，我们需要注意的是儿童减肥最忌急于求成。儿童减肥应该称为体重控制，即肥胖儿童在生长发育的过程中保持身高的正常增长，体重不增加或缓慢增加，逐渐使体重与身高相适应，而不是盲目地减去体重，否则会影响儿童的生长发育。坚决不能采用禁食、饥饿、半饥饿的方法。禁止短期、快速减重；禁止滥用减肥药物或减肥食品。

（四）维生素A缺乏

维生素A缺乏可分为三种类型，分别是临床型、亚临床型和可疑亚临床型。在发展中国家，由于儿童和青少年生长发育快、营养摄入不足或过量导致其发病率增高。

在全球范围内，维生素A缺乏已成为最为广泛存在的公共卫生挑战之一。

1. 病因

维生素A的不足摄入是导致婴幼儿缺乏该营养素的主要根源。对于6个月龄内纯母乳婴儿而言，母乳中的维生素A含量足以满足其需求；然而，在辅食添加期，婴儿需要从蛋类和肝脏中获取足够的维生素A，而以植物性食物为主的饮食可能会导致膳食中维生素A的摄入不足，同时，膳食中的脂肪不足也会影响维生素A的吸收。母乳喂养和辅助喂养对改善婴幼儿营养均有积极作用。由于胎儿在母体内缺乏足够的维生素A，导致早产儿和低出生体重儿的生长速度加快，需要更多的维生素A来满足其需求，因此容易出现维生素A缺乏。此外，婴幼儿罹患多种疾病时，其对维生素A的吸收和消耗均会受到影响，从而导致维生素A的缺乏。

2. 表现

维生素A缺乏可导致视网膜、上皮组织、免疫系统、骨骼系统等方面的功能障碍。

（1）眼部的症状。在维生素A缺乏的情况下，眼部症状是最先出现的，这可能会导致个体的暗适应能力受到影响，甚至出现严重的障碍。

泪腺管阻塞和泪液分泌减少，导致患者出现眼干燥症和毕脱斑，这是维生素A缺乏的典型表现。随着时间的推移，眼部干燥症不断恶化，可能导致角膜干燥、溃疡、穿孔等严重后果，最终可能导致视力丧失。

（2）皮肤方面的症状。当维生素A缺乏时，皮肤会出现干燥、脱屑、粗糙的情况，毛囊会出现角化性丘疹，导致皮脂腺萎缩，皮脂分泌减少，从而使皮肤变得干燥，并出现皱纹。

（3）免疫系统的功能下降。婴幼儿若出现维生素A缺乏，其免疫功能将受到影响，从而增加感染的风险；而若反复感染，则可能导致维生素A缺乏，形成一种恶性循环。

（4）当维生素A缺乏到一定程度时，会对骨骼系统产生负面影响，导致骨组织的生长停止、骨膜骨质的过度增生，以及牙釉质的发育不良。

3. 护理

根据维生素A缺乏的程度，应当给予相应剂量的补充以维持身体所需。在治疗中注意预防和纠正其不适应症状。积极探索导致维生素A缺乏的原发疾病，并实施相应的干预措施。为了满足婴幼儿对维生素A的需求，我们应该增加摄入动物肝脏、蛋类、奶类等富含维生素A的食物的比例。婴幼儿所需的维生素A来源十分丰富，其中包括婴儿配方奶、婴儿营养米粉等经过强化的食品。深绿色的蔬菜和橙色的水果富含一种叫类胡萝卜素的物质，这种物质是维生素A的“前身”。进入人体后，它会被转化为维生素A的主要成分——视黄醇。因此，这些蔬菜和水果是婴幼儿获取维生素A的可靠来源。

4. 预防

在6个月龄以下的婴儿中，母乳提供了充足的维生素A，而配方奶则提供了强化的维生素A，以满足婴儿的需求。婴儿在添加辅食期间，可以通过食用富含蛋黄、肝脏和强化维生素A的营养米粉来获得更丰富的维生素A。有效预防和降低各种感染性疾病的发生率，并及时治疗原发疾病，有助于缓解婴幼儿维生素A缺乏的问题。尽管世界卫生组织不建议在6个月龄以下的婴儿中广泛补充维生素A，但在那些维生素A缺乏已经成为公共卫生问题的地区，为6至59个月龄的婴幼儿提供维生素A补充是一项公共卫生干预措施，以减少儿童的发病率和死亡率。此外，还应该加强对不同人群的健康教育，增强公众的自我保护意识。需要注意的是，维生素 A 的安全摄入范围比较窄，摄入过多就容易导致过量。因此，必须根据不同人群选择合适的剂量，并加强营养指导和健康教育。随着我国经济的快速发展，婴幼儿配方食品的生产和消费不断增加，维生素 A 强化食品和补充剂的使用也越来越普遍。在这种情况下，我们尤其要警惕维生素 A 摄入过量的问题。

（五）维生素D缺乏性佝偻病

维生素D缺乏性佝偻病又称“软骨病”，是3岁以下婴幼儿常见的慢性营养性疾病，是由于身体缺乏维生素D，以致钙、磷代谢失常，引起骨化障碍和神经功能失调的疾病。婴幼儿的骨骼不能正常生长发育，最终导致骨骼畸形和软化。

1. 病因

缺乏维生素D是本病的主要原因。维生素D的来源途径有两个。一是内源性，由太阳紫外线照射皮肤，生成维生素D。二是外源性，即从各种食物中获得。因此，日光照射不足、孕期及哺乳期母体维生素D缺乏、疾病和药物影响等均可造成维生素D缺乏性佝偻病。

哪些婴幼儿容易得佝偻病呢？妈妈孕期缺钙或哺乳期缺钙的婴幼儿，早产儿和出生体重低于2.5千克的婴儿，营养不良、生长发育太快的婴幼儿都容易发生佝偻病。

2. 表现

佝偻病初期症状，主要以烦躁易怒、爱哭闹、睡眠不安等神经精神异常兴奋的表现为主。还会出现食欲不振、爱出汗、枕秃等症状。病情进一步发展，开始出现一些典型的骨骼病变。主要以颅骨的改变为主，前囟软，颅骨薄，倘若轻轻按压像是在压乒乓球样的感觉。如果早期不及时治疗，病情将会逐渐加重，导致囟门闭合延迟、头型会变成方颅，头围也超出该年龄的正常值。肋骨骺部膨大，称为“串珠肋”，胸部两侧凹陷，形成“漏斗胸”，四肢各处骺部均显膨大，出现“O”型腿、“X”型腿等。重症佝偻病患儿还会有发育不良、免疫力低下、智力发育不全的现象。以上症状不一定全表现在一个患儿身上，有时只发生1～2种症状。

3. 预防

我们主要从以下五个方面入手：

（1）预防先天性佝偻病。要从胎儿时期就开始，孕妇在怀孕期间增加锻炼，多进行户外活动，多吃含钙丰富的食物。

（2）重视早期营养。出生后坚持母乳喂养，或者饮用足量的配方奶粉。添加辅食的婴幼儿饮食上多吃含钙的食物，如奶制品、鱼、虾皮、豆制品等。

（3）补充维生素D。家长应特别关注婴幼儿期维生素D的摄入量，新生儿出生数日后，每天补充适量的维生素D，用量需遵医嘱，不可滥用。这一时期不建议盲目补钙，应当仅在奶量摄入不足时经专科医生评估后，的确存在钙缺乏，且食物补充仍然不够的情况下，才服用钙剂。

（4）多晒太阳。只要有充分的阳光照射，即使食物中缺乏维生素D也不至于发病。这也是最经济、最有效的办法。随着婴幼儿的成长，晒太阳的时间也可以逐渐增多。婴儿期以后，平均户外活动应从每天半小时逐渐增加到每天1 ～ 2 小时，要尽量将孩子的脸、手、胳膊、腿脚等露出来，让阳光一定要直接照射在皮肤上。同时，夏季要避免暴晒，冬季要注意保暖。这里需要注意的是我们隔着玻璃或者穿着衣服晒太阳是不能预防佝偻病的。

（5）及时治疗相关疾病。一旦儿童出现多汗、烦躁、夜间入睡困难、颅骨软化等佝偻病可疑症状时，要及时去医院进行相关检查，明确诊断。早发现早治疗才能防止出现骨骼畸形的严重后果。

4. 护理

护理佝偻病患儿，确保患儿每日获得足够的维生素D是治疗本病的关键。需根据医生的医嘱定期、定量给患儿服用维生素D，同时多进食富含钙、磷的食物。要增加日照时间，可适当进行户外活动，以促进疾病康复。另外由于佝偻病患儿体质较弱，要预防上呼吸道感染及传染病。还应避免过早进行站立、坐、扶、蹦跳等运动，防止影响患儿的骨骼发育，导致骨骼畸形。

（六）锌缺乏症

锌元素的缺乏表现为营养摄入不足或流失过多，同时还可能伴随着遗传性异常。

1. 病因

膳食的不合理和锌的摄入不足是导致锌缺乏的主要原因。腹泻会导致体内锌元素的流失过多，同时婴幼儿的生长速度加快，对锌的需求量也会随之增加，进而导致锌元素的缺乏。随着哺乳时间的延长，初乳中的锌含量逐渐减少，直至婴儿6个月龄时达到最低点，已无法满足其对锌的需求。乳牙期儿童因其特殊生理结构使之不适宜于补锌剂，因此在生长发育过程中易发生缺锌症。若未及时添加富含锌元素的食品，7至24个月龄的婴儿极易出现锌元素不足的情况。缺锌会引起新生儿贫血、生长发育迟缓甚至死亡。由于早产儿和低出生体重儿在储存锌方面存在不足，同时出生后生长迅速，对锌的需求量较高，因此容易导致锌缺乏。

2. 表现

缺乏锌元素可能导致身体生长缓慢、腹泻、反复发作的呼吸道或胃肠道感染、食欲减退、味觉异常以及脱发等多种症状，然而这些症状均缺乏特异性。目前认为是由于微量元素铜和铁不足引起，而锌则是一种非必需营养素，在机体内不能合成并维持正常生理作用。由于遗传因素所致，锌元素的严重缺乏呈现出极其严重的表现，其潜在的致命风险不容忽视。

3. 护理

口服锌补充剂是一种有效的饭后补充方案，可以降低胃肠道反应的发生率。预防缺锌症和其他元素缺乏性疾患。积极治疗各种导致锌缺乏的原发疾病，以促进身体健康。预防缺锌性佝偻病和软骨病。优化膳食结构，提高锌元素的摄入量。在缺锌时应注意合理膳食和均衡营养。富含锌元素的肉类，如牛肉、瘦肉和肝脏等，被认为是最适合婴幼儿食用的锌来源。

4. 预防

倡导母乳哺育，恰当引入辅食有助于预防婴幼儿体内锌元素的不足。母乳中含有丰富的蛋白质和多种微量元素。初乳中含有丰富的锌元素，而肝脏和瘦肉等富含铁元素的食物同样富含锌元素。缺锌时可引起婴儿贫血、皮肤色素沉着、生长迟缓及神经系统发育异常。此外，根据世界卫生组织的建议，在治疗儿童腹泻时，应同时使用口服补液和锌剂补充，以缓解症状、缩短病程并减少再次腹泻的发生。对于患有支气管炎、肺炎等下呼吸道感染的儿童，补充锌剂不仅可以缓解症状，还可以缩短疾病的持续时间。

（七）碘缺乏综合征

缺乏碘元素会导致甲状腺素合成不足，从而引发儿童生长迟缓、智力发育迟缓、甲状腺肿大等一系列健康问题，这就是碘缺乏综合征的本质。

1. 病因

生活在碘元素缺乏的环境中，是导致碘缺乏和碘缺乏综合征发生的最主要原因。此外，其他因素也可能加重碘缺乏综合征的发生，比如环境中存在的致甲状腺肿物质、不合理的营养摄入以及环境污染等。人类通过食物链吸收了过量的碘后，会导致人体对碘的需要量增加。在某些特定的地理环境中，土壤或水源中缺乏足够的碘元素，所种植植物的碘含量极低，进而导致当地人的碘摄入量不足。

2. 表现

不同时期的碘缺乏有各自的特点。在轻度碘缺乏的情况下，由于促甲状腺素的作用，甲状腺出现了过度肥大的现象，导致黏液性甲状腺肿的形成，但此时甲状腺的功能仍然处于正常状态。重度碘缺乏时易发生地方性低碘性贫血和先天性甲减。缺乏足够的碘元素可能导致一系列碘缺乏病症状的发生。在新生儿期，可能会出现甲状腺功能减退和新生儿甲状腺肿等症状，而在儿童期则可能出现克汀病等亚临床型疾病，同时还会对智力和体格发育造成影响。

3. 护理

补充甲状腺素和碘剂，同时消除导致碘缺乏的危险因素，以促进膳食中碘元素的吸收和摄入。对已发生严重碘缺乏症而无明显其他原因时的患者可以采取预防性补救措施。对于那些存在碘缺乏的幼儿，建议给予甲状腺素和碘化物以促进甲状腺功能的快速恢复，并在此基础上继续进行碘化物的补充。严重贫血、低血糖症、低白蛋白血症等患者均不宜使用碘制剂。对于患有巨大的甲状腺肿或伴随着压迫症状的患者，手术治疗是一种可行的选择。在儿童时期应用甲状腺素和碘制剂可能会影响发育成熟及认知能力等方面。治疗克汀病患儿时，使用甲状腺素和碘剂可以纠正其甲状腺功能减退情况，但无法扭转其智力水平的下降。

4. 预防

全民食用含碘盐是最为有效的预防碘缺乏的措施，这一措施可以提高人们的健康水平。它不仅能降低甲状腺肿大和地方性克汀病发生，而且可改善居民营养状况，提高生活质量，减少疾病的发病率和死亡率。自1995年起，我国开始实施全民食盐加碘政策，经过多年的努力，到2000年，我国已经基本实现了消除碘缺乏病的目标。在此过程中，人们逐渐发现了一些新问题，尤其是儿童和青少年的碘摄入量偏高。此外，海带、紫菜、鲜带鱼、海参、海蜇等海鲜所含的碘元素极为丰富，每月食用1～2次海带，即可满足人体对碘的需求。相对于其他食品，蛋类、瘦肉以及奶制品所含的碘元素也较为丰富。

（八）儿童饮食行为问题

儿童的饮食行为问题指的是由于持续地饮食或与之相关的行为干扰，导致其进食量和消化吸收发生变化，从而对身体健康和社会心理功能产生显著影响。儿童食物摄入量及吸收状况对其发育、健康产生重要影响。在2～6岁儿童的生长发育过程中，饮食行为问题是一道普遍存在的难题。

1. 问题原因

目前在临床实践中，儿童的饮食行为问题被归纳为四个主要类别，分别是食欲不振、挑食、恐惧进食以及喂养互动不良。

（1）食欲不振。有许多家长认为自己的孩子长得好就应该多吃些，而不去注意观察和分析儿童的营养状况，甚至对其进行各种检查或询问，却往往不能得出正确结论。最为普遍的情况是，尽管儿童的身体生长正常，但这些家长仍然对其饮食产生过度焦虑，采用不当的喂养方式，强迫其进食，从而导致儿童的进食行为异常。有少数儿童由于饥饿或因营养不良而出现食欲不振，甚至拒食。有些幼童呈现出过度活跃的状态，注意力分散，进食时难以保持坐姿，进食量减少，表现出消瘦的特征。还有一部分幼童性情孤僻，对周遭环境缺乏兴趣，精神萎靡不振，食欲不振。食欲缺乏可能是多种疾病所导致的结果。

（2）挑食。许多幼童表现出轻微的挑食行为，然而他们并不会完全回避任何一种食物，无论是质地、种类还是稠度。当儿童完全回避某一类、某种质地或稠度的食物时，由于食谱范围狭窄导致营养摄入不均衡，这种情况被归类为严重的挑食行为。在一些特殊情况下，如出现呕吐等症状时，应考虑到可能是因长期营养不良所造成，此时需给予补充蛋白质和维生素等营养素以维持正常生长发育。对于那些极度挑食的儿童而言，他们在与声音、光线、皮肤接触等方面的接触中容易出现过度反应，同时也会出现明显的生长不良现象。

（3）恐惧进食。个别患儿在饥饿期间也出现哭闹，但不伴有拒食行为。在少数4个月龄以下的健康婴儿中，出现了过度哭闹的现象，如果家长频繁地给婴儿喂奶和安抚，可能会加重婴儿的哭闹，从而形成一种恶性循环。有些婴儿由于害怕饥饿，会出现拒食和哭闹不安。有些婴儿在进食后可能会经历疼痛或其他被迫进食的痛苦，导致在进餐时表现出哭闹、弓背或拒绝进食的行为，甚至在看到食物或奶瓶餐椅时也会发生剧烈的哭闹。恐惧进食是一种心理和行为反应，主要原因为对饥饿、疼痛等刺激所引起的应激反应。年幼的孩子可能会因为曾经经历过呛咳、呕吐、插管或强迫进食等情况而感到惊恐，从而对进食产生畏惧。此外，进食的恐惧情绪也可能与身体健康因素相关。

（4）喂养互动不良。忽视型父母忽视儿童的进餐信号和生理、情感需求，甚至对儿童的饮食供应不予关注。控制型的父母采用强制、惩罚和不适当的奖励方式，或常以过分干涉、拒绝等手段对待儿童，使儿童产生焦虑情绪，导致其进食行为异常。溺爱型父母缺乏明确的进餐规则，常常在不分时间、地点和环境的情况下，随意满足孩子的进餐需求。溺爱型与控制型养育行为均能导致孩子厌食、拒乳。喂养方式的不同可能导致喂养互动不良，无论是控制型、溺爱型还是忽视型的互动方式，都会严重影响幼儿的心理健康，造成儿童的饮食行为异常问题。

2. 保育措施

当儿童的饮食行为障碍已经对其生长发育和营养状况产生不良影响时，则应对其采取适当的措施加以纠正。对于不同的饮食行为问题，需要采取具体的干预措施。为了解决儿童饮食行为问题的多样性，我们可以采取以下具体措施：

（1）食欲不振。要注意饮食中是否存在问题或不适当进食行为等，以帮助孩子建立良好的饮食习惯和健康生活方式。对于那些被父母视为食欲缺乏的孩子，首要任务是确认他们的生长和营养状况，并鼓励他们接受孩子自身的饥饿和饱足信号，同时强调一般的进餐规则，让他们感受到饥饿感以刺激他们的食欲。对于那些食欲旺盛但缺乏活力的孩子，我们应该特别强调遵循一般的进餐规则；对于精神抑郁的儿童应提供合理情绪支持以提高食欲。为了满足那些精神状态不佳、食欲缺乏的儿童的需求，必须创造一种积极的喂养氛围；对于那些因疾病而导致食欲减退的儿童，积极治疗原发疾病是至关重要的；针对儿童因食欲缺乏而导致的营养不足问题，应当采取适当的营养素补充措施，或者采用高能量饮食方案。

（2）挑食。在儿童的发育过程中，轻度挑食是一种正常的现象，然而，对于那些患有重度挑食的儿童，我们需要通过反复熟悉等方法，有计划地引入重要的食物，并将其扩展到各种不同的食物中。在此基础上，可考虑适当增加热量摄入及减少蛋白质摄入量。在必要的情况下，进行口腔感觉运动治疗和行为干预是必要的，此外，补充营养素或采用高能量饮食也是非常重要的。

（3）恐惧进食。如果孩子是因饥饿或食物变质而引起呕吐，可将患儿置于温暖、干燥的地方，使其保持清醒状态。针对那些因为哭闹等原因感到害怕而恐惧进食的婴儿，我们应该积极寻找根源，并在一个宁静、昏暗的环境中进行喂养；对于那些因为疼痛等痛苦经历而产生进食恐惧的孩子，需要根据其程度更换餐具、调整进餐时间等，并在必要时进行心理治疗以缓解症状。

（4）喂养互动差。倡导家长提供多样化、富含营养的健康食品，营造宜人的用餐环境，制定明确的进餐规则，及时识别婴幼儿的饥饱信号，鼓励其食用健康食品，允许其拥有食物偏好，避免使用压力或强迫的方式进食，从而形成一种应答性喂养方式。

【思考与练习】

1. 婴幼儿所需要的营养素有哪些？它们分别有什么作用？
2. 脂类分为哪几类？其各有哪些生理功能？
3. 何为糖类？根据结构的不同，可将其分为几类？
4. 简述幼儿膳食年龄特点。
5. 简述铁的主要生理功能及其缺乏症。
6. 简述锌的主要生理功能及其缺乏症。

第六章　婴幼儿常见疾病及其预防

学习目标

1. 掌握婴幼儿常见疾病的病因、症状、护理和预防方法，并能作出初步的患病诊断。

2. 了解传染病的特征、流行环节和传播途径，以及预防传染病的措施。

3. 熟悉婴幼儿常见传染病的病因、症状，并能根据实际情况及早发现患病儿童。

儿童时期是人体生长发育的关键阶段，然而，许多疾病会对儿童的正常生长发育造成不良影响，严重地危害着幼儿的身心健康。因此，托幼机构必须严格遵循以“预防为主”的卫生方针，并采取切实有效的措施，以消除对幼儿健康不利的因素，确保儿童的健康生长发育。

第一节　婴幼儿常见传染病及其预防

传染病是导致人类死亡的罪魁祸首之一，其所带来的危害不容小觑。其中我国现患或疑诊人数最多、病死率最高的疾病就是肝炎。根据世界卫生组织的报告，48种对人类造成最大危害的疾病中，有40种被归类为传染病和寄生虫病。

由于婴幼儿的免疫系统尚未完全发育，其免疫功能相对较弱，对疾病的抵抗能力也相对较弱。此外，由于婴幼儿在集体生活中相互接触频繁，一旦发生传染病，就极易流行，因此，预防和管理传染病已成为婴幼儿保教机构中不可或缺的重要保健工作。

一、传染病的发生和流行

1. 传染病是一种疾病

传染病是一种由多种病原体引起的疾病，其传播范围涵盖了人与人、动物与动物，以及人与动物之间。这些病原可以通过空气、水和食物等途径传染给他人，也可通过接触被感染的人体而传染给其他人群。对于某些传染病，疾控中心有责任及时了解其发病情况并采取相应措施，一旦发现，必须在规定时间内及时向当地疾控中心报告，这种传染病被称为法定传染病。由于我国幅员辽阔，各地经济发展不平衡，所以不同地区的法定传染病也有差异。当前，我国所规定的三种传染病为甲、乙、丙三类，总计39种。

2.传染病特点

传染病的特征在于其具有病原体（特定的致病微生物）、传染性和传播性，而感染后则常常伴随着免疫反应。不同年龄人群对各种传染病都能产生抵抗力。某些传染病呈现出季节性或局部性的特征。

（1）特定的致病微生物

微生物广泛存在于我们周围的环境中，其中一些微生物能够引发疾病，这些微生物被称为病原体。无论是人类还是动物，许多传染性疾病都与病原体有关。这些病原体可能具有致病性，也可能本身并不致病，但在某些情况下能引发疾病。不同的传染病都有其特定的病原体，比如病毒、立克次体、细菌、真菌、螺旋体和原虫等。这些病原体在自然界的分布和存在形式各不相同，它们对人类健康构成了很大的威胁。

（2）具有传染性

病原体以一定的方式侵入易感人群的内部，从而引发感染和疾病。病毒是最常见的致病因素之一，它能引起多种疾病。当流感患者在咳嗽或打喷嚏时，其所释放的流感病毒可能会通过感染周围易感者而引发疾病，而这种感染的程度则与病原体的种类、数量、毒性以及易感者的免疫状态等因素密切相关。

（3）具有传播性。

传染病的传播能力很强，很容易扩散。其中，最常见的传播方式是散发。根据传染病传播的强度和范围，可以分为四种类型：散发性、流行性、大规模传播性和爆发性。传播性又可以细分为两类：一类是在某个特定地域范围内传播，另一类是在某个特定季节传播。

地域范围内流行：某些传染病或寄生虫病在地理和气候条件的变化下，往往呈现出地域范围内的流行趋势。其流行特点是疾病种类多、传播途径复杂多样、发病时间集中等。例如虫媒传染病等。

季节性传染病流行：指在某一特定的季节内，病原体容易在该季节内传播并扩散。例如流感等传染性疾病容易在冬季和初春发病，而夏季则较少发病或不出现明显症状。冬春季节是呼吸道传染病的高发期，而夏秋季节则是消化道传染病的高发期，这一现象与环境温度和湿度的变化密切相关。

（4）免疫性

当人体感染某种传染病并治愈后，通常会产生针对该病原体的免疫反应，形成相应的免疫力。这种免疫力可以保护人体在未来再次遇到相同病原体时不再被感染，或者减轻感染的严重程度。这种现象称为免疫保护或免疫记忆。不同种类的传染病在发病后所表现出的免疫状态存在差异。有些传染病发病初期即无明显症状，但经过一段时间机体逐渐适应之后才表现出免疫力。某些传染病在发病后可获得终身免疫力，例如麻疹，这是一种常见的疾病；也有一些疾病发病时就不能进行免疫预防，如布鲁氏菌病、结核病等。某些传染病可能会再次感染，例如流行性感冒，这种情况并不罕见。

3. 传染病的演变过程

病原体侵入人体后，患者经历了四个不同的阶段，从最初的发病到最终的康复，这是一个复杂的过程：

（1）潜伏期

指从病原体侵入人体开始，一直持续到最初出现症状的时刻。各种传染病的潜伏期长短不一，或短至数小时，或长至数月，甚至数年不等，呈现出多样性；每一种传染病的潜伏期长短因病患个体差异而异，呈现出多样性。

（2）前驱期

在潜伏期末至发病期前的短暂时间内，出现了一些临床表现，通常持续1至2天，表现为乏力、头痛、微热、皮疹等症状。临床上易与发热相混淆而误治，甚至误诊为感冒或流感。前驱期并未出现在大多数传染病的发病过程中。

（3）发病期

随着疾病的进展，各种传染病所特有的症状和体征逐渐显现，呈现出一系列复杂的表现形式。在疾病过程中表现出不同程度的变化。症状呈现出逐渐加重、逐渐增多的趋势，并最终达到高峰状态。疾病在发病初期表现为一种不典型状态，随着病程的进展逐步显现。随着机体免疫系统的生成和增强，其恢复趋势也逐渐显现。

（4）恢复期

随着病原体的基本或完全消灭，机体的免疫力得到提升，病变得到修复，临床症状也逐渐消失。大多数情况下，疾病的痊愈只是一个开始，而极少数的疾病则可能会留下难以愈合的后遗症。

4. 传染病的传播方式

主要有以下六种途径：

（1）空气飞沫的传播。病原体通过病人或携带者言语、咳嗽、打喷嚏等过程所产生的飞沫，经空气传播感染他人。如细菌性脑膜炎、水痘、普通感冒、流行性感冒、腮腺炎、结核、麻疹、百日咳等等。

（2）饮食传播。病原体在污染食物或饮水后，经由口腔进入人体，从而引发了传染病的传播。病原体的种类繁多，包括病毒、细菌寄生虫，可引起霍乱、甲型肝炎、细菌性痢疾、小儿麻痹、轮状病毒以及弓形虫感染症等疾病的发生。

（3）虫媒传播。易感者体内感染的病原体，是通过昆虫作为媒介，如蚊、虱、蚤等，进入其体内而引起的。如乙型脑炎通过蚊虫得以传播。

（4）日常接触传播。所谓间接性传播，指的是病人或携带者所排放的分泌物或排泄物污染了日常用品，这些物品被易感者接触后可能会引发新的感染症状。例如毛巾、便盆及厕所内积尿也会使人造成感染。使用公用毛巾或脸盆，可能会导致沙眼传播；公用餐具可能会导致结核病和肝炎的传播。

（5）血液传播。常见有肝炎病毒、梅毒等感染。该疾病主要通过血液和伤口的传递，将其传递至另一位个体。

（6）垂直传播。这种传播方式叫直接传染。易感者可通过胎盘、分娩损伤、哺乳等途径，直接从传染源将病原体传染给婴儿。也可能是因血液传染引起，例如艾滋病、乙型肝炎等。

（7）易感人群。

易感人群指的是那些缺乏特异性免疫，容易受到感染的人，他们对某种传染病的抵抗力较弱。随着易感者数量的增加，某种传染病在人群中的传播风险也随之增加。因此，控制和消灭某些传染病的最有效方法之一就是进行预防性卫生干预。通过系统的疫苗接种计划，可有效降低人群中感染传染病的易感程度。

4. 传染病的预防

为了预防传染病的传播，必须采取一系列综合措施，其中以切断主要的传播途径为主导。只有通过对各传染因素进行有效控制，才能达到目的。通过切断传染病传播和流行的三个环节中的任意一个，即传染源、传播途径和易感人群，可以有效地预防该种传染病的发生和流行。我国是世界上人口最多，经济发展最快，人口稠密程度最高的国家之一，因而传染病的发病也较其他国家严重得多，且种类繁多。预防各种传染病的关键在于充分挖掘其薄弱环节，并采取相应措施，以达到更好的预防效果。

（1）对传染源进行管理

要做到早期发现，早期报告，早期隔离治疗。在传染源不明或无明确潜伏期时，应及时向有经验的医务人员咨询和询问是否存在传染性疾病，以确定是什么病，以便及早采取预防措施。通过及早发现患者和携带病原的个体，可以有效地遏制传染病的蔓延。

幼儿园应当建立完善的健康检查制度，包括新生入园前的全面体检以及工作人员进园前的全面体检，只有通过体检并达到合格标准的工作人员才能被接纳。有特殊需要和特殊人群时，经上级主管部门批准方可接受。在传染病流行期间，有条件的地方应建立专门疾病监测点或免疫监测点等。所有从事相关工作的人员，包括婴幼儿，都必须接受定期的健康检查；确保对婴幼儿进行全面细致的晨间检查和全日健康观察，特别是在传染病流行期间，检查工作必须做到无微不至。在清晨进行检查时，主要关注于婴幼儿的额头和颈部（即颌下），以观察是否存在发热和淋巴结肿大的情况；对婴幼儿的皮肤、咽喉、心理状态、睡眠状态以及排泄情况等方面进行细致观察。

在发现有传染病的患者或疑似感染者时，应立即向卫生防疫部门报告，以预防和控制传染病的蔓延。《中华人民共和国传染病防治法》第三章第二十一条规定："任何人发现传染病人时，都应当及时向附近的医疗保健机构或者卫生防疫机构报告。"

对病人、接触者以及疑似患有传染病的人及时进行隔离。防止传染疾病在幼儿园内传播和流行，是预防工作中一项重要措施。

（2）阻断传播途径

在传染病暴发后，必须对其传播途径进行彻底的消毒处理，以确保公众的健康和安全。通过物理或化学手段，对停留在不同传播媒介物上的病原体进行消灭，切断其传播途径，从而有效地阻止和控制传染病的传播。引导婴幼儿养成良好的卫生习惯，以确保他们在日常生活中身体健康；定期开启窗户，以确保室内空气流通，保持空气清新宜人；妥善管理婴幼儿的膳食，特别关注烹饪器具和餐具的消毒等方面。

（3）保护易感人群

提升幼儿的身体素质，增强其非特异性免疫能力。保持适宜的身体锻炼和户外活动，以促进婴幼儿健康成长；保证充足睡眠，避免过度疲劳。维持合理的营养摄入，提供充足的饮水、足够的食物等是提高儿童免疫力的有效措施之一。养成卫生习惯；注意保暖，防寒，防潮湿等，为婴幼儿营造适宜的居住环境。

采取预防性接种措施。将疫苗接种于人体内，以激发其对该传染病的免疫力，从而实现预防接种的目的。预防接种是预防医学中最基本、最重要的技术措施之一，也是防止传染病发生和流行的主要手段之一。为了提升人群的免疫力，有效地控制和消灭传染病，实施有系统、有计划的预防接种措施，就是计划免疫。计划免疫是一项重要的公共卫生措施。根据当地传染病的流行趋势、人群免疫水平以及各种预防制剂的免疫效果等因素，各地卫生防疫部门制定了该地区的免疫计划，提供疫苗并组织接种工作，以确保防疫工作的顺利进行；同时加强监测和管理，发现疫情应及时处理。按照预定的免疫计划，儿童应及时接种疫苗，以确保其免疫系统的有效性。

二、婴幼儿常见传染病的预防

流行性感冒、流行性腮腺炎、猩红热、百日咳、风疹、麻疹、水痘、感染性腹泻、细菌性痢疾、手足口病、病毒性肝炎、急性出血性结膜炎等，都是儿童常见的传染病。

（一）流行性感冒（流感）

1. 病因

流感病毒所致的呼吸道传染病，以飞沫为媒介进行传播。流感有很强的季节性和地区性，主要在冬春季节高发。甲型、乙型和丙型是流感病毒的三种亚型。乙型和丙型流感均为人兽共患病。甲型病毒常常表现出抗原的突变，具有高度的传染性和快速的传播速度，因此极易引发广泛的流行，而甲型H1N1正是这类病毒的一种。乙型流感主要通过近距离空气传染，一般无季节性，有一定潜伏期。普遍而言，人群普遍表现出易感的特征。

2. 症状

潜伏期从几小时到几天不等。少数病人有高热惊厥和呼吸抑制等并发症，严重者可致死亡。发病急，寒战，发热，体温可达39℃以上，并伴有头痛，倦怠乏力，关节酸痛，并可有恶心呕吐、腹泻等消化道症状。一般无高热及呼吸困难等急性感染表现。流感的全身症状显著，然而其呼吸道症状相对较为温和。儿童罹患流感后，易患肺炎，经过3至4天的发热后，症状逐渐消退，但仍可持续1至2周的时间。

3. 护理与预防

在退热之后，建议保持卧床休息，不要急于进行身体活动；饮食宜清淡、易消化。增加饮水量，摄入富含营养、容易消化的食品。注意保暖，防止感冒。预防：增强体质；不要在人群密集场所吸烟，避免接触病毒和细菌等有害物质。在流感大流行期间，建议避免前往人群密集的公共场所，以减少社交活动的频率；维持室内空气清新宜人；进行流感疫苗接种等。

（二）上呼吸道感染

1. 病因

上呼吸道感染被广泛称为“伤风”，是最为普遍的疾病之一。呼吸道感染分为上呼吸道感染和下呼吸道感染。上呼吸道感染主要由病毒引起，如流感病毒、鼻病毒等；下呼吸道感染主要由细菌引起，如肺炎链球菌等。此外，支原体也是引起呼吸道感染的常见病原体。

2. 症状

鼻黏膜充血、打喷嚏、流清涕，伴有咳嗽、声音嘶哑，有时出现呼吸困难。感冒初期症状表现为咽部干痒或灼热感、喷嚏、鼻塞，伴随着清水样鼻涕的出现，经过2～3天的时间逐渐变得浓稠；一般病程短，一周内即可治愈。一般情况下，未出现体温升高或全身症状，或仅有轻微的发热和头痛表现。5～7天痊愈。

在3岁以下的幼儿中，当体温超过 39℃时，可能会出现惊厥，尤其是在疾病初期突然出现高热的情况下。其表现为意识障碍、抽搐或四肢抽动，严重者有呼吸抑制和心搏骤停。在出现高热持续不退、咳嗽有增无减、出现憋喘等症状的情况下，应当考虑到并发肺炎的可能性，因此必须及时进行诊治。

3. 护理

上呼吸道感染的患儿应多休息，保持室内空气流通，隔离避免交叉感染。在出现高烧的情况下，可以采用药物或物理手段进行降温治疗。在服用退热药时，必须严格遵守医嘱，不可因急于退热而增加药量或缩短服药间隔，以避免药物过量，导致患儿体温骤降、大汗淋漓，甚至发生休克；同时，注意观察有无高热惊厥发作的表现。发热后，患者会出现头晕、恶心、呕吐等现象，由于过度出汗和呼吸急促，导致机体的水分流失增加，因此建议增加饮水量。此时，随着胃肠功能的减弱，机体对营养物质的消耗也相应增加，因此，饮食应富含营养、清淡、易消化。

4. 预防

保持室内通风。保持室内空气流通可以减少病毒和细菌的传播。特别是对于有多个孩子的家庭，更要注意保持室内通风。根据研究，通风不良的房间内病毒和细菌的浓度比通风良好的房间高得多。

适当锻炼。适当的户外活动和锻炼可以提高孩子的免疫力，增强对疾病的抵抗力。但在锻炼过程中要注意保暖，避免孩子过度疲劳。

注意饮食健康。合理的饮食对孩子的身体健康至关重要。家长应该为孩子提供营养均衡的饮食，多吃蔬菜水果，增加蛋白质的摄入，避免让孩子过多食用高糖、高脂肪的食物。此外，要保证孩子喝足够的水，以利于身体新陈代谢。

接种疫苗。接种疫苗是预防呼吸道感染的有效方法。家长应该按照医生的建议，为孩子接种相关的疫苗。例如，流感疫苗可以有效预防流感病毒的感染。

避免聚集。在呼吸道感染高发期间，尽量避免带孩子去人多拥挤的地方，如商场、电影院等。如果必须外出，要记得佩戴口罩，并尽量减少停留时间。

注意个人卫生。教育孩子勤洗手，特别是在饭前、便后和接触鼻涕、眼部分泌物等情况下。同时，要为孩子准备个人专用物品，如毛巾、牙刷等，避免与他人共用。保持良好的生活习惯。孩子应该保持充足的睡眠和规律的作息，避免熬夜和过度疲劳。

（三）扁桃体炎

扁桃体，作为一种免疫器官，具备产生淋巴细胞和抗体的能力，可有效对抗细菌和病毒，从而增强机体的免疫系统。扁桃体位于咽后部及口腔两侧边缘，其表面覆盖一层黏膜下层。口咽部，作为食物和空气的必经之路，很容易隐藏病菌和异物。

1. 病因

幼儿扁桃体炎的发病原因有多种，其中最常见的是病毒感染。例如，流感病毒、副流感病毒等都可能导致幼儿扁桃体炎。此外，细菌感染也是引起幼儿扁桃体炎的重要因素，如肺炎链球菌、葡萄球菌等。一些环境因素，如天气变化、空气污染等也可能影响幼儿的呼吸道健康，增加患扁桃体炎的风险。

2. 症状

扁桃体炎在临床上可分为急性和慢性两种类型。

突发性扁桃体炎：该疾病具有突发性、寒战和高热症状，患者体温可高达 39℃～40℃，持续时间一般为5天，特别是幼儿可能会出现抽搐、呕吐、昏睡和食欲不振等症状。最为显著的症状之一便是咽部疼痛症状，表现为吞咽或咳嗽时加重，严重者甚至可能向耳部放射，这是由于神经反射所致。当扁桃体肿胀影响儿童的呼吸时，可能会干扰其正常的睡眠，导致夜间惊醒和不安。

慢性扁桃体炎：主要是病毒感染和细菌感染所致。反复发作的急性扁桃体炎也可引发慢性扁桃体炎的发生。有时伴有鼻塞、打喷嚏和流鼻涕等症状。表现为反复发作的咽部疼痛、声音嘶哑或失音、频繁出现咽喉不适，伴随着异物感、干燥、瘙痒和刺激性咳嗽的症状；严重者可发生呕吐。对于那些对胃肠敏感的人来说，可能会导致消化系统出现障碍。此外，长期慢性咽炎也会导致发音困难，甚至出现声带麻痹。扁桃体肥大过度的儿童，其呼吸和吞咽功能可能受到影响，从而导致语言障碍的发生。有时还可能导致鼻腔阻塞、中耳腔感染等症状。

3. 护理

护理方法主要是保证幼儿有充足的休息时间和水分摄入，避免脱水。同时，要为幼儿提供营养丰富、易于消化的食物。

如果病情较重，医生可能会为幼儿开一些抗生素或者抗病毒药物。在药物治疗过程中，要严格按照医生的指导给药，并注意观察幼儿的反应。

4. 预防

保持口腔卫生。教育幼儿养成早晚刷牙的好习惯，并定期使用牙线清理牙缝中的食物残渣。

注意天气变化。关注天气预报，根据气温变化及时为幼儿增减衣物，避免感冒。

避免过度疲劳。合理安排幼儿的作息时间，保证充足的睡眠和休息时间，避免剧烈运动或情绪激动。

合理饮食，为幼儿提供营养均衡的食物。

鼓励幼儿参加适量的户外活动和体育锻炼，提升身体素质，以增强免疫力。

（四）小儿肺炎

肺炎是幼儿时期最常见的呼吸道疾病之一，其发病急、病程长，严重威胁着幼儿的身体健康。

1. 病因

肺炎是指由细菌、病毒或其他病原体引起的肺部炎症。是一种常见的、多发的感染性疾病，婴幼儿患有佝偻病或感染麻疹、百日咳后，易发生肺炎并发症。

2. 症状

其临床特点为起病急骤，发热，肺部体征不明显。通常会表现出体温升高、咳嗽、痰液增多、胸部疼痛等症状，病情严重者可能出现急促的呼吸和呼吸困难的症状，严重时还会危及生命。

新生儿患肺炎，或许体温无异常，亦无咳嗽症状，但表现为进食时呛咳，口中喷出泡沫，口周围出现青肿等症状。儿童患病后，一般情况下可自行缓解，但有时会突然出现呼吸困难，声音嘶哑等现象。在幼儿患肺炎的情况下，症状往往难以察觉，可能会出现轻微或完全无咳嗽的情况，但应及时采取治疗措施。

3. 护理

对于感染小儿肺炎的婴幼儿，护理要细心、仔细。

保持室内空气清新、无异味、温度、湿度适中；注意孩子的体温和呼吸的情况，要及时清除孩子鼻腔内和咽喉部的堵塞物，保持呼吸道通畅，改善孩子的通气功能，减少缺氧现象；让孩子休息好；在饮食上，要吃易消化和富有维生素的食物，以软的食物为佳，有利于消化道的吸收；在给患有肺炎的婴儿哺乳时，应当采取坐姿，以减缓奶汁的流出速度，从而避免呛咳的情况发生。如果痰液较多，可频繁调整卧床姿势，以减少肺部痰液在某一部位积聚，从而有助于炎症的消散。

4. 预防

加强营养。为幼儿提供营养均衡的饮食，确保他们获得足够的蛋白质、维生素和矿物质，以增强身体免疫力。

注意个人卫生。教育幼儿勤洗手，避免用手触摸口鼻眼等部位。应定期清洗幼儿的玩具和床上用品，保持居住环境清洁。

避免被动吸烟。家长应戒烟或不在家中吸烟，以减少幼儿被动吸烟的风险。

避免去人群密集的场所。在疫情高发期间，尽量避免带幼儿去人多拥挤的场所，减少交叉感染的风险。

接种疫苗。根据医生的建议，为幼儿接种相关的预防性疫苗，以降低感染的风险。

加强锻炼。根据幼儿的身体状况，合理安排他们的锻炼时间，增强心肺功能，提高抵抗力。

（五）流行性腮腺炎

1. 病因

流行性腮腺炎，一种呼吸道传染病，由腮腺炎病毒引起，具有高度传染性，主要通过空气飞沫传播，多见于冬春季节。本病起病急，发热明显，可出现全身症状和局部淋巴结肿大等体征。2岁以上的儿童是易感人群的主要组成部分。本病以发热、头痛及全身不适等为主症，少数病例可出现脑炎、脑膜炎或睾丸炎。一般病后终身免疫。

2. 症状

流行性腮腺炎的潜伏期在14至21天。可反复发作或持续存在，病程较长的患者多表现出全身乏力及食欲减退，少数病例会引起颅内并发症和肺炎。通常情况下，腮腺的肿胀和疼痛首先出现在一侧，然后扩散到对侧，大约需要4到5天的时间才能消退。可并发脑膜炎及脑炎等并发症。以耳垂为中心的腮腺肿大，边缘模糊，表面发热，伴有明显的压痛和咀嚼时的疼痛，同时伴有发热、畏寒、头痛和食欲不振等多种症状。在出现嗜睡、头痛、剧烈呕吐等症状时，应立即寻求医疗帮助以缓解不适。

3. 护理

病儿宜卧床休息；建议增加水的摄入量，并选择流质或半流质食品，避免食用口感酸辣的食品；板蓝根可被视为一种有效的治疗方法；若发生高热，应去医院就诊。在腮腺出现肿胀和疼痛的情况下，可以采用冷敷的方式，或者使用中草药（例如青黛散、紫金锭等）进行外敷。有发热症状的病人应及时就医。

4. 预防

隔离病儿，至腮腺完全消肿；在接受为期约三周的检疫观察后，建议使用板蓝根冲剂进行预防；腮腺炎可通过注射疫苗进行预防。

（六）疱疹性口炎

1. 病因

疱疹性口炎由单纯疱疹病毒所致，本病多发生于冬春季节，多见于6个月至2岁的婴幼儿。

2. 症状

在发病时，患者可能会出现高达40℃的发热症状，而在接下来的1～2天内，各个部位，如齿龈、唇内、舌、颊黏膜等会出现一些小疱疹，周围会出现红晕，疱疹破溃后形成溃疡，这些溃疡会被黄白色纤维素性分泌物所覆盖，这些分泌物可能会融合成不规则的大溃疡，有时还会累及软腭、舌和咽部。由于口腔溃疡所带来的剧烈疼痛，常常会导致婴幼儿哭闹不安，不愿进食，同时还伴有流涎现象。这种情况可能会持续2到3周之久。

家长需密切关注孩子的病情变化。如出现发热、食欲不振等全身症状，或口腔疼痛难以进食等情况，应及时就医。

3. 护理

遵医嘱用药是关键。家长切勿自行调整药物剂量，以免影响治疗效果；保持婴幼儿口腔的清洁卫生，增加饮水量，禁止使用具有刺激性的药物，预防口腔炎症的发生；及时清理呼吸道内分泌物，防止细菌感染，并注意观察有无咳嗽、咳痰等症状。加强营养，为幼儿提供营养均衡的饮食，适当补充 B 族维生素。

4. 预防

切断传播途径。避免带婴幼儿到人群密集的地方，尤其是已确诊为疱疹性口炎的患儿聚集处。同时，避免与患病者接触，防止飞沫传播。

注意个人卫生。勤洗手、洗脸、刷牙。对于幼儿，可教他们养成漱口的好习惯。

疫苗接种。接种 HSV 疫苗是预防疱疹性口炎的有效途径。目前市面上的 HSV 疫苗主要有两种：HSV-1 型疫苗和 HSV-2 型疫苗。其中，HSV-1 型病毒主要引起口咽炎，家长须根据宝宝情况以及医生的建议，选择合适的疫苗进行接种。

（七）猩红热

1. 病因

猩红热是乙型溶血性链球菌所致的急性呼吸道传染病，主要通过飞沫传播，同时也可能通过被污染的用具、食物、玩具等传播，尤其在冬春季节更为常见。临床表现以高热和上呼吸道感染为特征，严重者可致败血症或脑膜炎。一般病后终身免疫。

2. 症状

猩红热的潜伏期为2～5日。体温正常或稍高，食欲减退。少数病例伴有腹泻、便秘等症。初期症状表现为发热、头痛、咽痛和呕吐，咽部呈现红色，扁桃体肿胀，伴有脓性分泌物。局部有水泡形成并向四周扩散，出现丘疹和小水疱。在接下来的1到2天内，皮疹会迅速从耳后、颈部和胸部蔓延至躯干和四肢，给身体带来严重的不适。部分患者出现红斑、丘疹、水疱、脓疱等皮损，并有明显瘙痒。全身肌肤呈现潮红状态，散布着大小如针尖的点状红色皮疹，经手压后可出现褪色现象。少数患者出现小脓疱。皮疹在腋窝、肘弯、腹股沟等部位呈现出细密的红色线条，如同一道道细密的珠链。鼻部和口角两侧有小丘疹，表面粗糙不平。面容呈现充血潮红之态。舌头表面呈现出光滑的质感，而舌头上的乳头则呈现出明显的肿胀，形似杨梅，被称为“杨梅舌”。病程较长的患儿常因感染而加重病情，甚至危及生命。皮疹在2～4天内消失，约一周后开始出现脱皮现象。

3. 护理和预防

注意观察病情变化，发现有发热症状及时就医。遵循医生的建议，进行全面治疗。加强对患儿的心理疏导和健康教育，使其树立战胜疾病的信心。为确保幼儿活动室和睡眠室的空气流通，需采取措施以预防相关问题的发生；避免将婴幼儿带至公共场所，以免其与患者发生接触；在发现病儿时，应立即进行隔离和治疗，直到皮疹完全干燥并结痂，只有在没有出现新的皮疹之后，才能结束隔离。

（八）百日咳

1. 病因

百日咳，一种急性呼吸道传染病，由百日咳杆菌引起，其传播方式为飞沫，常见于婴幼儿。主要临床表现为剧烈咳嗽和咳痰，伴有发热、全身乏力等症状。百日咳，一种以阵发性痉挛性咳嗽和鸡鸣样吸气吼声为特征的疾病，其病程可长达2～3个月，因此得名。本病一年四季均可发生，尤以冬季和早春发病率最高，其次在夏秋两季。一般情况下，患者在患病后会获得终身免疫。

2. 症状

在经历了长达1至3周（通常为7至10天）的潜伏期后，症状开始显现，病程分为三个阶段，但并无明显的分界线。

潜伏期一般为1～2周，开始有类似感冒的症状。主要表现为打喷嚏、流鼻涕和鼻塞等，有时伴有干咳。大约过三天，症状有所缓解，但咳嗽症状有所恶化，中期逐渐演变为间歇性的痉挛性咳嗽症状。后期大多数新生儿和6个月以下的婴儿出现阵发性屏气和发绀，这种症状容易导致惊厥和窒息，严重者还会导致死亡。

病程为2～6周。在康复阶段，痉咳症状得到缓解，同时伴随着鸡鸣般的吸气声消失，若未出现任何并发症，则在经过2至3周的治疗后即可痊愈。

3. 护理与预防

保持空气清新，注意营养及休息；顽固性痉咳者应积极治疗。因刺激或哭泣而引发的痉咳症状，需谨慎处理；在婴幼儿痉咳的情况下，可以采用头部向下的姿势，并轻轻拍打背部以缓解症状；婴儿惊厥的治疗原则是尽快脱离环境及保持安静。对于那些咳嗽症状较为严重者，在睡前使用氯丙嗪或异丙嗪可能有助于改善睡眠质量，减轻阵咳症状；痉挛发作期如无特殊治疗方法，则以预防为主。在患儿发生窒息的情况下，应立即实施人工呼吸、吸痰和氧疗等措施，以确保呼吸和氧气供应的正常进行。如果有发热症状则应立即停用抗生素、抗病毒药等治疗。为确保病人的安全，应在发病后立即进行隔离，一般情况下隔离40天，或者在痉咳开始后的30天内进行。为了保护易感者的健康，必须对患者的痰液和口鼻分泌物进行消毒处理，并建议易感者进行预防接种，其中包括白喉类毒素、百日咳菌苗和破伤风类毒素的注射，这三种疫苗已被纳入常规预防接 种计划之中；针对婴幼儿和体弱接触者，可采用百日咳多价免疫球蛋白进行被动免疫，同时结合红霉素进行药物预防。

（九）风疹

1. 病因

风疹，一种由风疹病毒引起的呼吸道传染病，在人类的健康中具有重要意义。由于风疹病毒在离体环境下的存活能力较为有限，因此其传染性相对较低。临床上分为急性型和慢性型两种。该疾病多见于冬春季节，其发病率较高。一般病后终身免疫。

2. 症状

潜伏期10～21天。体温正常或稍高。初期症状较为温和，呈现出类似于感冒的低热、咳嗽、流鼻涕、乏力、咽痛、眼发红等症状，同时，背部和枕部的淋巴结也出现了肿胀。以后逐渐出现小丘疹或水疱、脓疱和溃疡，有时伴有剧烈疼痛。在体温升高的1至2天内，开始出现皮疹，从面部和颈部开始，24小时内波及全身，但手掌和足底并未出现任何皮疹。个别病例皮肤有水泡形成，并伴有瘙痒，有时可出现红斑或丘疹，少数病人可以发生水疱及脓疮。通常情况下，皮疹的消退时间为三天之内。在疹子出现期间，患病儿童的精神状态表现为良好。

3. 护理与预防

护理：病儿须隔离至出疹后5天；对于患病儿童，建议采取卧床休息的方式，同时在饮食方面注重营养均衡和易消化；发热者给予抗生素或抗病毒药物治疗。确保患儿肌肤保持清洁卫生状态。

预防：可注射风疹疫苗。

（十）麻疹

1. 病因

麻疹是一种常见的急性呼吸道传染病，近年来由于麻疹免疫预防工作开展较好，发病率明显下降。在人口密集但未普及疫苗的地区，其传染性极强，每隔2至3年就会爆发一次大规模的流行。自 1965 年起，我国开始广泛推广麻疹减毒活疫苗，这一措施有效地遏制了大规模的疫情传播。一般病后终身免疫。

2. 症状

麻疹的潜伏期可长达10天，有时甚至会延长至3～4周，其间可能会出现轻微的体温升高。其发病机制尚不明确。通常在3至4天内，皮肤会出现疹子，其主要症状类似于上呼吸道感染，包括发热、咳嗽、流涕、流泪和咽部充血等；以及结膜发炎、眼睑水肿、泪水增多、畏光、下眼睑边缘呈明显充血水平线，口腔和咽黏膜呈粉红色或紫黑色斑片状肿胀。在发疹前24～48小时，下颌臼齿的颊黏膜呈现出直径约为1毫米的灰白色小点，并伴随着红色晕圈，这种现象被称为麻疹黏膜斑，是该疾病早期的显著特征；少数患者可能发生皮疹或结痂后形成脓疱和溃疡，也有的皮肤呈暗红色斑片。在某些病例中，可能会出现一些非特异性的体征，例如全身不适、食欲减退、情绪低落等；有些患者伴有头痛、恶心或呕吐。婴儿可能会出现消化系统症状。

在体温升高后的第三到第四天，皮肤会出现异常反应。多数皮疹分布于四肢远端，少数发生于全身各部位。体温可瞬间攀升至40℃，随之而来的是一系列稀疏且不规则的红色斑丘疹，这些皮疹最初出现在耳后、颈部和发际边缘，随后在24小时内向下扩散，覆盖面部、躯干和上肢，第三天开始波及下肢和足部。大多数皮疹表现为手指按压后褪色，但也有一些患者出现了有淤积物的情况。

在疹子出现后的第三到第四天，皮疹开始逐渐消退，其消退的顺序与疹子出现时相同；同时可出现发热、咳嗽、流涕、咽痛和全身乏力。在未出现任何并发症的情况下，食欲、精神等其他方面的症状也得到了相应的改善。一般不需要特殊治疗。随着疹子的消退，皮肤可能会残留糠麸状的脱屑和棕色色素的沉淀，但经过7到10天的时间，这些症状可能会得到有效的缓解和治愈。

3. 护理

卧床休息至疹子消退、症状消失。饮食要合理营养。为了确保病儿的舒适和健康，我们需要营造一个宁静的居室环境，保持空气的新鲜湿润，并定期开窗通风，但同时也要注意避免冷风直接吹到病儿身上，以及避免强烈的光线刺激病儿的眼睛。注意保暖和清洁，保持皮肤干燥柔软，防止感染。为病儿穿衣盖被时，应厚度适当。为患儿提供清淡、易于消化的流质或半流质饮食。多吃些蔬菜瓜果等含维生素较多的食品。随着疹子的消退，身体进入了康复阶段，此时及时摄入富含营养的食物是至关重要的。注意保暖，防止受凉感冒。请确保病儿的肌肤、眼睛、口腔和鼻腔得到充分的清洁和保护。高热患儿应限制饮食或饮水。对于体温超过39℃的患者，应采取适当的退热措施，并在医生的指导下服用药物。请密切留意病情变化，以便及早察觉并处理任何可能出现的并发症。

4. 预防

为预防此病，需对患者进行严密隔离，同时在病房内注意通风换气，避免直接将风吹向患儿，以免疹子无法完全排出，并充分利用阳光或紫外线照射；做好消毒工作，保持病房空气新鲜。在离开病室后，医护人员有必要进行手部清洁并更换衣物，或者在空气流通处停留20分钟；做好消毒工作，防止交叉感染。针对易感儿接触麻疹的情况，应从第七天开始进行隔离观察，直至第二十一天；对于使用被动免疫制剂的儿童，则应将隔离期延长至第二十八天；为确保易感人群的健康，应在流行季节采取措施避免接触传染源，并及时接种或补种麻疹减毒疫苗以预防疾病的传播。

（十一）水痘

1. 病因

水痘，一种呼吸道传染病，由水痘病毒引起，具有极强的传染性，尤其在冬春季节更为常见。主要临床表现为疹性丘疹或疱疹，少数患者可出现脑炎、心肌炎等严重并发症。

婴幼儿可通过接触被污染物品而感染发病。疾病初期，可通过飞沫传播，而当皮肤疱疹破裂后，则可能通过衣物、器具等途径进行传播。通常情况下，病后会获得终身的免疫保护。

2. 症状

水痘感染后，需经历长达10至21天的潜伏期。皮肤黏膜呈疱疹状或丘疱疹样，有时可伴有小的溃疡和出血斑。在疾病的早期阶段，患者体温较低，持续1至2天，随后出现皮疹。全身皮肤可见大小不等的红斑及丘疱疹，有明显的渗出和结疤。头皮、面部、躯干和四肢的皮疹排列有序。起初呈现出红色的丘疹，经过约一天的时间，逐渐转化为水疱，而在接下来的3～4天内，水疱逐渐萎缩，最终形成了痂皮。皮疹分布在头面及颈部较多，其次是颈、胸和腹部等部位。通常情况下，痂皮会自然脱落，不会留下任何痕迹。分批出现皮疹时，可同时出现丘疹、水疱和痂皮，导致皮肤出现瘙痒症状。

3. 护理

为确保婴幼儿不会因瘙痒抓破皮肤，建议使用炉甘石擦剂以维持皮肤的清洁。注意观察病情变化，及时给予对症治疗和支持疗法。

（十二）感染性腹泻

1. 病因

感染因素：肠道内感染可由病毒、细菌、真菌、寄生虫引起，其中，病毒、细菌感染诱发的婴幼儿腹泻最为常见，其次为病毒感染。寒冷季节的婴幼儿腹泻大多数由病毒引起，如轮状病毒、诺如病毒感染等；细菌感染常见为大肠埃希菌、空肠弯曲菌、耶尔森菌、沙门菌、金黄色葡萄球菌等诱发的感染。

非感染因素：主要包括饮食因素，比如喂养不当、食物突然改变或婴儿有乳糖不耐受，摄入了含有过多乳糖的食物等，导致腹泻；过敏性腹泻，比如食物过敏相关性肠病、小肠结肠炎、直肠结肠炎等；另外，气候突然变化，腹部受寒受凉，使肠蠕动增加，或天气过热，消化液分泌减少或由于口渴饮奶过多等也可导致婴幼儿腹泻。

此病以起病急、变化快、脱水多而补液量不足为特点。若不及时采取措施，可能导致水、电解质紊乱严重，进而危及儿童的生命安全。

2. 症状

病情轻微，每日多次出现腹泻，排便中含有过多的水分，呈现出类似于蛋花汤的形态，但体温和食欲均正常。如腹泻次数增多、粪便稀薄如水，可出现呕吐、腹胀，食欲不振、全身乏力等症。病情严重的患者，每日出现十余次或更多的腹泻，尿量显著减少或完全失去尿液，同时由于机体大量流失水分和无机盐，导致身体出现脱水和酸中毒的症状。严重者可出现抽搐甚至昏迷，危及生命。脱水所导致的症状包括眼窝和囟门的凹陷，口唇干燥开裂，精神状态极度低落。

3. 护理

注意保持腹部温暖，排便后应用温水彻底清洗臀部以确保身体清洁；按照医生的建议进行药物治疗。腹泻不仅会干扰人体对营养物质的吸收，同时也会消耗体内原有的营养物质，从而对身体造成不良影响。所以必须及时补液和纠正电解质紊乱。脱水、酸中毒可能会造成生命危险。

4. 预防

重视饮食卫生。防止交叉感染，同时还要保持室内空气流通和新鲜，特别是在寒冷季节更要加强清洁。确保对食具等物品进行日常消毒，以保障其卫生安全。在幼儿进食前后，应当进行手部清洁。

隔离消毒工作。为了避免病儿在使用尿布、便盆等物品时发生交叉感染，必须对其进行全面消毒，以避免疾病的传播和流行。

（十三）肠道寄生虫病

1.蛔虫病

（1）病因

若食物、饮水、手被感染性虫卵污染，儿童没有洗手便吸吮手指、生食未经彻底清洗的水果和蔬菜，以及饮用未经处理的水，这些行为均可将虫卵吞入体内。

在人体小肠内寄生的幼虫主要危害儿童和青少年，常引起腹痛等症状。在适宜的温度和湿度条件下，经过约 28 天的发育，雌性虫可在一昼夜内产下数十万个卵，这些卵会随着粪便排出体外，最终转化为感染性虫卵。感染后的幼虫即由十二指肠移行入结肠和直肠，并通过粪便污染食物而被人误食。感染性虫卵进入人体后，需要约两个半月的时间才能完成成虫的发育，而成虫在肠道内则能够存活1～2年之久。

（2）症状

蛔虫在肠道内寄生，对肠道的功能产生负面影响，导致儿童的消化和吸收受到阻碍，特别是那些感染严重的孩子，可能会出现营养不良、面黄肌瘦、贫血和生长发育迟缓等问题；严重者还会并发肠扭转而死亡。蛔虫的机械作用和代谢产物的化学刺激，会导致病人肚脐周围反复发作阵发性绞痛。此外，蛔虫寄生所产生的毒素还会刺激神经系统，引起睡眠不安、磨牙、烦躁等不适症状。对于过敏性体质的小儿而言，他们可能会出现荨麻疹、皮肤瘙痒等过敏现象，甚至在脸颊上出现一至多个蛔虫斑，这可能会导致严重的并发症，例如胆道蛔虫病、胰管蛔虫病、蛔虫性肠梗阻、蛔虫性阑尾炎等。

（3）预防

为了有效预防和治疗蛔虫病，必须采取一系列综合性的措施。在查治过程中，要根据不同情况选择适宜药物进行治疗，以达到彻底治愈或较快痊愈的目的。

应加强宣传教育，普及卫生知识，注重饮食卫生和个人卫生，确保在进餐前和排便后彻底清洗双手，杜绝生食未经清洗的蔬菜和水果，杜绝饮用未经消毒的生水，以预防蛔虫卵的食入，以降低感染的风险。

控制传染源的重要措施之一，是对患者和携带寄生虫的个体实施驱虫治疗。目前临床上常用口服或注射的方法进行驱虫。采用驱虫治疗方案，不仅可有效降低感染率和传染源，同时也有助于改善儿童的身体状况。因此，要根据不同地区、季节和人群选择适当的药物。建议在感染高峰期之后的秋、冬季节进行驱虫，对于学龄儿童而言，集体服药是一种可行的选择。对于年龄较大或患有其他疾病不能耐受药物治疗而需要长期服用抗疟药物的患儿，则需定期驱虫治疗。为了避免再次感染，建议每隔3至4个月进行一次驱虫，以保持身体健康。如患儿体质较弱或合并其他疾病时应考虑预防性服用驱虫药。对于患有并发症的病人，应立即将其送往医院接受治疗，切勿自行使用药物，以免延误病情。

2. 蛲虫病

（1）病因

人体内寄生的蠕形驻形线虫引发的一种肠道寄生虫病，被称为蛲虫病。本病多发生于幼龄家畜和家禽，尤其是牛、羊最容易感染。

儿童的手指、食物、食具等被虫卵污染后，这些有害物质通过口腔进入人体。由于虫体内有大量寄生虫卵囊，因此，儿童出现腹泻时，部分是由肠道中的寄生虫病引起。

当幼儿穿着开裆裤时，滑梯、木马、玩具等场所可能会成为虫卵传播的场所。

（2）症状

肛周区域的瘙痒是蛲虫病的主要症状，该病多见于幼儿。由于虫体较大或有一定毒力，常发生剧烈疼痛及休克。严重情况下，不同的寄生部位可能导致多种并发症，如阑尾炎、盆腔炎、腹膜炎、肠梗阻等，这些并发症可能会对患者的身体造成不同程度的影响。

雌虫在产卵时会引起肛门周围的瘙痒，同时用手抓痒，手指也会被虫卵所沾，从而导致反复感染。若不及时治疗，常引起皮肤发炎，溃疡或化脓，甚至形成疣状结节。

由于在肛门周围和会阴部出现瘙痒症状，导致睡眠质量受到影响。幼儿可能出现情绪低落、食欲不振、情绪不稳等症状，女孩的外阴受到蛲虫的侵害，可能导致阴道炎的发生。

（3）预防

在幼儿进食前，应当进行手部清洁，避免吸吮手指。应注意饮食清洁。由于蛲虫的寿命极短，因此只要避免再次感染，其自我修复能力就会得到有效的提升。对患有皮肤病或皮肤瘙痒者应及时治疗，以防复发。为了避免虫卵的传播，建议患儿穿封闭裆部的裤子。注意保暖，以防受凉引起体温调节中枢机能紊乱。在睡前，可以在肛门周围涂抹药膏，以缓解瘙痒并防止虫卵附着；而在清晨，则需用温水清洗药膏，更换内裤，并将其煮沸，以杀灭虫卵。对患有皮肤寄生虫病者要注意保暖和清洁消毒。被单要勤换洗，经常晒被褥。

3. 钩虫病

（1）病因

是一种常见的寄生虫病，钩虫的成虫寄生于人体肠道内，借助其口腔内的钩齿紧紧咬住肠壁，以吸取营养并寄生。一旦虫卵从人体中排出，便会在土壤中经历复杂的发育过程，形成丝状蚴的独特形态。丝状蚴可随粪便进入到泥土里，也可随水从肛门排出体外，成为粪蝇。通过与人类皮肤接触，丝状蚴成功侵入人体，并在小肠内繁殖成为成熟的钩虫。钩虫病分布广泛，世界各地均有发生。由于我国南方的气候温暖潮湿，土壤松散肥沃，这为钩虫卵的发育和幼虫的成长提供了有利条件，因此南方地区的钩虫病流行程度比北方更为严重。

（2）症状

肠黏膜因钩虫寄生而出现溃烂和慢性出血，进而导致贫血症状的发生。成人感染钩虫病时可引起全身中毒症状及黄疸。婴幼儿的血液总量较少，且肠道黏膜柔嫩，一旦被钩虫咬附，便会出现大量出血，导致贫血症状严重。病儿脸色呈白色，精神及食欲均不佳。若病情加重，则表现为全身出血性疾病的症状，如急性胃肠炎或败血症。由于肠道出血所致，排泄物呈现出类似于柏油状的外观。

临床表现以腹泻为主，伴有呕吐及便血等症状，可有不同程度的消瘦和乏力，少数病人还出现黄疸，甚至发生肝功异常或肝功能衰竭。在临床实践中，主要表现为缺乏足够的血红蛋白、缺乏足够的营养以及胃肠功能的紊乱。

（3）预防

通过控制传染源，对粪便进行无害化处理，以达到消灭钩虫卵的目的；消灭媒介昆虫和切断传染途径等是防治本病最根本的措施。很多孩子喜欢玩泥水，若孩子穿着不干净的衣裤玩耍，则会被虫卵污染而感染疾病。幼儿的衣物、尿布等沾上泥土后，需先进行彻底的清洗，方可穿戴。

（十四）脓疱疮（黄水疮）

1. 病因

细菌所致的皮肤传染病，即脓疱疮，已成为一种常见的病症。当外界环境条件适宜时就会发生感染而发病。由于幼儿的娇嫩肌肤容易受到病菌的侵袭，因此其皮肤容易受到侵害。常见的导致皮肤破损的因素包括被昆虫叮咬后抓伤、流涎、流鼻涕、烂嘴角等，这些因素都可能导致皮肤受损。

2. 症状

脓疱疮常见于暴露于皮肤表面的区域，如面部、颈部、双手等，这些地方往往是脓疱疮的高发区。其特点是局部有丘疹、脓疱或疱疹，并伴有瘙痒和疼痛。起初呈现红色斑点，随后在1至2天内迅速扩大为水疱和脓疮，数日后脓疱破裂，流出黄色脓液并形成黄痂；严重时全身出现大小不等的水泡和小溃疡，破溃处形成窦道，有渗出液排出，并伴有疼痛、瘙痒或发热。在脓液中存在着大量病原微生物，而被其污染的健康皮肤则可能会出现新的脓疮；若治疗不当或处理错误，则会形成溃疡，影响容貌和功能。长期不愈可能导致淋巴结炎的并发症，甚至可能诱发变态反应性疾病，例如急性肾炎。

3. 预防与护理

保持肌肤的洁净，勤于沐浴，勤于更换衣物。在给患者做完检查或手术之后要及时清除污染物品及污物。对患者实施隔离和治疗，随后对其衣物、毛巾等物品进行高温煮沸消毒。在对患者进行护理后，需使用肥皂进行手部清洁。

（十五）手足口病

1. 病因

手足口病，一种全球性传染病，由多种肠道病毒引起，其传播途径错综复杂，病毒可通过唾液飞沫或带有病毒的苍蝇叮爬过的食物，经鼻腔、口腔传染给健康儿童，也可通过直接接触而传染。主要临床表现为发热和皮疹。手足口病的感染范围涵盖整个消化道，其中包括口腔，可导致手、足、口腔等部位出现疱疹，因此被称为手足口病。多见于五岁以下的幼儿。

2. 症状

幼儿在急性发病时，可能会在口腔（如脸颊内侧、舌头、软腭、硬腭、口唇内侧）、手心、脚心、肘部、膝盖、臀部和外生殖器等部位出现灰白色小疱疹或红色丘疹。这些疱疹内液体较少，通常不痒、不痛，也不会结痂或留疤，周围皮肤可能会发红。虽没有全身不适或关节疼痛等其他症状，但可能会伴有咳嗽、流涕、食欲减退等表现。有些幼儿可能只有皮疹或疱疹性咽峡炎的表现，而有些可能没有这些症状。少数幼儿的皮疹可能沿着神经分布到全身，也有个别情况只出现单个皮疹。大部分患儿在7天左右就能康复，预后良好。不过，也有少数病程较长，甚至可能持续数月不愈。

特别需要注意的是，极少数患儿，尤其是3岁以下的患儿，病情可能会迅速恶化。在发病后的1至5天内，可能会出现脑膜炎、脑炎（尤其是脑干脑炎）、脑脊髓炎、肺水肿、循环障碍等严重疾病。这些情况虽然罕见，但病情可能危重，甚至可能导致死亡。幸存的幼儿可能会留下后遗症。

3. 护理

在疾病发作期间，必须加强对患儿的护理，确保口腔卫生得到妥善维护；注意保暖和保持呼吸道通畅。在进食前后，建议使用含有生理盐水或温开水的口腔清洁剂进行漱口，建议选择流质或半流质等无刺激性的食物；手足口病所伴随的心肌炎、脑炎、脑膜炎等并发症，必须引起高度重视，切勿掉以轻心。

4. 预防

为了预防这种情况的发生，我们应该引导幼儿养成良好的卫生习惯，包括在进餐前和排便后洗手、避免饮用生水和食用生冷食物，勤于晾晒衣被，并加强通风；对于呼吸道传染病患者，应进行隔离观察。在发现可疑患儿时，托幼机构和家长应立即将其送往医疗机构接受治疗，并及时向卫生和教育部门汇报，以便采取必要的控制措施；对于轻度症状的患儿，无须住院治疗，而是可以在家中进行治疗和休息，以避免发生交叉感染。

（十六）急性出血性结膜炎

红眼病，即急性出血性结膜炎，是一种以接触为途径传播的急性眼部疾病。主要由细菌或病毒引起。该疾病在全年范围内均有可能爆发，尤其是在春夏季节更为普遍，常在幼儿园、学校、医院、工厂等集体单位广泛传播，导致疫情暴发流行。

1. 病因

红眼病的病因多种多样，主要可归纳为两类：感染性因素是红眼病的主要病因，包括细菌感染和病毒感染；除了感染性因素，红眼病还可能由非感染性因素引起，如过敏性红眼病常由花粉、尘螨、动物毛发等过敏原引起。此外空气污染、烟雾、化学物质刺激或长时间用眼等环境因素也可能导致红眼病。

2. 症状

主要表现为眼部发红、分泌物增多，晨起时上下睫毛常常黏附在一起，但并不伴随角膜病或全身症状。真菌引起的红眼病起病较急，临床表现为流泪、结膜炎、复发性角膜炎和眼炎，严重者可致失明。病毒感染引起的红眼病在潜伏期的24小时内，患者会出现水性分泌物增多、球结膜下出血、淋巴结肿大等症状，同时还可能伴随着角膜病变，部分患者还会出现类似感冒的全身表现，如发热和肌痛。

3. 护理

对于患有红眼病的儿童，必须采取积极的治疗措施，即使症状已经完全消失，也需要继续接受为期一周的治疗，以避免再次发作；如出现复视，应立即停止用药。治疗期间，不要遮盖眼睛，初期可以用冷敷消肿退红。如果眼睛不舒服，可以用温水热敷。注意眼部卫生，眼药水和眼药膏要专人专用，防止交叉感染。避免眼睛接触阳光、风、灰尘等刺激，不要勉强看书或看电视，外出时可以戴太阳镜保护眼睛。

4. 预防

为了预防红眼病，应该及时隔离患者，并单独使用毛巾、脸盆等个人用品。使用前要彻底清洗并晾干。另外，不要把病眼放在阳光下直射，因为强光会刺激眼睛，加重不适。养成良好的卫生习惯，勤于洗手，避免使用不洁之手揉眼，勤于修剪指甲，在进餐前、排便后以及外出回家后，务必及时洗手以保持身体健康；请前往规范的游泳池游泳，切勿让患有红眼病的人进入其中。

第二节　婴幼儿常见其他疾病及其预防

一、支气管哮喘

1. 原因

婴幼儿支气管哮喘的发病原因复杂多样，主要包括以下几方面：

（1）遗传因素：哮喘具有明显的家族聚集性，如果家族中有哮喘或其他过敏性疾病（如湿疹、过敏性鼻炎）病史，婴幼儿患哮喘的风险显著增加。

（2）过敏因素：接触过敏原是诱发哮喘的重要原因之一。常见的过敏原包括尘螨、花粉、动物皮毛、霉菌等。

（3）呼吸道感染：病毒感染（如呼吸道合胞病毒、流感病毒）、细菌感染（如肺炎支原体、肺炎衣原体）等是婴幼儿哮喘发作的常见诱因。

（4）环境因素：空气污染、二手烟、气候变化（如气温骤降或气压变化）等环境因素也可能诱发哮喘。

（5）其他因素：情绪激动（如大哭、大笑）、剧烈运动、胃食管反流等也可能引发或加重哮喘。

2. 症状

婴幼儿支气管哮喘的症状因个体差异有所不同。急性发作时，宝宝可能会出现烦躁不安、呼吸急促，尤其是呼气时感到困难。还可能出现鼻翼扇动、口唇和指甲发紫。同时，宝宝可能会咳嗽，咳出白色黏痰后症状可能会有所缓解。医生在听诊时可能会听到哮鸣音或干湿啰音。在发作间歇期，多数宝宝的症状会完全消失，但有些宝宝可能仍有轻度胸闷。此外，还有一种咳嗽变异型哮喘，主要表现为刺激性干咳，尤其在夜间或凌晨更为明显。

3. 护理

在护理支气管哮喘婴幼儿患者时，首先要做好环境控制，保持室内空气清新，避免接触烟雾、花粉等过敏原，并控制好室内温度和湿度，防止过冷或过热。其次，饮食上要提供清淡、易消化的食物，多吃新鲜蔬菜和水果，同时避免过敏食物，如海鲜、芒果等。在药物使用方面，需严格遵医嘱使用抗炎药物（如布地奈德）和支气管扩张剂（如沙丁胺醇）。心理护理也很重要，要安抚患儿，减轻其恐惧和焦虑情绪。此外，日常护理中要帮助患儿养成规律的生活习惯，保证充足睡眠，并鼓励其进行适量运动，以增强体质。

4. 预防

预防婴幼儿支气管哮喘，需避免接触尘螨、花粉等过敏原，保持室内空气清新，远离二手烟。适当锻炼和服用人参、黄芪等中药可增强体质，减少感染。定期监测病情，调整治疗方案。这些措施能有效缓解症状，降低发作频率，提升生活质量。若症状持续或加重，应及时就医。

二、便秘

1. 病因

婴幼儿便秘的成因较为复杂，主要包括以下几方面：

（1）饮食因素：饮食中缺乏足够的膳食纤维，导致粪便体积小、干硬；水分摄入不足，使粪便在肠道内水分被过度吸收；配方奶喂养的宝宝可能因奶粉调配不当或奶粉成分不适合，导致便秘。

（2）肠道功能不完善：婴幼儿肠道蠕动功能较弱，食物残渣在肠道内停留时间过长，水分被过度吸收；肠道菌群失调，影响粪便的形成和排出。

（3）生活习惯：缺乏运动，导致肠道蠕动减慢；未养成定时排便的习惯，导致粪便在肠道内滞留。

（4）先天性疾病：如先天性巨结肠、甲状腺功能减退等，可能导致肠道功能异常。

2. 症状

如果宝宝连续 3 天以上未排便，或排便间隔明显延长，可能出现了便秘。正常情况下，新生儿每天至少排便一次，而6个月左右的宝宝每日或隔日排便一次。便秘时，大便通常干硬，呈小球状或羊粪样，排出困难，宝宝可能会在排便时感到疼痛、哭闹，甚至肛门周围可能出现血丝。此外，宝宝还可能出现腹胀、食欲不振、烦躁不安等腹部不适的症状。

3. 护理

在护理婴幼儿便秘时，首先需要调整饮食。母乳喂养的宝宝较少发生便秘，但母亲需注意饮食清淡。对于已经开始添加辅食的宝宝，应增加富含膳食纤维的食物，如苹果泥、香蕉泥、蔬菜泥等，并确保宝宝摄入足够的水分，尤其是在添加辅食后。其次，要促进肠道蠕动，可以通过适当增加宝宝的活动量，如翻身、爬行等，或者顺时针方向轻轻按摩宝宝的腹部，每次5～10分钟，以刺激肠道蠕动。此外，可在医生指导下给宝宝补充益生菌制剂，如双歧杆菌、乳酸菌等，以调节肠道菌群。如果宝宝便秘严重，可在医生指导下使用开塞露或灌肠剂，但需避免长期依赖。

4. 预防

为了预防婴幼儿便秘，首先应注重合理喂养。母乳喂养的宝宝较少发生便秘，而配方奶喂养的宝宝则需选择适合的奶粉。同时，适时添加富含膳食纤维的辅食，如水果泥、蔬菜泥等，也有助于预防便秘。此外，要帮助宝宝养成良好的排便习惯，鼓励定时排便，并确保摄入足够的水分，尤其是添加辅食后。增加宝宝的活动量，如翻身、爬行、走路等，也能有效促进肠道蠕动。家长还应定期监测宝宝的排便情况，如有异常应及时就医。通过这些科学的护理和预防措施，可以有效缓解婴幼儿便秘问题，促进宝宝的健康成长。如果便秘症状持续或加重，建议及时就医。

三、呕吐

1. 原因

婴幼儿呕吐的原因多种多样，主要包括以下几方面：

（1）喂养不当：喂奶过多、过快，或喂奶姿势不正确，可能导致胃内压力过高或空气进入胃内，引起呕吐。

（2）胃食管反流：婴幼儿食管下括约肌发育不成熟，容易出现胃食管反流，导致呕吐。

（3）感染性疾病：如胃肠型感冒、轮状病毒感染、诺如病毒感染等，常伴有呕吐、腹泻等症状。

（4）颅内压增高：如脑炎或脑膜炎，呕吐可能为喷射性，并伴有发热、头痛、精神萎靡等症状。

（5）先天性疾病：如先天性肥厚性幽门狭窄、先天性巨结肠等，可导致胃排空障碍或肠道梗阻。

（6）其他因素：包括乳糖不耐受、情绪紧张、受凉等。

2. 症状

婴幼儿呕吐的症状主要有以下几种：普通呕吐时，宝宝呕吐前通常会感到恶心，呕吐后可能会出现腹胀和食欲不振；喷射性呕吐则不同，呕吐前没有明显恶心，胃里的东西会突然大量喷出来，这种情况多是因为颅内压增高引起的。此外，呕吐还可能伴有发热、腹泻、腹痛、精神萎靡等症状，严重时甚至会出现脱水。

3. 护理

在护理婴幼儿呕吐时，首先要调整喂养方式，抱起宝宝喂奶，避免一次性喂奶过多或过快，喂奶后竖抱宝宝并轻拍背部帮助其打嗝，减少胃内气体积聚。呕吐后，让宝宝保持侧卧位或头偏向一侧，防止呕吐物误吸入气道。如果呕吐频繁，可少量多次喂水或电解质溶液，以防脱水。呕吐缓解后，可给予易消化的食物，如米粥、南瓜粥等。同时，要密切观察呕吐的频率、呕吐物的性质，以及是否伴有发热、精神萎靡等其他症状，必要时及时就医。

4. 预防

为预防婴幼儿呕吐，需注意以下几点：正确喂养，避免喂奶过多、过快；保持奶瓶、奶嘴等喂养工具清洁；适当锻炼增强免疫力；及时接种轮状病毒疫苗；保持室内空气清新，避免接触二手烟。若呕吐症状持续或加重，尤其是伴有脱水、高热、精神萎靡等情况，需及时就医。

四、婴儿湿疹

1. 病因

婴幼儿湿疹是一种常见的过敏性皮肤炎症，其发病机制涉及内外多种因素。其特征为皮疹呈多形性和局限性，并伴有全身症状。致敏原的来源多种多样，可以包括牛奶、鸡蛋、虾等食材，也可以是羊毛、化纤等纺织品。临床上分为急性和慢性两种类型。主要表现为丘疱疹，具有渗出倾向，反复发作，急、慢性期交替出现，并伴有强烈的瘙痒感。

2. 症状

婴儿湿疹通常在出生后的1至3个月内出现，在6个月后则逐渐缓解，而在1至2岁之后，大多数患儿则会逐渐恢复健康。部分婴幼儿可因各种原因迁延不愈，甚至出现全身症状和局部表现。部分患者的患病时间被推迟至幼儿或儿童时期。临床上表现为红斑丘疹及小水疱等多种皮损的皮肤病，一般病程较长。疾病的严重程度存在差异。轻者仅表现为瘙痒性丘疹、水疱等皮损，严重者可累及身体的各个部位，出现多个大小不等的红斑及小结节、囊肿、硬结和渗出液。头部和面部是皮疹的主要发生部位，包括额部、双颊和头顶部，随着时间的推移，皮疹逐渐向额部、颈部、肩部、背部、臀部和四肢扩散，甚至可能波及全身。起初呈现为散布或聚集的微小红色丘疹或红斑，随着时间的推移，数量逐渐增多，并可观察到微小的水疱、黄白色鳞屑和痂皮，同时还可能出现渗出、糜烂和继发感染。患儿会出现情绪不稳，夜间哭闹不止，导致睡眠质量下降，经常感到瘙痒难耐。因为湿疹的病变发生在皮肤表面，所以治愈后不会留下任何痕迹。

3. 护理与预防

保持宝宝双手清洁，定期为其修剪指甲，以避免因搔抓而导致感染。要注意不要让宝宝接触化妆品、牙膏等刺激物。为了避免宝宝的湿疹加重，建议为其穿上宽大的棉质衣物，以减少衣物摩擦的可能性；注意保持皮肤清洁干燥，防止细菌感染。为了避免诱发或加剧过敏反应，建议母亲和婴儿避免穿着由丝绸或羊毛制成的衣物。在孩子需要使用任何激素类药膏时，应当遵循医生的指导，以确保孩子的健康。如果无法进行母乳喂养，建议结合医生的意见选择脱敏配方奶，因为已有研究表明，使用脱敏配方奶可以调节婴儿的免疫系统，降低湿疹发生率，并预防其他过敏性疾病的产生。在选择食品时，应考虑到大部分富含蛋白质的食品可能会导致婴幼儿皮肤过敏，从而引发湿疹，例如牛奶、鸡蛋、鱼类、肉类、虾米、螃蟹等。此外，湿疹在婴幼儿中的发生与多种物质有关，包括灰尘、羽毛、蚕丝、动物皮屑以及植物花粉等。此外，在气候潮湿的季节里，婴儿皮肤上会产生大量的汗液和皮脂，这些也是诱发湿疹的诱因之一。婴儿若穿戴过厚、进食过饱，或室内温度过高，均可能导致湿疹恶化。

五、痱子

1. 病因

由于小汗腺导管的阻塞，汗液无法及时排出，从而形成了痱子，这是一种皮肤汗腺开口部位的轻微炎症。中医称之为“油风”，又称“汗疖”，多因热邪侵袭人体肌肤所致，也有因感受暑湿邪气而致。汗腺排泄不畅是导致痱子产生的主要因素。由于患儿出汗过多，使体温升高，可引起局部发热及全身症状。该疾病常见于盛夏和初秋的季节，其发病率较高。

2. 症状

痱子多发生于多汗和容易受摩擦的部位，如头皮、前额、颈部、胸部、腋窝、腹股沟等处，这些地方的皮肤容易受到外界因素的刺激，从而导致皮肤不适和皮肤损伤。其特征是皮肤发红，丘疹及水泡，并伴有疼痛。在早期阶段，皮肤呈现出红色的斑块，随后形成针尖大小的小水泡，伴随着刺痒和灼痛感。若不及时治疗则会引起全身感染甚至导致死亡。初期的毒性表现为小米粒大小的脓疱，随着时间的推移，这些脓疱会逐渐扩大成豆粒大小或杏核大小，最终逐渐变得柔软并破溃，同时流出黄色浓稠的脓液。

3. 预防与护理

建议先用温水彻底清洗皮肤，接着使用痱子粉或痱子药水等进行处理。在面部出现的肿胀，特别是涉及鼻子和口周的区域，切勿进行任何形式的脓液挤压。如发现有红肿热痛，应及时到医院就诊治疗。

第三节　婴幼儿常用的护理技术

常言道："三分治，七分养。"幼儿患病以后往往会出现不同程度的反应，如果不及时进行有效的治疗和精心的护理，就有可能导致病情加重甚至危及生命。对于幼儿而言，疾病后的护理是一项至关重要的任务。因此，熟练掌握一系列护理技巧，对于那些患病的幼儿来说，是促进其早日康复的重要手段。

一、体温测量

幼儿体温略高于成人，正常体温（腋表）在36～37.4℃。在寒冷和炎热季节里，由于外界温度变化大，使体温也发生一定程度的变动。在一天的时间里，身体会产生自然的波动。当小儿处于这种情况下，如果不及时观察和测量其体温变化，就可能引起高热惊厥、肺炎等并发症而危及生命。

在给幼儿测量体温时候，我们通常会使用腋表测量。首先，要检查体温计的水银柱是否在35℃以下。如果水银柱高于35℃，就用一只手捏住体温计的另一端，轻轻甩几下，让水银柱回到35℃以下。接下来，要清理幼儿腋窝的汗水，保持腋窝干燥。然后，把体温计的水银球端放在幼儿腋窝的中央，注意不要让体温计的头部露出来。在测量过程中，帮助幼儿屈臂，用胳膊夹紧体温计。如果幼儿不配合，可以轻轻扶住他的胳膊，确保体温计夹紧。测量时间大约为5 分钟，之后取出体温计。读取体温时，将体温计水平拿在手中，让眼睛与水柱银平行，这样可以清晰地看到体温数值。需要注意的是，在测量前不要在腋下摩擦皮肤，以免影响测量结果。如果幼儿不配合，可以分散他的注意力，比如给他讲故事或让其玩玩具，让他放松。总之，测量体温时要耐心、细心，确保结果准确。

此外，幼儿在进食或进食后，如果出现哭闹、穿衣过多等情况，可能会导致体温略有升高。相反，如果幼儿进食后受凉（比如穿衣过少），或者进食后情绪激动（如哭闹），可能会引起体温波动，甚至出现发热，严重时还可能引发惊厥。因此，建议在幼儿进食后半小时，等他们处于安静、舒适的状态下再测量体温，这样可以避免因情绪或环境因素影响体温测量的准确性。

目前，许多幼儿园使用红外线耳温计，这种耳温计能在一秒钟内快速、准确地测量体温。使用时，揭开耳温计的盖子，轻轻拉住耳垂向后上方提拉，将感温头轻轻插入耳道，确保贴合紧密。按下测量键，听到“嘀”声后，测量完成。如果感觉有阻力，可再次按下按键完成测量。测量完成后，屏幕上会显示体温数据。需要注意的是，耳温计测量的是耳道内的温度，而不是耳后温度。如果需要测量双侧耳朵的温度，可以使用同一探头进行测试。由于左右耳的温度可能存在微小差异，建议每次测量时选择同一侧耳朵，以便进行比较。此外，红外线耳温计不适用于3 岁以下的幼儿，因为他们的耳道较窄，可能影响测量的准确性。

二、冷敷法

冷敷法，指将低温物体置于人体某一特定部位，以收缩该部位的毛细血管，从而达到散热、降温、止血、止痛和防止肿胀等多种效果。小儿发热的原因很多，但大多数是由于感染（如病毒或细菌感染）或其他疾病引起的。当幼儿的体温达到39℃以上时，就被认为是高热状态。此时，体温调节中枢受到影响，导致体温升高。皮肤血管扩张，体表温度升高较快，若不能迅速地降低体温，则会导致全身或局部性严重疾病的发生。高热所带来的不适不仅会增加体内热量的消耗，还会导致心率加快、消化功能减弱，甚至可能引发惊厥，因此，在高烧不退的情况下，及时采取降温措施是至关重要的。

在家庭中，常用冰袋或热水袋来对身体进行冷敷。为了达到降温的效果，可以采用冷敷、使用乙醇进行擦拭等物理手段。对于幼儿而言，施行低温敷贴的方式可分为两种：

一种可行的方式是运用冰袋进行低温敷贴，以降低温度并提高舒适度。将碎冰或冷水装入冰袋至1/3～1/2 体积，排出袋内的空气，然后使用夹子将袋口夹紧，并将其放置于幼儿额头、腋下、大腿根等部位。

另一种可供选择的低温敷贴方式是将小毛巾折叠成多层，浸泡在冷水中，然后将其拧成半干以避免滴水，最后将其敷于幼儿的额头、腋窝、肘窝和大腿根等部位，以达到降温的效果。本方法简单，操作方便，而且对身体无任何副作用。此种方法适用于年幼和身体虚弱的儿童，也没有任何副作用。每经过5 到10 分钟，就会进行一次更替。每次冷敷时间不宜过长。如果出现冷敷不当或小儿体质较弱的情况，可以适当增加冷敷的使用次数，但要注意不要过于频繁或操作过于激烈。如果发现孩子发热，应及时采取降温措施。在进行冷敷时，如果孩子出现寒战或面色苍白，应立即停止冷敷。此时，可以给孩子热敷头部，帮助其放松全身肌肉，使其逐渐恢复到正常状态。如果孩子的体温仍然很高，可以继续使用热敷，直到体温恢复正常。

三、热敷法

热敷是一种通过温热刺激促进局部血液循环、缓解肌肉紧张和疼痛的方法，特别适用于婴幼儿因腹部受凉、胀气、肠绞痛等引起的不适，同时也能缓解注射后的硬结或促进炎症消散。

对于婴幼儿的热敷操作，可以采用以下几种方法：

1. 热毛巾热敷：将干净的毛巾放入40℃左右的温水中浸泡，拧干至不滴水后，轻轻敷在宝宝的腹部或其他需要热敷的部位。每隔3～5分钟更换一次毛巾，每次热敷10～15分钟。

2. 热水袋热敷：准备一个适合婴幼儿使用的热水袋，灌入40～50℃的温热水，排出空气并拧紧盖子，检查是否漏水。用毛巾包裹热水袋后，放在宝宝腹部或其他部位，每次热敷15～30 分钟。

3. 湿热敷：准备一盆40～50℃的温热水，将毛巾浸湿后拧干。在宝宝腹部或需要热敷的部位涂少量凡士林（可选），以保护皮肤。将热毛巾放在患处，外盖一层干毛巾以保持热度，每隔3～5 分钟更换一次毛巾，每次热敷15～20分钟。

在进行热敷时，需要注意热敷温度应控制在40～50℃，避免烫伤宝宝娇嫩的皮肤；热敷过程中要密切观察宝宝的反应，如果宝宝出现皮肤发红、哭闹不安或不适，应立即停止热敷；每次热敷时间不宜过长，一般15～30分钟即可；在进行热敷前，最好咨询医生的建议，确保方法的安全性和有效性。通过以上方法，可以安全地为婴幼儿进行热敷，缓解不适并促进康复。

四、喂药

当幼儿生病需要服药时，药物治疗是重要的手段。可以根据孩子的年龄和具体情况，选择合适的喂药方法。

如果需要喂汤剂，可以直接用勺子或滴管将药液喂入孩子的口中，而不是将药液倒入碗中，以免药物被稀释，影响药效。对于药片，可以将其研磨成细粉，溶解在少量糖水或果汁中（注：须咨询医生并根据药物性质谨慎操作，避免影响药效），或者用奶瓶喂服。如果是口服液，可以直接倒入勺子或滴管中喂服，喂药后让孩子喝点糖水，减轻药物的刺激。

喂药时，要注意孩子的年龄和配合程度。对于1 岁左右的婴儿，喂药时要轻轻固定孩子的头部，使其头部向一侧倾斜，用左手捏住下巴，右手将勺尖紧贴嘴角，缓慢喂入药液。待孩子咽下后，松开下巴，让孩子喝几口糖水，避免药物刺激胃黏膜引起呕吐。对于2～3 岁以上的幼儿，应鼓励他们自行服药，避免强行喂药引发惊恐。不要将药物掺入食物中，以免影响药效。

喂药过程中，要有耐心，避免孩子哭闹导致呛咳。严格按照医生的建议和药物说明书操作，确保用药安全。如果孩子对药物有抵触情绪，可以咨询医生是否有其他替代方案。

五、滴眼药

在给幼儿滴眼药或使用眼药膏时，首先要仔细核对药品名称，确保使用正确的眼药，避免误用导致眼部不适。操作前，家长或教师需洗手并清洁孩子的手部和眼部，用软布轻轻擦拭眼睑和结膜部位，去除泪膜上的污物。如果眼部有分泌物，可用干净毛巾轻轻擦拭。

滴眼药时，让孩子头部向后仰，眼睛向上看，用左手食指和拇指轻轻分开上下眼皮，确保眼睑完全分开。然后，用右手拿着滴药瓶，将药液滴入下眼睑内，每次1至2滴。滴药后，轻轻按压眼睑周围的皮肤，帮助药液分布。注意不要用力按压瞳孔，以免引起眨眼反应导致药液溢出。

对于眼药膏，建议在睡前使用。用棉签轻轻将药膏挤入下眼睑内，让孩子闭上眼睛，用手轻轻按摩眼睑，帮助药膏均匀分布。操作过程中，滴药瓶不要接触眼睛，避免污染药液。如果孩子出现不适，如流泪或疼痛，应停止使用并咨询医生。使用后，将药瓶或药膏妥善保存，确保安全有效。

六、滴鼻药

在给幼儿滴鼻药时，首先要让幼儿处于舒适的姿势。可以选择让幼儿平躺，肩下垫一个枕头，使头部向后仰、鼻孔朝上；或者让幼儿坐在椅子上，身体靠在椅背上，头部尽量向后倾斜。这样可以确保药液顺利进入鼻腔，避免流入嘴里。滴药时，用右手握住药瓶，距离鼻孔约2～3厘米处，轻轻滴入1～2滴药液。如果使用注射器，需将针头轻轻插入鼻腔，缓慢注入药液，避免药液溅出或流到皮肤上。滴药后，轻轻按压幼儿的鼻翼，帮助药液均匀分布，并保持体位3～5分钟，观察幼儿的反应。操作前要确保鼻腔清洁，动作要轻柔，避免刺激鼻腔黏膜。如果幼儿感到不适或出现呛咳，应立即停止并咨询医生。

七、滴耳药

给幼儿滴耳药时，应让孩子侧卧，患耳朝上。操作前，用干净棉签轻轻擦拭外耳道，清除脓液或分泌物。滴药时，用左手轻轻拉住耳垂，向外、向上拉伸耳道，使耳道变直；然后用右手将药液滴入，每次1～2滴。滴药后，轻轻按压耳屏，帮助药液流入耳道深处，并保持侧卧姿势5～10分钟，确保药液充分作用。注意滴药前确保耳道清洁，避免自行清理耳道深处以防损伤；滴药时控制药量，避免过冷的药液引起不适。如有不适或疼痛，应立即停止并咨询医生。

【思考与练习】

1. 儿童肺炎的病因有哪些？如何护理和预防？
2. 麻疹的传播途径是什么？如何预防？
3. 如何预防手足口病？
4. 传染病流行的三个环节是什么？怎样预防传染病？
5. 在本章所学疾病中，有哪些疾病会出疹子？怎样区分？

第七章　托幼机构常见意外事故的预防与急救

学习目标

1. 了解婴幼儿意外伤害的防范措施。
2. 能够对婴幼儿常见意外伤害作出正确的判断。
3. 掌握常见婴幼儿意外伤害的应急处理。

在日常生活中，由于幼儿年龄小，安全意识薄弱，缺乏自我保护意识和能力，往往会引起意外伤害或损伤，甚至危及生命。为了确保幼儿的身体健康，除了进行适当的安全教育外，托幼机构还必须建立必要的安全制度并采取相应的安全措施，以预防任何可能发生的意外事故。

第一节　婴幼儿的安全及安全管理

一、婴幼儿意外伤害的防范

婴幼儿在生长发育过程中需要来自多方面的保护，对其教育和保护有赖于令社会的共同重视，托幼机构作为婴幼儿健康成长主要的生活环境之一，对婴幼儿的教育和保护尤为重要。托幼机构在履行保教职责时，首先应保障婴幼儿的安全。具体措施主要有：

1. 完善安全管理组织和制度，加强安全教育

（1）建立健全安全管理组织和制度，消除各种安全隐患

首先，建立健全安全管理组织、制度，是托幼机构实行依法治园（所）的主要内容之一，是托幼机构管理的基本依据。因此，应成立安全管理组，在落实安全首责制和主要负责人制度的同时，不断制定和完善安全工作的各项规章制度。包括安全保卫制度、安全检查制度、食品卫生制度、卫生消毒隔离制度、入园离园接送卡制度等等。同时托幼园（所）对以上制度必须严格落实。如幼儿在入园和离园时，严格执行接送卡

制度，家长或其他看护人必须履行刷卡制度，且一人一卡、专人专用，建议婴幼儿最好由专人接送，如果有特殊情况需让同事、邻居代接婴幼儿的，必须事前通知保教人员，并凭接送卡来接孩子，防止家长不慎遗失接送卡致婴幼儿被冒领的情况发生。总之，通过建立各种制度，把安全管理融入托幼机构工作的各个环节，消除各种安全隐患，以免婴幼儿意外伤害事故的发生。

其次，健全托幼机构安全工作责任制。保证规章制度得以贯彻执行的力量就是认真落实托育机构安全工作责任制，实行目标责任管理，明确职责分工，责任到人，层层落实责任。对于托幼机构安全工作的第一负责人园（所）长，但凡因失职、渎职造成婴幼儿伤害或财产损失的，都应依法追究责任。同时，托幼园（所）应与每个职工签订“安全承诺书”，使每个职工都清楚自己的岗位职责，形成安全工作人人有责、人人知责、人人尽责的安全管理机制。总之，安全管理不能是纸上谈兵，必须狠抓落实，并落到实处，这样才能保障幼儿在园所的健康成长。

（2）加强检查监督工作，认真落实安全防范措施

检查监督是推动制度、计划落实的重要措施，也是执行制度的重要保证。通过对制度执行情况进行定期检查和经常性督促指导，可以及早发现事故隐患，认真分析查找原因，采取对策及时处理，避免意外发生。

同时，发挥考核机制作用，将安全日常考核纳入绩效考核核心内容，通过每日和阶段性的定期检查，发现违规行为，要落实到当事人，按安全工作责任书要求，对照考核指标兑现奖惩，从而确保各项工作符合规章制度标准的要求，使安全工作真正处在“全员、全过程、全方位、全天候”的监督之中。

加强安全防范的具体措施。对可能发生安全事故的外部条件、内部因素、常见事故类型以及防范措施，进行全面整体的分析、研究、归纳，找出规律性，提前采取强有力的防范措施，本着“宁可有备无患，不可无备有患”的原则做好预案。同时开展群防群治，树立“安全第一”的思想，针对可能或容易发生的安全事故，制定相应的安全防范措施，把“预防为主”的原则严格细致地落实到日常安全管理工作中的每一个环节、每一个岗位和每一项活动中，使防范措施真正落到实处。

（3）注重安全教育，增强婴幼儿自身的安全意识和能力

通过安全教育，增强婴幼儿自我保护意识。婴幼儿年龄小，活泼好动，喜爱玩耍，对于许多事情都具有较强的好奇心，但他们的能力及体力都十分有限，动作的灵敏性及协调性都较差，再加上缺乏生活经验，他们不懂得什么事情有危险，不会考虑做事的后果，因此对婴幼儿进行安全教育，帮助他们树立自我保护意识是非常有必要的。安全教育内容应主要以培养婴幼儿良好的安全意识、生命意识和自我防护意识为主，

并由意识逐步转化为个人的认知，形成相应的观念、态度，并且在各项活动中表现出自我保护能力的不断提升，这也是提高婴幼儿的自我保护能力的关键。古语云："授人以鱼，不如授人以渔"，千般呵护，不如自护。在婴幼儿一日生活和教育教学活动中，要开展丰富多样的游戏、学习、体验等活动来加强对婴幼儿的安全教育，帮助其树立安全意识。在集体教育活动中，要有计划地结合婴幼儿的年龄特点，采用适合幼儿互动的多种形式，让他们认识到如果不注意安全将产生危险后果，使他们真切体会到安全的重要，养成守纪律、守规则的良好习惯；定期开展系列安全主题教育活动，利用角色情景表演，教幼儿学会看红绿灯，学会遵守交通规则，认识交通标志，学会正确拨打安全求救的特殊电话号码，如"110""119""120"等；对于发生在婴幼儿身边的意外事故，抓住时机，开展生动、随机的安全教育。如通过做一些小实验让婴幼儿认识水、电、火和煤气等危险物品，甚至可以让他们亲身去体验一下装满热水的杯子烫手、打火机可使纸燃烧等，在引导婴幼儿了解各种物品的用处时，让他们知道这些物体可能带来的危险。托幼园（所）应制定安全疏散演习计划，画出各班安全疏散线路图让孩子们熟悉逃生通道，举行全园安全演练等。总之，通过各种行之有效的方法，强化婴幼儿的安全意识，教会婴幼儿防触电、防溺水、防火、防摔伤、防走失、防拐骗等自我保护的技能，避免各种意外伤害事故的发生。

生活中要加强婴幼儿体能锻炼，增强其自我保护能力。婴幼儿动作的协调能力、反应速度以及手和腿部肌肉的力量，是影响婴幼儿自护能力的重要因素。事实证明，往往那些反应速度快，动作协调能力强，手疾眼快的"机灵鬼"，在紧急情况发生时，能迅速脱险。所以从提高婴幼儿自护能力的角度来说，必须重视婴幼儿的体能锻炼，鼓励婴幼儿多走路、少坐车，自己上下楼梯，让幼儿参与各种丰富多样、适合其年龄特点的活动，提高其自我保护能力。

把保障婴幼儿的健康和安全工作，作为托幼园（所）的重要工作内容之一。在园期间培养幼儿适应周围环境变化的能力，如知道随季节增减衣服；培养其对突发事件的灵活处理能力。需要注意的是，由于婴幼儿年龄偏小，虽然有时候知道要注意安全，但不一定有能力去处理一些较危险的事情，这就需要成人平时有意识地注重婴幼儿自救技能的培养，如玩耍时不小心擦破皮肤，应马上请求他人的帮助；与父母走散了，懂得寻求警察的帮忙等。

2. 履行托幼机构安全保护义务

（1）落实定期检查制度，为幼儿提供安全、卫生的学习环境

《幼儿园工作规程》第三章"幼儿园安全"中明确指出：幼儿园的园舍应当符合国家和地方的建设标准，以及相关安全、卫生等方面的规范，定期检查维护，保障安全。

幼儿园不得设置在污染区和危险区，不得使用危房。幼儿园的设备设施、装修装饰材料、用品用具和玩/教具材料等，应当符合国家相关的安全质量标准和环保要求。托幼机构要保证婴幼儿的饮食卫生，防止食物中毒，预防各种疾病在机构内传播、流行。保教人员发现设施存在安全隐患时，要及时汇报，让婴幼儿远离危险设施，避免婴幼儿在危险的情况下活动。鉴于此，托幼机构的房舍、设备及大型玩具要做到定期安全检查，确保活动场地安全。必要时可增添必要的安全防护措施，如在大型玩具下铺设环保安全的塑胶地垫，这样婴幼儿在意外摔倒时，就会减轻伤害；在楼梯口、操场、拐弯处等地方张贴醒目的安全标志提示图片，时刻提醒婴幼儿注意安全；支架、木框、墙上的镜框等都要放置平稳、牢固；水龙头、窗户等容易碰到婴幼儿头的地方要设法改装，凡有棱角的地方都要改成圆形，凡突出部分都要磨平；电路线路要定期检查，开水壶、药品、电源插头应设置在婴幼儿不容易触摸到的地方；戏水池的深度不能超过0.30 m等等。总之，要尽力为婴幼儿创建一个绝对安全的环境。

（2）规范保教人员的职业操守并加强管理

保教人员在履行职责时应遵守法律法规，不得体罚或者变相体罚幼儿；不得违反工作要求、操作规程、职业道德或者其他有关规定，安排教育教学内容；选择教育教学方法时，不得违背婴幼儿教育规律，组织有损于婴幼儿身心健康的活动。对于保教人员因故意行为造成婴幼儿伤害的，遵照《中华人民共和国未成年人保护法》规定：学校、幼儿园、托儿所侵害未成年人合法权益的，由教育行政部门或者其他有关部门责令改正；情节严重的，对直接负责的主管人员和其他直接责任人员依法给予处分。

（3）开展反家庭暴力教育

托幼机构应当结合婴幼儿年龄特点和接受能力，开展反家庭暴力教育，发现婴幼儿遭受或者疑似遭受家庭暴力的，应当依法及时向公安机关报案。

（4）保障园内外活动的安全性

保教人员是全面负责婴幼儿安全的人，应确保婴幼儿在园一日生活的安全。严把晨检第一关，发现婴幼儿随身带有小刀、纽扣、大头针等危险物品时，要及时收回；对于因病需要服药的婴幼儿，其所带药品应进行登记，注意用法及用量；在日常活动中要善于开展生活化的随机安全教育，如盥洗时不要把水弄到地上，以防滑倒；活动时不争抢玩具、不拥挤，要按顺序进行，合理、安全地使用工具，使用完毕应及时收好；不玩火，不将异物塞入耳鼻中；在户外和体育活动时，应首先向婴幼儿提出活动要求和注意事项，检查婴幼儿的着装是否安全、是否有利于婴幼儿进行体育活动，并严格要求遵守游戏规则，不体罚或变相体罚婴幼儿。

托幼机构组织外出活动的时候，一定要履行申报手续，保证活动安全。组织者要制定详细的活动方案，确定具体的责任人，明确职责，配备足够的保教人员。活动中应时刻注意观察婴幼儿的情况，确保婴幼儿在保教人员的视线范围内，并注意对婴幼儿进行交通安全教育等。

3. 加强各年龄班级安全管理

（1）合理安排教育教学活动

建立班级健康档案，了解婴幼儿健康状况，执行婴幼儿健康检查制度，以防意外事故的发生。根据婴幼儿的身体状况合理安排活动，对体质特殊或有疾病的婴幼儿给予适当的照顾。对于有特异体质或者特定疾病，不宜参加劳动、体育运动或者其他活动的婴幼儿，保教人员应给予高度关注，防止发生危险。坚决不允许出现组织或者安排婴幼儿从事不宜其参加的劳动、体育运动或者其他活动的现象发生。

（2）科学应对突发事故

婴幼儿对于自己身体健康状况不具有充分的判断能力，一旦婴幼儿在发生突发事故，保教人员应该在事故发生后对婴幼儿进行必要的照顾、保护，要第一时间向保健医生、园所领导汇报，即刻通知家长或监护人，认真听取意见和建议，取得各方支持和配合，这既是保教人员职业道德规范的要求，也是教育法律的规定。在托幼机构的管理制度中明确指出，应将婴幼儿走失、患病及受伤等情况及时通知家长或者监护人，未及时通知家长或监护人，导致婴幼儿因脱离监护人的保护而发生伤害的，当事人和托幼机构应承担责任。

第二节　婴幼儿意外事故的急救原则与技术

婴幼儿极易发生各种意外事故，意外事故有大有小，伤势有轻有重。在最初的几分钟里，要迅速判断出病情的轻重，然后再采取一些紧急措施，以挽救幼儿生命或改善病情。这就要求保教人员掌握常用的急救技术，以便对意外事故进行快速而正确的处理。

一、伤情判断

1. 依据意外发生的原因判断

有些意外事故发生后，必须在现场争分夺秒地进行正确而有效的急救，以防止可以避免的死亡或终身残疾，如溺水、触电、外伤大出血、气管异物、中毒等。

2. 依据伤者的情况判断

（1）观察呼吸的变化。垂危患儿的呼吸已由正常节律变得不规律，时快时慢、时深时浅。如果幼儿鼻翼翕动，胸廓在吸气时下陷，这都说明呼吸已十分困难。呼吸一停，应立即做人工呼吸。

（2）触摸脉搏的变化。垂危患儿的脉搏，由规则节律的跳动变得细快而弱，或节律不齐。这说明心脏功能和血液循环出现了严重障碍。一旦幼儿心跳停止，应立即做胸外心脏按压。

（3）查看瞳孔的变化。正常幼儿的瞳孔遇光能迅速收缩。垂危患儿眼睛无神，瞳孔已不能随光线的增强迅速缩小。最后，瞳孔会渐渐散大，对光线完全失去反应的能力。

二、急救的原则

1. 挽救生命

挽救生命是急救的核心目的。因此对于施救者来说，观察判断被救者的生命活动尤为重要，呼吸和心跳是最重要的生命活动。一般来讲，正常情况下呼吸、心跳若完全停止4分钟以上，生命就会有危险；超过10分钟则很难起死回生。所以一旦婴幼儿的呼吸、心跳发生严重的障碍时，当务之急是立即实施人工呼吸、按压心脏等急救措施，抓住最初的几分钟到十几分钟时间，以期恢复患儿的自主呼吸，维持其血液循环，为后期的救治争取宝贵的时间。

2. 防止残疾

发生意外后在实施急救措施挽救生命的同时，还要尽量防止被救者留下残疾。如幼儿发生严重摔伤时，可能造成腰椎骨折，施救时就不能用绳索、帆布等担架抬救患儿，也不能抱或背患儿，这样会损伤脊髓，造成其终身残疾，而一定要用门板之类的担架转运患儿。

3. 减少痛苦

意外事故造成的损伤往往是很严重的，常常会给婴幼儿的身心带来极大的痛苦，因而在搬动、处理时动作要轻柔，语气要温和。不要认为救命要紧，其他都不管不顾，这样会加重婴幼儿的病情。

三、急救技术

将抢救意外伤害、危重急症的希望完全寄托于医院和医生身上，缺乏现场救护知识和对现场救护的重要性及可实施性的认识，往往会使处在生死边缘的人丧失最宝贵的抢救时间。以下是生活中常常需要的几种急救技术：

1. 煤气中毒的急救

煤气中毒主要指一氧化碳中毒、液化石油气、管道煤气、天然气中毒，一般多见于冬天用煤炉取暖，门窗紧闭，排烟不良；以及室内液化灶具漏泄或煤气管道漏泄等。

煤气中毒初期症状为头痛、头昏、恶心、呕吐、软弱无力；中毒加深时则出现抽筋、昏迷，两颊、前胸皮肤及口唇呈樱桃红色，如救治不及时，可很快因呼吸抑制而死亡。

一旦发生煤气中毒时，应做以下处理：

（1）开窗通风，离开现场

立即打开门窗，置中毒者于通风良好、空气新鲜的地方，注意保暖，并及时查找煤气漏泄的原因，排除隐患。

（2）保持呼吸畅通

松开中毒者衣领，保持其呼吸道通畅，清除口鼻分泌物，如发现呼吸骤停，应立即进行人工呼吸，并做心脏体外按摩。

（3）及时送医

拨打“120”急救电话或及时将中毒者送往医院进行救治。

2. 骨折的急救

幼儿天性好动，但自我保护意识薄弱，容易发生外伤。外伤后，如果伤者表现为局部疼痛、活动受限，但将伤处固定并使之制动后或安静时疼痛减轻，检查时发现伤处局部肿胀、畸形甚至缩短、成角或旋转，受伤处功能障碍则应怀疑发生了骨折。对于类似于“青枝骨折”等畸形不明显的损伤，若难以与扭伤等损伤区别，最好将其当成骨折来处理，以免因判断错误、处理错误带来再度损伤。

进行骨折急救时，务必遵守“三不”原则，即不冲洗、不复位、不上药。因为冲洗易将污染物带入身体深部甚至骨髓，造成伤口感染，引发骨髓炎。骨折也会出血，冲洗开放性骨折时可能将已经产生的血痂冲开，导致再次出血而难以止血；盲目复位极易造成第二次损伤，或污染的骨折端回缩造成深部感染；对伤口上药则会增加处理难度。

应采用正确处理方式：

（1）有出血时应先止血和消毒包扎伤口

用干净的布片、衣物覆盖伤口，再用布带包扎。止血可采用压迫止血方法。要记住的是一旦采用布带、绳子捆扎止血时，必须记录扎带的时间，一般不宜超过1小时，以免时间过长导致肢体缺血坏死。一般每1小时须放松止血带至少5分钟；包扎时，不宜过紧，也不宜过松。如遇骨折端外露，注意不要尝试将骨折端放回原处，应继续保持外露，以免将细菌带入伤口深部引起深部感染。如将骨折端或脱位的关节复位了，应给予注明，并在送医院时向医生交代清楚。

（2）固定骨折处

固定力求稳妥牢固，要固定骨折的两端和上下两个关节。上肢固定时，肢体要弯着绑成屈肘状。下肢固定时，肢体要伸直绑。如有休克，同时进行抢救。对于大腿、小腿和脊柱骨折，一般应就地固定，不要随便移动患者。怀疑有脊椎骨折的应使伤者平卧于硬板床上进行搬运。

3. 肘关节脱位的急救

在全身各关节脱位中，肘关节脱位最为多见。一般造成肘关节脱位大多是因受到间接暴力伤害所致，常见于青少年之中。如突然跌倒时上肢外展、手掌着地，暴力沿前臂向上传递，肱骨前下端受身体重力作用突破关节囊前壁，向前移动，导致肘关节脱位。

肘关节脱位受伤后表现为肘关节肿胀、疼痛、畸形明显，前臂缩短，肘关节周径增粗，肘前方可摸到肱骨远端，肘后可触到尺骨鹰嘴，肘关节弹性固定于半伸位。

处理办法：

婴幼儿骨头比较瘦小，而韧带比较松弛，所以在进行手部前臂拉拽动作后，很容易把孩子的桡骨小头从环状韧带中拉出来，导致半脱位，处理时不要强行将处于半伸位的伤肢拉直，以免引起大的损伤，可用三角巾将伤者的伤肢呈半曲位悬吊固定在前胸部，送往医院让医生进行手法复位。复原后，患者手的疼痛消失，可以立即进行活动。反复提拉孩子的手和前臂，会导致孩子桡骨小头半脱位。因此，成人在和孩子游戏时，尽量不要去拉拽手及前臂，避免引起婴幼儿肘关节脱位。

4. 溺水的急救

溺水急救关键在“早”。儿童一旦溺水后，呼吸道被水分阻塞，支气管痉挛，肺部无法进行气体交换，使身体严重缺氧；也可能因冷水或吸入性刺激引起喉头痉挛，声门关闭，呼吸、心搏骤停。因此，对于溺水儿童应采取以下措施：

（1）立即倾出呼吸道内积水，以保证气道畅通；

（2）及时排除内脏器官的阻碍物，使其能够畅通呼吸；

（3）迅速检查溺水者是否有呼吸和心跳，并施以急救；

①如果溺水者嘴唇发紫或苍白，呼吸缓慢或停止，刺激后无反应，脉搏摸不到，心前区无跳动感，可能呼吸、心跳已停，要立即在现场进行心肺复苏。

②对仍有呼吸、心跳的溺水者，可给予倒水以帮助呼吸。

具体方法：救生者一腿跪地，另一腿屈膝，将溺水者腹部横放在救护者屈膝的大腿上，头部下垂，后压其背部，使胃及肺内水倒出。或将患儿俯卧于肩上，头足均下垂，抢救者扛其来回跑动。这样，一方面促使水从肺部排出，另一方面也有协助呼吸的作用。

（4）急救后很快苏醒的溺水者，可喝一些红糖姜汤或其他汤汁后静卧。

（5）对于采取急救但仍未脱离危险的溺水者，应尽快送往医院继续进行复苏处理及预防性治疗。

5. 中暑的急救

中暑是指人体在高温或烈日下，引起体温调节功能紊乱、散热机能发生障碍，致使热能积累所致的以高热、无汗及中枢神经系统症状为主的综合征。

一般在高温环境下，如果婴幼儿出现大量出汗、头晕、眼花、无力，恶心、心慌、气短、注意力不集中、定向力障碍等症状，便是中暑的先兆。如果婴幼儿体温升高至38℃以上，皮肤灼热、面色潮红，呕吐，皮肤湿冷，脉搏细弱，血压下降则表示已轻度中暑。

中暑衰竭主要表现为皮肤苍白，出冷汗，肢体软弱无力，脉细速。若出现血压下降，呼吸浅快，体温正常或变化较小，意识模糊或昏厥，则已是重度中暑。据不完全统计，中暑的病死率为20%～70%，因此，当婴幼儿中暑时，必须及时采取措施进行救治：

（1）搬移

迅速搬移至通风、阴凉的地方，使其平卧并解开衣扣，松开或脱去衣服，如衣服被汗水湿透应更换衣服。

（2）降温

头部敷上冷毛巾，可用50%酒精或冷水进行全身擦浴，然后用扇子或电扇吹风，加速散热降温。当体温降至38℃以下时，要停止一切冷敷等强降温措施。

（3）补水

在尚有意识情况下，可给予一些清凉饮料。注意在补充水分时，可加入少量盐或小苏打，千万不可急于补充大量水分，否则会引起呕吐、腹痛、恶心等症状。

（4）促醒

若呼吸停止，应立即实施人工呼吸。

（5）转送

若是重症中暑，必须立即送医院诊治。送医途中尽可能地用冰袋敷于额头、枕后、胸口、肘窝及大腿根部，积极进行物理降温，以保护大脑、心肺等重要脏器。

6. 心肺复苏术

心肺复苏术，就是当呼吸终止及心跳停顿时，合并使用人工呼吸及胸外心脏按压来进行急救的技术。

若因溺水、心脏病、高血压、车祸、触电、药物中毒、气体中毒、异物堵塞呼吸道等导致呼吸中止、心跳停顿，在医生未到来前，均可利用心肺复苏术维护脑细胞及器官组织不致坏死。

具体步骤：

（1）让被救者平卧在平坦的地方

急救者一般站或跪在被救者的右侧，左手放在被救者的前额上用力向后压，右手指放在下颌沿，将头部向上向前抬起。

注意：让被救者仰头，保证口腔、咽喉轴呈直线，防止舌头阻塞气道口，保持气道通畅。

（2）人工呼吸

抢救者右手向下压颌部，撑开被救者的口，左手拇指和食指捏住鼻孔，用双唇包封住病人的口外部，用中等的力量进行口对口人工呼吸，按每分钟12次、每次800 mL的吹气量。一次吹气后，抢救者抬头做一次深呼吸，同时松开左手，直至被救者有自主呼吸为止。

注意：吹气不宜过大，时间不宜过长，以免发生急性胃扩张。同时观察被救者气道是否畅通，胸腔是否被吹起等。

（3）胸外心脏按压

操作时根据被救者身体位置的高低，站立或跪在被救者身体的任何一侧均可。必要时，应将脚垫高，以保证按压时两臂伸直、下压力量垂直。

注意：对婴幼儿实施胸外心脏按压，需根据婴幼儿年龄选择合理的按压方法。

①新生儿（0～1个月）：采用环抱法围胸心脏按压。

救护者双掌环握新生儿胸部，用两拇指重叠两乳头连线中点以下一横指处，使下陷按压1.5～2.5 cm，然后迅速放松。按压频率大约每分钟120次。按压与呼吸比为5∶1（如图7–1）。

②婴儿（1～12个月）：两指法。

救护者三指并拢，食指放在两乳头连线中点下方，抬起食指后，右手中指与无名指紧贴胸壁，即为按压部位（如图7–2）。下压深度2 cm，按压频率100～120次/分，按压与呼吸比为5∶1。

③幼儿（1～6岁）：按压法。

按压定位：胸骨中下1/3交界处。右手应压住幼儿前额，以保持气道通畅，左手食指、中指并拢，指尖沿患者肋弓下缘向上移动至胸骨体与剑突的连接处，将中指固定在此处。然后将压在幼儿额头上的右手的掌根移到并紧挨左手食指，并使手掌根部与胸骨平行。

按压姿势：救护者两肩正对幼儿胸骨正上方，左手压幼儿前额，右臂伸直，肘关节伸直内收，肩、肘、腕关节垂直成线，利用上半身的体重及臂的力量垂直向下按压胸骨（如图7-3）。按压深度3 cm左右，按压频率为每分钟80～100次，按压与呼吸比为5∶1。

心脏按压有效的表现：能触及大动脉搏动，口唇、面色、甲床等颜色由发绀转为红润，瞳孔缩小，有时可出现对光反应，呼吸逐渐恢复，昏迷变浅，出现反射活动或挣扎。心肺复苏后，及时送医。

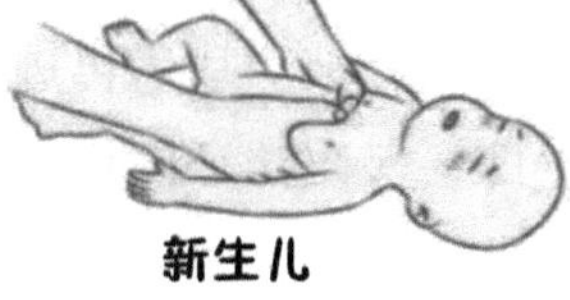

图7-1　环抱法

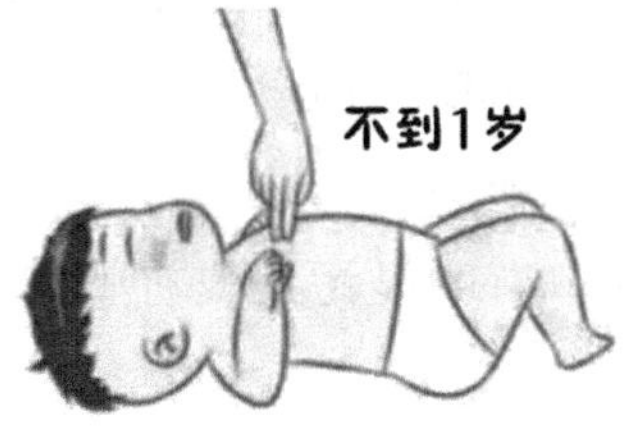

图7-2　两指法

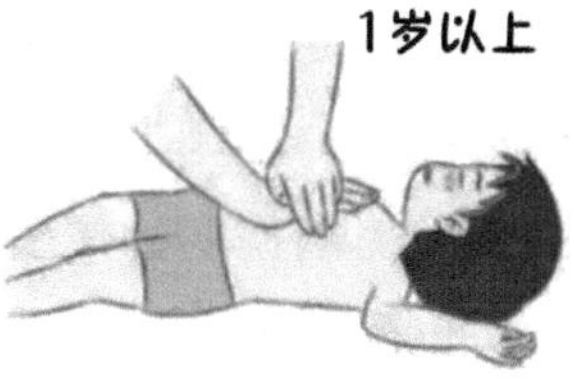

图7-3　按压法

第三节　婴幼儿常见意外事故的处理方法

意外事故发生后，必须在现场争分夺秒地进行正确而有效的急救，以减少损伤。对于托幼园（所）的保教人员来说，掌握必要的处理方法是保证幼儿健康成长的基本要求。

（一）小外伤

1. 跌伤

跌伤在幼儿中比较常见，如奔跑、跳跃时不慎跌倒，蹭破膝盖、胳膊肘，尤其在夏季常见。跌伤的部位和力度不同，受伤程度亦有所不同。因此当幼儿跌伤后，除应注意局部损伤情况外，还应根据幼儿的神情来判断其他部位及内脏有无损伤。如果幼儿跌伤后，神态木然，反应迟钝，说明情况严重。如果出现休克，应考虑幼儿脑及内脏是否受到损伤，及时就医。

如果幼儿摔伤程度比较轻，只是出现皮肤轻微擦伤或者少量出血，可以用流动的清水或生理盐水冲洗伤口，去除伤口表面的污物，随后使用碘伏溶液、过氧化氢溶液等进行消毒，并用创可贴或干净的纱布包扎。若伤口大或深，出血较多，要先止血，并将伤部抬高，立即送医院处理。如果皮肤未破，伤处肿痛，颜色发青，可局部冷敷，防止皮下继续出血。一天后再用热敷，以促进血液循环和吸收，减轻表面肿胀。

如果幼儿跌伤出现明显的疼痛感或肢体活动障碍等，需要制动处理，照护者需要使用夹板或绷带固定患处，避免活动患处，然后及时去医院就诊。

跌伤常见的并发症为脑震荡。有些伤者颅骨虽无损伤，但外力波及颅内，使脑受到震荡，出现短时间的意识丧失，甚至昏迷数分钟至数十分钟，并伴有头痛、头晕、呕吐、嗜睡等症状。遇此情况，应立即送医院。

2. 割伤

幼儿在使用剪刀、小刀等文具或触摸打碎的玻璃器皿时，划破了手，皮肤割裂、出血。具体处理办法：用干净的纱布按压伤口止血，止血后，可用碘伏消毒伤口，敷上消毒纱布，用绷带包扎。如果是玻璃器皿扎伤，还应用镊子清除碎玻璃片后再进行包扎。若因割伤的物体引起的伤口有明显污染或有感染，应立即去医院接种破伤风疫苗，防止伤口恶化。

3. 挤伤

幼儿在日常生活中会出现手指被门、抽屉等挤伤情况，严重时，可出现指甲脱落现象，给幼儿造成痛苦。当幼儿手指被挤伤，在没有破损情况下，可用水冲洗，进行冷敷，以减轻其痛苦。如果因挤伤造成指甲掀开或脱落，应立即去医院接受治疗。

4. 刺伤

有些花草、木棍、竹棍带刺，易扎入幼儿皮肤，有时有一部分露出皮肤，扎入后会产生刺痛感，应立即取出。可先将伤口清洗干净，然后，用消毒过的针或镊子顺着刺的方向把刺全部挑、拔出来，并挤出瘀血，随后用乙醇消毒伤口。有的刺难以拔除，则应送医院处理。

5. 擦伤

婴幼儿皮肤的组织结构比较薄，皮肤细胞密度较低，皮下脂肪较少，皮肤屏障功能还未完全发育，因此容易在日常活动中导致皮肤组织擦伤，出现轻微破损、脱落，伴有轻微渗血、血痕或出血斑点，或者较浅的伤口。具体处理办法：用清水冲洗伤口，清除表面的灰尘等杂质，接着观察伤口情况，若伤口较浅且无出血症状，伤口表面涂抹碘伏消毒后，保持伤口干燥，两周左右可自愈；若伤口面积较大，有出血症状，先消毒后再进行包扎，观察伤口愈合状态，预防伤口发炎感染。

6. 扭伤

幼儿活动量大，发生扭伤是常见的情况，一般多发生在踝、膝、肩、腕、肘等部位。一旦出现扭伤后，受伤部位常出现肿胀、青紫、疼痛和皮下血肿等。具体处理办法：先用湿毛巾或冰袋冷敷受伤部位，减轻扭伤处的肿胀，同时起到止痛、止血的效果；24小时以后改用热敷受伤部位，以促进扭伤处的血液循环，减轻肿胀，切忌搓揉按摩受伤部位，加重血肿形成。

为了避免幼儿小外伤，托幼园（所）应采取以下预防措施：

（1）及时开展安全教育，培养幼儿的安全意识。

（2）定期做好大型玩具的修缮工作。

（3）户外活动应注意安全，以防跌伤出血；运动前开展热身活动，充分活动各关节部位。

（4）装修地板应选用粗糙防滑材料。

（5）下雪、雨后走路通道及时清理或铺设纸板、草袋。

（6）教育幼儿不要玩耍尖锐的物品，加强对玩具质量的管理。

（二）异物入体

1. 鼻腔异物

鼻腔异物常发生于婴幼儿玩耍时因好奇将异物塞入鼻腔而引起，如小玩具、纽扣、塑料小球、豆类等，也有在婴幼儿睡眠过程中被小昆虫侵入鼻腔造成。若异物滞留鼻腔太久，会导致鼻腔疼痛，甚至出现恶臭或带血的鼻涕，严重的则鼻背红肿，出现全身不适症状。鼻腔异物处理办法：如果是小物体被塞进鼻孔，可让幼儿压住无异物的鼻孔，用力擤鼻，迫使异物随气流排出；也可用纸捻刺激鼻黏膜，使异物随喷嚏排出。若异物出不来，应去医院处理，切不可用镊子夹，操作不慎则导致损伤鼻黏膜，造成鼻出血。重则会使异物向后方掉进气管，就非常危险了。

2. 外耳道异物

同鼻腔异物一样，幼儿有时因好奇将异物塞入耳洞，或小昆虫侵入耳道，可引起耳鸣、耳痛。植物性异物进入外耳道，如遇水膨胀会继发感染，引起外耳道炎。动物性异物在外耳道内爬行、移动可引起剧痛。体积大的异物还会引起反射性咳嗽或影响听力。外耳道异物处理办法：若是活体昆虫进入外耳道，可用灯光诱其爬出，如不成功可滴入油类，将其淹死，再行取出。如果是体积较小的异物，可让幼儿将头歪向有异物一侧，脚跳，以促使异物从耳中掉出来。对于不易取出的异物，应去医院处理，以免损伤外耳道及鼓膜。

3. 咽部异物

咽部异物是各个年龄阶段的人都可能会发生的，对于年龄比较小的幼儿来讲发生的概率会更高一些，特别是3岁以下的婴幼儿，其辨别能力差，咀嚼能力也不是很强，更容易导致咽部异物情况出现。咽部异物处理办法：若因鱼刺、骨渣扎入扁桃体或其附近组织而引起，吞咽时疼痛加剧。可用镊子小心取出，切不可采用硬吞食物的方法，强使异物下咽，这样会把异物推向深处，一旦扎破大血管就很危险。对难以取出的异物，应去医院处理。

4. 气管、支气管异物

幼儿在进食或口含小物体时哭闹、嬉笑，十分容易将食物或放在口中的小物体吸入气管或支气管。气管内若有异物可表现为呛咳、吸气性呼吸困难。如异物较大，嵌于气管分叉处，将导致吸气和呼气困难。支气管异物以右侧为多见。继发感染后，可出现发热、全身不适等症状。对于不同年龄阶段婴幼儿出现气管、支气管异物可采用以下处理方法：

（1）婴儿（1～12个月）：拍背倒立法

施救者一手虎口握住婴儿的脖颈，婴儿腹部躺于施救者手臂上，身体向下倾斜，呈头低脚高姿势，另一手掌根拍婴儿的背部，迫使异物咳出。

（2）婴幼儿（1～2岁）：胸部手指冲击法

先让婴幼儿仰卧于桌上或躺于施救者的手臂，面部朝上，施救者站于一侧，用中指和食指放在婴幼儿的剑突和脐上的腹部，快速向上冲击压迫，直至异物排出。

（3）海姆立克急救法

年龄较大的幼儿可采用海姆立克法进行急救。让幼儿坐立或站立，施救者站在幼儿身后，双臂环绕幼儿腰腹部，一只手握拳，拳心向内按压幼儿的肚脐和肋骨之间的部位，另一只手握住拳头，有节奏地向上、向内推压，通过气流迫使异物咳出。

5. 眼部异物

生活中常常会有小飞虫、尘埃、植物飞絮等不慎进入眼睛的情况发生。当眼部有异物时，切记不要让幼儿揉眼，易损伤角膜。一般情况下，可将其眼睑翻出，用干净手绢轻轻擦去异物。若异物牢固地嵌插在角膜上，幼儿则十分疼痛，为了不损伤角膜，必须去医院处理。

为防止幼儿出现异物入体对其造成身体伤害，应采取以下预防措施：

（1）培养幼儿良好的饮食习惯，进食时慢吞细咽。进食时不要惊吓、逗乐或责骂幼儿，以免幼儿大哭、大笑而将食物吸入食管。

（2）告诫幼儿不要将别针、硬币、纽扣等物塞进鼻孔、耳朵或放在嘴里玩。

（3）不要给较小幼儿吃花生米、瓜子、豆子、果冻等，以免发生意外。

（三）烧（烫）伤

烧（烫）伤是由火焰、开水、热粥、热汤、化学物质等作用于身体表面所致的损伤。随着幼儿园、家庭使用电热饮水机的日益普及，幼儿烫伤情况明显增多。洗澡时，如没有调节好水温，也会造成烫伤。幼儿皮肤薄嫩，烧（烫）伤造成的损伤要比成人更加严重。

1. 烧（烫）伤的损伤程度

（1）Ⅰ度烧（烫）伤：表皮受损，局部皮肤红痛，一般情况下，数日后可自愈，不留疤痕。

（2）Ⅱ度烧（烫）伤：表皮全层和真皮一部分受损，皮肤出现水疱，局部水肿，疼痛较剧。一般两周内能自愈，不留疤痕。

（3）Ⅲ度烧（烫）伤：全层皮肤或皮下组织、肌肉甚至骨骼都被烧伤。局部皮肤呈黄灰色、干燥，甚至形成焦痂。2～3周后，焦痂下有液体渗出，易感染，愈合极慢，愈合后留下颜面疤痕。

2. 烧伤的处理

立即扑灭幼儿身上的火焰，脱去或剪去已着火的衣服，用干净被单包裹烧伤部位，不要弄破水疱，不要弄脏烧伤部位，立即送医院治疗。

3. 烫伤的处理

打开自来水开关，让流动的水不断冲洗伤处，进行冷却处理，防止烫伤范围继续扩大。如果烫伤处隔着衣服，先用冷水使烫伤处冷却 20～30分钟，然后剪开衣服，再脱下来，在烫伤处涂抹“红花油”“獾油”等油剂，并保持创伤面的清洁。对烫伤面积较大的幼儿，应立即将湿衣服剪掉或脱掉，避免衣物与皮肤粘连造成二次伤害。用干净被单将伤者包裹起来，避免伤口暴露在空气中，并及时送医院治疗。

4. 烧（烫）伤的预防

（1）教育幼儿不玩火，炉子周围应有围栏。

（2）开水、热饭、热汤应放在安全的地方，以免幼儿打翻。

（3）手提开水时，要提防幼儿从旁突然冲出来；给幼儿洗澡时，要先倒凉水，后倒热水。

（四）惊厥（抽风）

惊厥是婴幼儿的常见急症。婴幼儿由于中枢神经系统发育尚未成熟，所以容易发生惊厥。引起惊厥的原因多见于高热（39℃以上）、代谢紊乱（如低血钙、低血糖或维生素缺乏等）。急性传染病和癫痫也可引起惊厥。

1. 症状

幼儿惊厥的症状是突然失去知觉，头向后仰，眼球固定、上转或斜视。全身性或局部肌肉抽动，面部青紫色，呼吸弱而不规律或有窒息。短者瞬息即逝，长者可持续数分钟至十几分钟。

2. 处理

应迅速将幼儿放平，头偏向一侧，使口腔分泌物易于流出，以免引起窒息。保持安静，解开衣领，用筷子或手帕垫在患儿上、下牙间，以免舌被咬伤。痉挛停止后立即送医院处理。

3. 预防

（1）室内要经常开窗通风，多让幼儿参加户外活动，加强体格锻炼，使机体能适应环境，减少感染性疾病的发生。（2）注意营养，给幼儿提供合理膳食，饮食要定时定量，不要让幼儿饥饿，以免发生低血钙和低血糖惊厥。

（3）幼儿感冒时要补充淡盐冷开水，及时进行物理降温，或口服退烧药，以防体温突然升高引发惊厥。

（五）晕厥

晕厥是由于短时间内大脑供血不足所引起的一种症状。多见于神经系统发育不全的幼儿，表现为突然失去知觉，晕倒在地。饥饿、疲乏、气候闷热、精神紧张时特别容易发生。

1. 症状

晕厥常伴有短时间的头晕、恶心、心慌、出汗、四肢无力、眼前发黑等症状，然后摔倒在地。倒地后，脸色苍白，四肢冰冷。

2. 处理

可让幼儿平卧，头部略低，脚略高于头，松开衣领、腰带，经短时间休息后，即可恢复正常。

3. 预防

（1）注意营养，有规律地进食，生活节奏正常。

（2）适度运动，保持充足的睡眠。

（3）一旦发现幼儿晕厥，有短暂的意识丧失，最好到医院做一个检测，确诊是否患有血管迷走性晕厥或其他疾病，以便早发现早治疗。

（六）触电

幼儿因好奇将手伸进电插孔或玩弄电器造成触电事故的发生。此外，雷雨天在大树或高大建筑物下避雨，也可被闪电所击。

1. 症状

触电后可出现深度灼伤，呈焦黄色，严重者创伤面极深，骨骼、肌肉炭化，数日后坏死、感染、出血。尤其是动脉出血后不易止血，可危及生命。轻者有短时间意识丧失，醒后有头痛、恶心、呕吐、心悸和肌肉疼痛等症状。重者可发生昏迷、休克以至死亡。

2. 处理

处理时要注意以最快的速度，用适当的方法，使幼儿脱离电源，如关闭电门，用干燥的布棍、竹片等不导电物体拨开电线。在患儿脱离电源前，应避免直接拖拉，防止急救者也触电。对于心跳、呼吸微弱或已停止的幼儿，应立即施行口对口人工呼吸及胸外心脏按压术，然后速送医院治疗。

3. 预防

（1）对于幼儿园中易发生触电的隐患要及时检修。室内电源插头应安装在幼儿摸不到的地方。

（2）雷雨天气时不要让幼儿待在树下、电线杆旁避雨，以免雷击触电。

（3）教育幼儿于室外玩耍时，千万不要爬电线杆，遇到落在地上或半垂的电线时，一定要绕行，因为那可能是带着高压强电的电线。提醒幼儿不要玩灯头、电线插头、电器等。

（4）告诉幼儿千万不要用湿手去开灯、关灯或接触其他电源开关，不能用手指、小刀和铅笔去捅多用插座。

（七）蜇伤

生活中，婴幼儿可能会被蜜蜂、黄蜂等小昆虫蜇伤，造成伤害。

1. 症状

蜇伤后局部皮肤会出现疼痛、红肿、发炎、出血等症状。严重者会出现头晕、恶心、呕吐症状，甚至引发昏迷、休克、过敏等全身反应。

2. 处理

观察皮肤被蜇伤处是否有毒刺，若有毒刺应该用消毒后的针或镊子将其拔出，若毒刺附有毒囊腺，应直接用针挑出，在拔取过程中不要挤压皮肤，以免毒刺进一步深入皮肤。拔出毒刺后，用流水冲洗伤口，若被蜜蜂蜇伤，可用稀氨水、小苏打水、肥皂水等碱性液体冲洗，以中和蜜蜂的酸性毒液；若被黄蜂蜇伤，可用食醋、硼酸等酸性液体冲洗，以中和黄蜂的碱性毒液。如果皮肤出现肿胀，可用冰袋或湿毛巾进行冷敷，消除肿胀。严重蜇伤者，应立即送往医院诊治。

（八）误服毒物

幼儿因缺乏生活经验，常将药片当作糖丸吞服。随着活动范围的增大，接触毒物的机会增多，除有毒植物、药物中毒外，农药中毒和化学品中毒也时有发生。

1. 症状

患儿会出现皮肤潮红、恶心、呕吐、食欲差、血压下降、昏迷、抽搐、呼吸及循环衰竭等症状。

2. 处理

催吐是排除胃内毒物的简便而有效的方法。让幼儿喝大量清水，用羽毛、手指等刺激幼儿的咽部，引起呕吐，反复2～3次，以达到排除胃内毒物的目的。如果是强酸或强碱中毒，不能洗胃，可让幼儿服用牛奶、豆浆、生蛋清、食醋、橘汁等。因为牛奶、豆浆、生蛋清等内服后，可起到保护胃黏膜、延缓吸收的作用。同时，应立即送往医院诊治。

3. 预防

（1）培养幼儿良好的饮食习惯和卫生习惯。教育幼儿吃东西前要洗手，反复耐心地告诉幼儿什么东西能吃、能摸，什么东西不能吃、不能摸。使幼儿形成条件反射，不随便乱摸、乱吃。

（2）妥善保管幼儿园的各种杀虫剂、灭鼠药以及各种药品。杀虫剂、灭鼠药应放在幼儿接触不到的地方，不要随便扔到一个角落；药品应有专盒或专柜放置，必要时加锁。

（九）鼻出血

幼儿鼻部受到外伤、挖鼻孔损伤了鼻黏膜、鼻腔异物等均会引起鼻出血。鼻出血一旦发生，要及时止血。此时应尽量使幼儿安静，避免哭闹，并为他松开衣领、腰带，安慰幼儿不要紧张。采取坐位，头稍向前倾。尽量将从鼻咽腔咽到口腔的血吐出，这样既可以知道出血量的多少，也可以避免将鼻血咽进胃里，刺激胃部引起腹痛及呕吐。如果出血量较大，有面色苍白、出虚汗、心率快、精神差等出血性休克前驱症状时应采用半卧位，同时尽快将幼儿送到医院进行治疗。

1. 填塞止血

即用清洁、干燥棉花或加数滴麻黄碱或肾上腺素，填塞鼻孔内止血，但不可用乙醇棉花填塞，以免加重出血。更不能将墨汁、草灰、尘末敷入鼻内，否则极易造成感染，甚至发生破伤风。

2. 捏鼻止血

用拇指和食指捏住鼻翼5分钟，压迫止血，这种做法对鼻腔前部出血作用最好，如鼻后部出血，亦可用此法；若仍未止住，可再加填塞法，则效果更好。出血时应禁食，出血时间较长者，可给予温、冷的汤水或牛奶，不要给热食。止血后则以高热量易消化的流质、半流质等饮食为宜，不要吃生硬及刺激性食物，还可食富含维生素的水果，以保持大便通畅。这样，可避免因多次咀嚼牵动面部肌肉组织，或因便秘而在大便时过度用力再次引起鼻出血。

【思考与练习】

1. 托幼机构常见意外事故发生的原因有哪些？
2. 托幼机构应该对幼儿进行哪些方面的安全教育？
3. 如何判断伤情的轻重？
4. 常见的小外伤有哪些？应如何处理？
5. 幼儿骨折后该如何处理？

第八章　婴幼儿健康管理与保育

学习目标

1. 了解托幼机构的健康检查制度。
2. 掌握婴幼儿健康检查的操作程序。
3. 熟悉婴幼儿身心健康的表现。
4. 掌握体察幼儿情绪的方法和营造良好情绪环境的方法。

第一节　婴幼儿健康管理概述

一、健康和健康管理

健康和健康管理是两个互相联系的概念，但是它们又有着很明显的差异。

（一）健康的定义

健康是人类最宝贵的财富，也是人类永恒的追求和共同的愿望，更是人的一种基本权利。它是指一个人在身体、精神和社会等方面都处于良好的状态。健康包括两个方面的内容：一是身体形态发育良好，主要脏器无疾病，体形匀称，机体各系统的生理功能良好，有较强的劳动能力和身体活动能力，这也是对健康最基本的要求。二是能够适应各种环境的变化和各种生理刺激以及致病因素对身体的影响，具有较强的抵抗疾病的能力。

传统的健康观是“无病即健康”，而现代人的健康观是整体健康。世界卫生组织提出“健康不仅是躯体没有疾病，还要有道德、具备心理健康、有良好的社会适应能力”。因此，现代人的健康应该包括身体健康、智力健康、心理健康、心灵健康、社会健康、道德健康和环境健康等。

维护健康的基本要素：愉悦的情绪、均衡的饮食、适量的运动、戒烟戒酒。

（二）健康的标准

世界卫生组织（WHO）对健康提出了8条新的标准，即所谓的“五快三良”。

1. 食得快。指进食时有好胃口，能快速地吃完一餐饭而不挑食，这证明内脏功能正常。

2. 睡得快。指上床能很快熟睡，且睡得很深，醒后精力充沛，头脑清醒。

3. 变得快。指一旦有便意，能轻松自如地排泄大小便，在精神上有一种良好的感觉，说明胃肠功能很好。

4. 说得快。指语言表达清楚正确，说话流利，说明心、肺功能正常，头脑清楚，思维敏捷，精力充沛。

5. 走得快。指行动灵活自如、动作敏捷，说明精力充沛旺盛。

6. 良好的个性。指感情丰富，性格温和，意志坚强，具有坦荡的胸怀与乐观的心境。

7. 良好的处事能力。指具有良好的自我控制能力，看问题客观实在，能适应各种复杂的社会环境，对周围事物的变化始终能保持良好的情绪，能维持对社会外环境与机体内环境的平衡。

8. 良好的人际关系。指不斤斤计较，待人接物能大度和善，能与人为善、助人为乐。

世界卫生组织的报告认为：健康=15%的遗传因素+10%的社会因素+8%的医疗条件+7%的气候条件+60%的自我保健。

综上所述，判断一个人是否健康，除参照以上标准外，还可以根据以下公式进行自我评估：健康=稳定的情绪+适量的运动+合理的饮食+科学的休息。

（三）健康管理的定义

健康管理就是以预防和控制疾病的发生与发展，降低医疗费用，提高生命质量为目的，对个体或群体的健康进行全面的监测、分析和评估，以提供健康咨询和健康指导，以及对各种健康的危险因素进行干预的总过程。其宗旨是调动个体、群体和整个社会的积极性，从而有效地利用有限的资源来达到最大的健康效果。具体做法是对个体或群体有针对性地提供科学健康信息，创造条件，采取行动来改善健康状况。

在我国，健康管理服务是由具有执业资格的“健康管理师”来提供的。我国“十三五”之后提出“大健康”建设，把提高全民健康管理水平放在国家战略高度。根据“规划”，人民群众的健康将从以医疗救治为主转向以预防为主，从而不断提高人民群众的自我健康管理意识。

（四）健康管理的特点

健康管理是对个人或群体的健康危险因素进行全面管理的过程，主要有以下三个特点：

1. 健康管理是以控制影响健康的危险因素为核心的。

影响健康的危险因素有可变的危险因素和不可变的危险因素。可变因素是通过自我行为改变的可控因素，比如不合理的饮食、缺乏适当的体育锻炼、吸烟、酗酒等不良的生活方式，导致出现三高（高血压、高血糖、高血脂）等异常指标因素。不可变因素是指不受个人控制的因素，比如性别、年龄、家族遗传等因素。

2. 健康管理体现了三级预防并举。

一级预防又称为病因预防，就是无病预防。是在疾病或伤害还未发生时针对病因或危险因素采取一定的措施，以降低有害暴露的水平，预防疾病和伤害的发生或推迟疾病的发生，从而增强个体对抗有害暴露的能力。二级预防又称临床前期预防，是对疾病做到早预防、早发现和早治疗。就是在疾病的临床前期做好早期发现、早期诊断和早期治疗的“三早”预防措施。这一级的预防是通过早期发现、早期诊断来进行适当的治疗，能使疾病在早期就被发现和治疗，减少或避免并发症和后遗症的发生。三级预防又称临床预防。三级预防可以促进机体功能的恢复并防止伤残的发生，降低病死率，提高个体的生存质量，达到延长寿命的目的。

3. 健康管理的服务过程是环形运转循环的。

健康管理的实施环节，是健康监测，即收集服务对象的个人健康信息，是持续实施健康管理的前提和基础。二是健康评估，即预测各种疾病发生的危险性，是实施健康管理的根本保证。三是健康干预，即帮助服务对象者采取行动，控制危险因素，是实施健康管理的终极目标。健康管理的整个服务过程，是通过这三个环节不断循环运行的，能减少或降低危险因素的级别和个数，保持低风险的水平。

（五）健康管理的目标

健康管理的目标是指通过科学、合理、系统的方法，对个体的健康状况进行评估、干预和管理，以达到促进健康、预防疾病、延长寿命的目的。健康管理全面关注个人身体健康、心理健康和社会健康，通过科学手段，提供个性化的健康服务，能够帮助个体实现健康生活的目标。具体包括以下几点：

1. 完善各项健康和福利制度。

2. 减少影响健康的各种危险因素。

3. 预防各种疾病的发生，避免高危人群患病。

4. 对于易患的疾病做好早期诊断。

5. 提高临床效用的效率。

6. 避免可预防的疾病以及相关并发症的发生。

7. 减少无效的或不必要的各种医疗服务。

8. 对疾病的所有结果做出度量并提供持续的评估方法和改进措施。

二、婴幼儿的健康管理

婴幼儿时期是生长发育的关键期，也是容易发生各种疾病的时期。因此，做好婴幼儿的健康管理工作至关重要。婴幼儿健康管理是以预防和保健为中心的，以维护和促进婴幼儿身心健康发展和良好社会适应能力为目标的，需要根据各年龄段婴幼儿生长发育的特点，有针对性地提供综合性的保健服务，同时要注重保育知识、健康教育和咨询服务，帮助家长掌握婴幼儿保健的知识，以保障婴幼儿身心健康成长，促进其全面发展并预防和控制各类常见疾病的发生，从而达到提高婴幼儿生活质量的目的。

（一）婴幼儿健康管理的时间和内容

婴幼儿在出生以后，需要接受8次健康管理服务，一般出生后的第一年进行4次，分别在3、6、8、12月龄时，出生后的第二年和第三年每半年一次，分别在18、24、30、36月龄时，3岁以后的幼儿每年进行一次健康管理。地点通常在居住地的社区卫生服务中心或乡镇卫生院，入托入园的婴幼儿可在托育机构集体进行。具体的内容有：

1. 新生儿的家庭访视和满月健康管理。

通常在新生儿出院后的一周内，医护人员要到其家中进行访视。具体了解出生时的情况、疫苗接种情况和新生儿疾病筛查情况。还要观察婴幼儿的居家环境，并询问喂养、大小便和睡眠情况。同时要为新生儿测量身长、体重和体温，并建立“0～6岁儿童保健手册”。

2. 询问上次至本次随访之间婴幼儿的喂养和患病等情况。

医护人员除了解新生儿的基本情况外，还可以有针对性地对家长进行喂养和防病保健指导。

3. 进行体格检查，并做好生长发育和心理行为发育的评估。

要严格按照规定的时间为婴幼儿测量身长、体重、头围、胸围等，并做好记录，以监测婴幼儿健康成长，及早发现问题，及早采取应对措施。同时还要关注孩子的心理健康，尽早发现情绪问题，早期干预，全面做好婴幼儿的心理评估工作，必要时可以聘请专业人员进行测评。

4. 进行母乳喂养、辅食添加、口腔保健、常见疾病防治、心理发育、意外伤害预防和中医保健等健康指导。

母乳含有丰富的营养成分，有利于婴幼儿的生长发育和提高免疫力，婴儿在6个月以内应提倡母乳喂养，到6个月时可循序渐进地添加辅食。在3个月时可以开始进行排便训练。

5. 在婴幼儿6、8、18、30个月龄时分别进行1次血常规检查。

6. 在婴幼儿6、12、24、36个月龄时分别进行1次听力筛查。

在检查婴幼儿听力时应使用行为观察法进行筛查，检查时要避开婴儿的视线，分别从不同的方向提供不同强度的声音，来观察孩子的反应，评估孩子的听力是否正常。

7. 每次进行预防接种前都要检查有无禁忌证，若没有禁忌证，在体检结束后方可进行疫苗接种。

8. 体格康复的治疗。对于存在健康问题的婴幼儿，比如生长发育迟缓、运动障碍等儿童需要有针对性地进行康复治疗。

（二）婴幼儿健康问题的处理

对于婴幼儿健康管理中发现的问题，如黄疸、脐带感染、营养不良、贫血、先天性心脏病、单纯性肥胖等，应当分析其原因，给出指导意见或转诊建议。对于口腔发育异常（唇裂、龋齿）、听力或视力异常（斜视、弱视）、心理行为发育偏异的儿童应及时转诊并追踪随访转诊后出现的结果。

（三）婴幼儿健康的评价指标

通常情况下，婴幼儿生理健康的评价指标有身高（身长）、体重、头围、胸围、坐高、骨龄等。

1. 身高（身长）：是评估婴幼儿生长发育的一个重要指标，通常以性别和年龄为基础来进行评价。

2. 体重：身高与年龄相结合，可以计算出婴幼儿的体重指数，可进一步评估其体重是否正常。

3. 头围：头围是评估婴幼儿大脑发育的重要指标，通常在出生后的前两年内进行监测，以确定其头部发育是否正常。

4. 胸围：指沿乳头下端经肩胛骨下缘平绕胸一圈的距离，能反映肺部与胸廓的生长发育情况，一般情况下，1岁以后胸围应大于头围，约等于（头围+年龄-1）cm。

（三）婴幼儿健康管理的意义

婴幼儿身心健康发展是民族进步、国家发展的基础。婴幼儿期是孩子生长发育速度最快的阶段，做好健康管理工作可以促进和保障孩子的正常生长，减少各类疾病的发生。有助于孩子在生理、心理、社会适应能力方面得到全面的发展，能为婴幼儿的健康成长奠定基础。通过对孩子健康的监测和疾病的筛查，能对婴幼儿的出生缺陷以及常见疾病做到早发现和早治疗，以预防并控制疾病的发生和发展，从而促进婴幼儿正常的生长发育，提高婴幼儿的生命质量。对0～3岁的孩子进行中医健康管理，能发挥中医“未病先防”的优势，从婴儿期就开始注重中医保健，可以提高孩子的健康素质，利于儿童成长。

婴幼儿健康管理是保障婴幼儿身体健康和心理健康的重要措施。家长和保育人员需要了解婴幼儿健康管理的基础知识，做到合理喂养，保证适度的体育锻炼和充足的睡眠，预防常见疾病的发生，关注孩子的心理健康，为婴幼儿营造安全的环境和防护措施。只有这样，才能让婴幼儿健康全面地成长。

第二节　婴幼儿健康管理制度

一、托幼机构的健康检查制度

托幼机构的健康检查制度包括入托幼机构前的体格检查制度，定期体格检查制度，晨、午、晚间健康观察制度，全日健康观察制度，传染病的报告、隔离制度。托幼机构应按照国家卫生健康委员会、教育部颁布的《托儿所、幼儿园卫生保健管理办法》的有关规定，建立健康检查制度，开展婴幼儿定期健康检查工作，建立健康档案。坚持晨、午、晚检及全日健康观察，做好常见病的预防，发现问题及时处理，做好婴幼儿健康检查工作。下面介绍托幼机构作为执行主体的几种制度。

1. 晨、午、晚间健康观察制度

晨、午、晚间健康观察指在早晨、中午、晚间各巡视班级一次，了解婴幼儿的精神、饮食、大小便、睡眠、情绪行为等状况，并做好观察及处理记录。晨检内容包括询问孩子在家有无异常情况；观察孩子的精神状况，有无发热，有无皮肤、口腔黏膜、淋巴结异常；检查孩子有无携带不安全物品等，发现问题及时处理、上报、登记。晨检应由有经验的卫生保健人员认真执行，保教人员应做好协助工作。

2. 全日健康观察制度

婴幼儿入园时保健医生的晨检极为重要，但保教人员和保教人员对婴幼儿在园时进行全日观察也不可轻视。入园后，保教人员在对婴幼儿进行日常保育的过程中，应随时观察孩子有无异常。全日观察的重点是孩子的精神状态、食欲、睡眠、大小便、体温、情绪行为等情况，对于患病和体弱的孩子要加强生活护理，发现异常情况应立即与保健医生联系，并做好全日观察记录，认真填写婴幼儿出勤、健康状况登记表。一旦发现传染性病例立即隔离，必须保证患儿完全康复并已经脱离传染期后方可再次入院。

托幼机构应明确保健医生和班级保教人员、保教人员的晨检职责，认真询问、了解婴幼儿的当日健康状况，检查婴幼儿所带的物品，保证婴幼儿每日的健康和安全。

3. 传染病的报告、隔离制度

急性传染病在托幼机构等集体场所极易引起传播，造成流行，有些传染病还会给婴幼儿健康和发育产生不良影响。对疑似或确诊为传染病的婴幼儿要立即上报、隔离，由保健医生进行诊断处理。确诊传染病病例，应按规定填写传染病登记表，并由保健医生或保教人员通知家长。对密切接触者要进行检疫，对患儿的用具和生活场所要进行全面彻底消毒。总之，托幼机构是婴幼儿集体生活的场所，要确保婴幼儿的健康，就要努力减少传染病的发生，杜绝传染病的爆发。

二、婴幼儿健康的主要表现

1. 体格发育正常，身高和体重匀速增长，无肥胖、矮小或消瘦体型的发展倾向。

2. 皮肤光滑，没有黄疸、皮疹、过分干燥或表皮油脂过多。

3. 毛发整齐而有光泽。

4. 眼睛明亮有神，眼白清洁无疵。

5. 牙齿清洁整齐，无龋齿。

6. 呼吸平稳，无鼻塞，无张口呼吸。

7. 手指清洁，指甲修剪整齐，不存在污垢。

8. 脚趾向前，无弯曲现象，非扁平足。

9. 坐、卧、立、行都能保持良好的姿势。

10. 运动后虽有正常的疲劳，但经过适当休息后即可恢复如常。

11. 食欲良好，睡眠规律、充足，大便通畅。

12. 在游戏和身体姿势方面，能够表现出与其年龄、性别、体型和运动经验相适应的技巧。

三、晨、午、晚检的操作程序

1. 一问

（1）询问家长，了解孩子来园前的一般健康情况，包括精神状态、食欲、睡眠、大小便、情绪行为等，以及有无咳嗽、流涕、腹泻、呕吐、传染病接触史、外出史等情况。

（2）询问孩子有无身体不舒适、疼痛，有无情绪不佳。

2. 二看

观察孩子的精神状态；查看面色是否正常，有无流泪、眼结膜充血、流涕等；查看皮肤（面部、耳后、双手、颈部等）是否有皮疹、出血点，指甲是否过长；查看口腔黏膜有无溃疡、疱疹，牙龈有无红肿等；查看咽部，让孩子张口，发“a”音，用压舌板压舌，观察双侧扁桃体是否肿大，有无充血、分泌物、脓点，咽部有无溃疡、疱疹、出血点、咽喉壁脓肿等情况。传染病发病季节做有针对性的查看。

3. 三摸

用手触摸孩子的额头，以检查是否发热。发现可疑者应及时测量体温，确定是否发热。确定发热者要及时送往保健室，由保健医生进行诊治，并及时通知家长。仔细触摸颈部、耳后、枕部等部位淋巴结，正常情况下，这些部位可触及单个质软的黄豆大小的淋巴结，触之可活动，无压痛。触摸两侧腮腺部，查看是否肿大、疼痛。

注意事项：

1. 做好登记工作。

2. 发现个别发、呕吐、腹泻、皮疹的孩子暂不进班，可建议家长带孩子去医院就诊，并开具诊断证明。

3. 发现孩子随身携带危险物品的，应请家长带回。

4. 发现可疑传染病及时报告、隔离、消毒。

四、全日观察的操作程序

根据晨间检查情况，有针对性地观察和记录。对于带药入园的孩子，应检查其服药情况、在园活动情况及病情变化情况，并及时告知家长，做好观察记录；离园时应与家长做好交接工作，并进行卫生、安全宣传。对于在全日健康观察中发现的异常情况，应做好记录，记录要求准确，表达清楚。

1. 观察

（1）观察婴幼儿的精神状态、情绪行为、面容，观察全身皮肤有无皮疹。

（2）观察婴幼儿的精神状态、面容，怀疑体温异常者，及时测量体温。

（3）观察婴幼儿有无咳嗽、流涕、呕吐等不适症状。

（4）观察婴幼儿的食欲、睡眠、大小便情况，注意有无异常情况。

（5）观察婴幼儿活动情况是否正常，注意防范意外事故的发生。

2. 记录

记录观察的对象是谁、观察的时间地点、被观察幼儿的行为表现。保教人员的保教过程以及保教效果。

3. 上报

在全日观察过程中如发现婴幼儿健康状况、安全状况异常，均应按流程上报。

4. 登记

对每天晨、午、晚检出现的异常情况要及时登记，要求时间准确、表达清楚，根据登记情况进行工作交接及上报。

注意事项：

①保教人员的安全意识要贯穿始终，不能以入园时已检查为借口而产生一劳永逸的麻痹思想。

②突发异常情况应及时做好记录，包括被观察孩子的去向（回家、就诊、进观察室或隔离室）。对于缺勤的孩子，要了解原因，做好记录，有情况随时与保健医生沟通。

③在托幼机构中如果发生摔、碰、划破皮肤等事故应及时上报、处理，告知家长，并做好记录。

④注意教学活动过程中教学用具的操作可能产生的安全隐患，如拆装玩具时出现的皮肤破损，孩子们在合作中出现的争执、混乱等。

五、婴幼儿身心健康的表现

1. 情绪、精神状态

情绪、精神状态是了解婴幼儿健康状况的重要标志之一。正常情况下，婴幼儿应情绪稳定，精神状态好，面色红润，活泼好动，对各种事物保持兴趣。但如果整天没精神，身体少气无力，尤其一个孩子与平时相比突然不爱动，不想说话，精神状态不好，则应引起保教人员特别关注。

2. 饮食

婴幼儿食量不是恒定的，要确定婴幼儿的食量是否充足，最重要的是对体格生长进行全面评价。可用生长曲线图检测身高和体重的增长情况，只要身高和体重的增长速度正常，就说明食量适宜。孩子的饮食量有很大的个体差异，不要盲目和其他孩子比较，要与他自己平时的饮食习惯，如果最近一段时间食量突然减少，需要及时查找原因。

3. 睡眠

新生儿平均每天睡16～20 h，通常睡眠没有规律，在2～4个月的时候，逐步形成睡眠的昼夜节律。新生儿在睡眠过程中有时会有各种动作，例如，睡觉的时候会笑，会扮鬼脸，会有吸吮动作，这些现象都是正常的。婴儿6个月时，具有了一觉睡到天亮的能力，通常不需要夜间哺喂了，一整天睡14～16 h 。在18个月的时候，大多数婴儿基本不在上午小睡，通常在午后睡1.5～3 h。每个孩子的睡眠时间都不完全一致，但对个体来说，每天的睡眠时间及规律应该基本保持相对稳定。

4. 大小便

母乳喂养儿的粪便呈黄色、金黄色或绿色，膏状或稀薄，带粪便颗粒，不臭，每日排便2～4次。人工喂养儿的粪便呈淡黄或灰黄，含白色蛋白凝块，有臭味，每日排便1～2次。粪便偏稀、发绿或者次数多，不一定都是腹泻，“变稀”“增多”才是腹泻的特点。母乳喂养的正常婴儿可能每天排便多次，偏稀，也可能3～5天排便1次，只要精神、食欲正常，生长发育就属于正常。婴儿每天的排尿次数多，这跟婴儿新陈代谢比较旺盛有关系，小便次数可以达到15次左右。多数婴儿每天的尿量在600 mL左右，平均每次的尿量大概40 mL。幼儿的尿量会明显增多，每天的尿量在800 mL左右，每次的尿量在60 mL左右。不过这些数据并不是绝对的，每个个体的排尿情况都不同，这跟摄入的水分、膀胱的敏感程度有很大的关系。如果婴幼儿每天喝很多水，排尿量自然也会多一些，反之尿量就会少一些。保教人员除了要观察孩子的尿量，还要观察尿液的颜色。如果尿液颜色比较深，排除饮食关系之外，就要考虑是喝水比较少导致的。此时，保教人员只要适量给孩子增加饮水量，尿液的颜色就会慢慢变浅。

5. 体温

通过测量体温可确定婴幼儿是否发热。正常的口腔温度或耳温一般为36～37.5℃，37.3～38.0℃为低热，38.1～39.0℃为中热，39.1～41.0℃为高热，超过41.0℃为超高热。但是婴幼儿的体温是很容易波动的，运动、进食、环境等多方面因素都可使体温发生变化。如哭闹、吃奶等正常生理活动后，体温会升高，一般在37.5～38℃，在活动结束后会恢复到正常水平。

案例分析

高热惊厥

近几日，冬冬有点流鼻涕，但没有其他不适，爸爸妈妈并没有在意，冬冬像往常一样由爸爸送到幼儿园。保教人员王老师发现孩子的脸色有些苍白，便询问孩子是否身体不适，有没有看医生，爸爸因着急上班只简短地说了句“有点不舒服，不碍事的!”便急匆匆地走了。整个上午活动及午餐时冬冬都没什么异常反应，只是显得比平时乖一些，活动少些。王老师觉得冬冬有些不对劲儿，就用手摸了摸他的额头，没发现异常。

课间游戏时王老师见冬冬站在原地不动，便问道：“冬冬，怎么了?”可冬冬却无动于衷，站在原地没有反应。王老师走到冬冬身边，忽然，孩子顺着王老师的身体滑倒在地上，同时口吐白沫、两眼上翻、牙齿紧闭、四肢不停地抖动抽搐，很快不省人事。王老师立即把冬冬身体放平，头部偏向一侧，呼唤着孩子的名字。同时，大声呼叫其他老师通知保健医生，并拨打“120”急救电话，随之带其他孩子离开。大约2 min后，冬冬渐渐有了反应，停止了抽搐，张开双眼疲倦地看着王老师。王老师用纸巾擦拭了冬冬嘴角的分泌物，在等待急救车的时候为冬冬测量了体温，为39.5℃。送医院后，医生诊断为高热惊厥。

案例点评：

早晨入园时，细心的保教人员王老师已经观察到冬冬脸色苍白，并向爸爸询问孩子的情况，至此，老师的观察和处理都是适当的。冬冬爸爸因着急上班，只说孩子有点不舒服，这些信息对了解孩子的情况是远远不够的。王老师应该推测到冬冬爸爸因急于上班没有全面掌握孩子的身体状况，对此应该特别注意。正确的处理办法：及时请保健医生对孩子的咽喉、鼻腔进行检查，增加测量体温的频次；在上午活动中，随时了解孩子的情况，监测孩子的体温。这样就能及时发现孩子在发热，不至于到课间活动时因发热引起惊厥。由于事件发生在课间活动时，并且老师和孩子在一起，采取了积极的急救措施，才避免了一场危机。否则，孩子会因抽搐时间长、处理不当造成大脑缺氧，引发后遗症或是发生生命危险。保教人员遇到婴幼儿高热惊厥时，关键要防止孩子抽搐时跌倒，以及呕吐物进入呼吸道造成窒息。

追问既往病史，冬冬既往曾出现2次高热惊厥。有过高热惊厥的孩子6岁之内患上呼吸道感染时，体温上升期容易出现惊厥，故在婴幼儿入托幼机构时应该详细询问既往史，对有高热惊厥病史的孩子应重点关注体温。

第三节 婴幼儿的情绪管理

一、婴幼儿的基本情绪

情绪是人的内心世界的外在表达方式，是一种内在能量的自然反映。基本情绪是不用学而天然拥有的。

婴儿从出生到半岁左右陆续发生着如愉快、兴趣、惊奇、厌恶、痛苦、愤怒、惧怕、悲伤等基本情绪。这些情绪的发生既有一般规律，也有个体差异，它们随着个体的成长、成熟而出现。

二、情绪环境

情绪环境是相对于某一事物或活动主体而言的。所谓情绪环境，是围绕在某一事物或活动主体周围并对个体产生影响的心理环境，也是一种心理氛围，如内向的、外向的，放松的、紧张的，接受的、抗拒的，愉快的、烦闷的等。情绪环境是长期的、稳定的。

创造良好的情绪环境有利于培养婴幼儿健康、积极的态度。保教人员以健康的、积极的态度来感染婴幼儿，不仅能体现师生的精神面貌，而且直接影响婴幼儿的心理健康。良好的情绪环境是婴幼儿心理健康发展的基础。

三、体察情绪的方法

婴幼儿像成人一样，出现情绪的背后是有原因的，不论能否了解原因在哪里，保教人员如果发现孩子有负面情绪，应及时关注负面情绪是否严重，并留意或记录孩子的语言、行为及负面情绪的持续时间长短。

1. 在行为中体察情绪

（1）体察婴幼儿的语言

一般婴幼儿的情绪会带入他们的语言中。如开心、愉快时语言表达也会非常开心，语调上扬，有负面情绪时则相反。

（2）体察婴幼儿的表情

表情指的是面部对喜、怒、哀、乐等心理活动的具体反映，用心观察是能观察到的。通常情况下，婴幼儿的表情是其情绪的自然流露。排除疾病及特殊情况，愉快的时候表情很放松、很自然，有负面情绪如紧张、惧怕、悲伤时则相反。

（3）体察婴幼儿的睡眠

排除身体疾病，保教人员可以观察婴幼儿睡眠质量的好坏。保教人员应用心观察婴幼儿是否能轻松自然入睡，入睡后是否香甜。睡眠是为了调整身体平衡，为生命储备能量，睡眠质量好坏直接影响婴幼儿一日生活、游戏等。一般情况下有压力或不顺心的事情时对睡眠影响很大，保教人员应及时发现，及时关怀，以防因其持续时间长而影响孩子的生活质量和身心健康。

（4）体察婴幼儿的饮食

中医认为喜则气缓，心则思食，怒则伤肝，怒则伤脾。婴幼儿情绪的好坏可以直接影响其食欲，影响其身心健康。

婴幼儿的心理、生理是一个统一的整体，情绪不好或长期压抑会造成没有胃口、不想吃饭，个别孩子会食欲特别旺盛，这种状态长期存在就会造成一些伤害，引发疾病。如婴幼儿有过度紧张、惧怕等情绪时会降低对感冒和病毒的抵抗力，降低免疫力，保教人员应细心观察，不能掉以轻心。

（5）体察婴幼儿的活动

婴幼儿情绪的好坏在各项活动中都会有所表现。心情愉快时，参与活动的态度是积极的、主动的，人际关系良好；有负面情绪时则相反，活动情绪不高涨，注意力不集中，难以投入各项活动中，或者不能与同伴友好相处，容易与同伴发生争执，甚至有攻击行为，或者自暴自弃，缺乏自信心。

四、营造良好情绪环境的方法

1. 营造良好的语气环境

保教人员的语气热情欢快，营造出来的情绪环境就热情欢快；保教人员的语气轻松自然，营造出来的情绪环境就轻松自然。要营造良好的情绪环境，保教人员的语气应是愉快的、良好的。

2. 营造良好的倾诉环境

在生活中人们难免遇到挫折、困难和痛苦，如果能够及时倾诉出来并得到安慰，就会减少不愉快的情绪，感觉轻松和快乐。

随着生活节奏的加快，有些孩子父母因为工作压力较大，疏忽了或无暇顾及孩子的情绪感受，甚至有些父母脾气暴躁、没有耐心、缺少陪伴，长此以往会给孩子造成一些心理伤害。保教人员是孩子最信赖的人，应从小培养孩子的倾诉意识，及时发现并有意培养孩子愿意倾诉和善于倾诉的习惯。可以引导孩子们制作“心愿卡”“心理画”等，经常把一些压抑在心底、不开心的事表达出来，让保教人员早发现、早干预，使孩子身心健康发展。

3. 营造良好的倾听环境

倾听是对情绪的接纳、理解，允许生命能量自由地流淌，是一种爱的方式。倾听是一种能力，包括倾听别人、倾听自身。

保教人员要在营造的安全氛围中倾听孩子诉说事情原委，要让孩子在诉说中感到所处环境是有爱的、安全的。倾听时要表现出非常关注他，并对他叙述的事情表示深深的理解，不对他的情绪做出任何判断，如，“我听起来……”或“我感到你……”。这时，不允许打断孩子的诉说。在倾听孩子诉说的过程中，保教人员的注意力要全部放在孩子的情绪上，不因个人的任何事情分散或打断孩子的诉说。

保教人员应该留意孩子倾诉过程中流露出来的情绪线索，帮助孩子宣泄不良情绪。孩子会把心中的小秘密诉说出来，信任地告诉老师，他的不良情绪也慢慢释放出来。

倾听不仅仅要在孩子发生不良情绪时进行，而且应在日常生活中有意营造有爱的安全环境，倾听每一个孩子，还应特别关注单亲、留守儿童和特殊儿童。

4. 营造整洁有序、色彩适宜的环境

有序、色彩适宜的环境有助于婴幼儿情绪的稳定。婴幼儿大部分时间是在托儿所、幼儿园中度过的，所以环境对婴幼儿愉快情绪的产生也很重要。

生活的环境能影响婴幼儿的认知发展。柔和中性的、暖色的、有美感的环境，配上整洁有序的材料，能给婴幼儿带来感官上的愉悦，更容易使他们陶醉在环境中。在优美环境中他们自由地、投入地进行各种活动，容易产生愉快的情绪，并得到认知发展。

5. 营造良好的睡眠环境

充足的睡眠是良好情绪的基础之一。排除婴幼儿身体疾病的因素，固定的睡前准备、固定的地点（尽量固定睡眠位置）、固定的睡前活动（睡前讲故事或播放舒缓的音乐），有利于婴幼儿睡眠习惯的养成，保障睡眠质量。没有一个良好的睡眠，婴幼儿会感到疲惫和烦躁，睡眠好、心情好，则容易产生愉快的情绪。

正常的、高质量的睡眠能保障婴幼儿游戏活动的良好精神状态，使婴幼儿容易产生愉快的情绪，所以营造良好的睡眠环境十分重要。

6. 亲近自然，放松心情

婴幼儿的生活也离不开自然。要多让孩子亲近自然，与自然交融，陶冶情操，感受自然万物的美，在自然中发现美、放松心情、增加生活情趣，让他们的需求得到满足、能量得到释放，心情会感觉很平静。还可以利用植物角给婴幼儿营造温馨的空间，让他们通过与自然的接触产生愉悦与欢畅，减轻压力，提升幸福的感觉。

7. 营造充满爱的安全的环境

在充满爱的安全的环境中，婴幼儿的情绪自然发生。孩子有了情绪，保教人员要运用各种感官语言（如语言、表情、语气、动作等）和全部的情感去接纳理解他们，尊重他们的感受，给孩子最深沉的爱，爱的情感渗透进生活中的点点滴滴，这样孩子才会对保教人员产生信任和依赖，把最纯真的心声悄悄地告诉保教人员，建立起最纯真的师生关系。这种平等友爱的关系，会让婴幼儿有安全感，情绪安定而愉快。

四、重视并满足个别孩子的心理需求

保教人员应体察婴幼儿情绪是否正常，能否正常学习和生活。负面情绪持续时间较长的孩子需要引起保教人员重视，并及时满足其心理需求。

（一）有惧怕情绪的婴幼儿

在一日活动中，经常可以碰到这样的幼儿：胆小得不敢告诉老师自己要小便，不敢告诉老师自己还想再吃一碗饭，口渴了不敢去喝水，不敢告诉老师别的小朋友欺负自己了。还有些更胆小的孩子，想参加或不想参加集体活动都不敢告诉老师，他们时时恐慌、眼神迷茫。极度缺乏安全感是婴幼儿心理年龄的发展没有及时跟上实际年龄的增长，或早期亲子依恋缺失所造成。

对于有惧怕情绪的婴幼儿的保育方法：

1. 建立师生之间的信任

保教人员应接纳婴幼儿的情绪，不对他们的情绪做任何评判。让孩子回答问题时若孩子不敢回答，或者只是点点头或摇摇头时，保教人员要给孩子爱的保护，要理解他。如可以对孩子微笑一下或点头示意一下，表达出老师期待他下次有更好的表现，逐渐建立互相信任的关系。

2. 抓住时机多与孩子交流

保教人员要有耐心，要善于捕捉有惧怕情绪孩子的“闪光点”，与其多沟通交流。多留意孩子的“无意”表达，多表扬、多鼓励，抓住孩子感兴趣的话题耐心倾听。

3. 多陪伴，传授科学知识，让孩子有安全感

多陪伴孩子身旁，及时传授科学知识，可以增强孩子的安全感，取得孩子的信任。保教人员可以扮成孩子喜欢或信任的角色与他共同游戏，趁他高兴的时候传授科学知识，如对于怕打雷的孩子，告诉他为什么会打雷、会有闪电、会刮风等。

4. 多提供孩子锻炼的机会

有些胆小的孩子，在喜欢的游戏或活动没有玩尽兴时，却不敢表达，保教人员应细心观察，多提供机会让孩子参与，并鼓励和保护他对“喜爱的游戏”的热情。

5. 给孩子做榜样

保教人员给有惧怕情绪的孩子做榜样示范，对于减少孩子的惧怕是有帮助的。例如，在一日生活中做事不要大惊小怪，或表现出畏惧情绪。

6. 禁止观看暴力恐怖的影视作品

保教人员不要让婴幼儿观看充满暴力、恐怖的影视作品。婴幼儿的心理承受力相对比较脆弱，应禁止让婴幼儿观看一些惊险刺激的影视作品，以免影响孩子情绪，让孩子充满恐惧，不利于其身心健康成长。

总之，对待有惧怕情绪的孩子，保教人员需要耐心、细心、爱心，通过一言一行引导孩子的心理走向健康，使其受益终生。

（二）有焦虑情绪的婴幼儿

童年时光无忧无虑，但并不是每个孩子都拥有幸福而快乐的童年。由于各种原因有些孩子表现得很焦虑：入园后不停地找妈妈，没有小便却一次一次去洗手间，在幼儿园无法安心午休。孩子自身的心理发育状况、保教人员的焦虑情绪等都是造成婴幼儿焦虑的原因，有时焦虑的负面情绪过大就会影响婴幼儿的身心健康发展。

对于有焦虑情绪的婴幼儿的保育方法：

1. 创造爱的、安全的氛围消除孩子的焦虑

保教人员要先接纳孩子的焦虑情绪，理解孩子的焦虑，建立友爱的师生关系，然后潜移默化地影响孩子的情绪，不对孩子的情绪做任何评判，尊重孩子的各种感受，不强迫孩子接受自己的想法。

2. 以温柔、温暖的态度与孩子交流

在友爱的、安全的氛围中，师生之间的交流可以有效缓解孩子的焦虑情绪。保教人员和保教人员应以温柔的、温暖的态度与孩子沟通交流，让孩子感受到老师对自己是真的关爱，这样才能让他的情绪慢慢放松下来，缓解焦虑情绪。

3. 创造良好的班级情绪环境

在托幼机构中，保教人员和保教人员与孩子们接触时间较长，保教人员在处理班级各种问题时的一言一行，孩子们都看在眼里、记在心里。大人的这些情绪影响着孩子们的情绪，作为老师要有给孩子们创造良好的班级情绪的意识，有意树立良好班级情绪的“班风”，遇事不大喊大叫等，不做良好班级情绪的“污染者”。

4. 培养孩子的自信心

良好的班级情绪氛围，有利于帮助婴幼儿获得成功的体验，让其树立自信心、自尊心。保教人员和保教人员应适当鼓励和夸奖孩子一点一滴的进步，孩子做事情失败或犯了错误，不能大声训斥，而应温柔地帮助他改正错误，避免或减少发生不必要的焦虑情绪。

保教人员要协助婴幼儿体察情绪、接纳情绪，并支持他们表达出自己当下的情绪。

第四节　计划免疫

计划免疫是根据疫情监测和人群免疫状况的分析，按照规定的免疫程序，有计划地利用生物制品对人群进行的预防接种，从而提高人群的免疫水平，达到预防、控制乃至消灭相应传染病的目的。我国实行的“预防为主”的方针决定了预防接种工作必须从娃娃抓起。针对婴幼儿的年龄和生长发育特点，国家实施计划免疫，以科学的方式安排疫苗接种，这是一种重要的预防接种策略。它是我国一项基本公共卫生措施，也是保证儿童健康成长的重要手段。该措施旨在最大程度地保障儿童免受常见传染病的侵害，从而提升整体健康水平。因此，做好婴幼儿的计划免疫工作具有重要意义。

一、免疫和预防接种

1. 免疫

免疫是指机体对抗原异物（如病毒、细菌等）进行识别和清除的生理保护反应。免疫可分两类：非特异性免疫和特异性免疫。非特异性免疫是指机体天生具备的正常生理防御功能，而特异性免疫则是一种获得性免疫，其方式包括自然免疫和人工免疫。

自然免疫包括两种，一种是指曾经患过某种传染病或通过潜在感染而获得对该疾病的免疫力，例如在感染麻疹后，患者可以获得终身免疫；另一种则为在一定条件下由自然产生的特异性免疫力，如母体所提供的抗体可以通过胎盘或乳汁传递给胎儿和新生儿。后者又称为获得性免疫。自然免疫的特质在于持续时间久。

人工免疫则是人为地使机体获得特异性免疫，包括主动免疫和被动免疫。主动免疫是指给易感者接种特异性抗原，刺激机体产生特异性的免疫力。这是预防接种的主要内容。因主动免疫制剂在接种后经过一定期限产生的抗体，在持续1～5年后逐渐减少。因此需要进行同类疫苗的复种，以加强免疫效果。例如，当麻疹减毒活疫苗在1岁内完成基础免疫后，7岁时应进行一次加强。被动免疫是指未接受主动免疫的易感者在接触传染源后，直接给予相应的抗体，而立即获得免疫力。因为抗体留在机体中的时间短暂（一般约3周），所以主要用于应急预防和治疗。例如，给未注射麻疹疫苗的麻疹易感儿注射丙种球蛋白以预防麻疹。

在婴幼儿成长过程中，以主动免疫为主，被动免疫为辅。

2. 预防接种

预防接种是计划免疫的核心，即把疫苗（人工培育并经过处理的病菌、病毒等）接种在健康人的身体内，使人体产生对该传染病的抵抗力和免疫力的过程。婴幼儿是预防接种的重点对象，通过接种疫苗，我们能够有效地预防多种常见传染病，如麻疹、百日咳、腮腺炎、风疹、肺炎等，从而降低并发症和死亡率。此外，增强儿童免疫系统的功能，有助于降低患上慢性疾病如癌症和哮喘的风险。

二、托幼园（所）预防接种制度

婴幼儿进入托幼园（所）以后，预防接种的任务应该由托幼园（所）和家长共同承担起来，配合卫生防疫部门，完成婴幼儿的计划免疫工作。因此，托幼园（所）应建立预防接种制度。

托幼园（所）的预防接种制度主要包括以下四方面的内容。

1. 预防接种的登记

婴幼儿进入托幼园（所）以后，医务保健人员应根据儿童预防接种卡上的记录进行全面的登记，确定该婴幼儿已完成的，以及尚未进行的接种，以保证预防接种的衔接性。

2. 预防接种前的通知

婴幼儿每次进行预防接种前，保教老师应预先通知家长预防接种的时间、接疫苗的种类以及注意事项等，以取得家长的配合。

3. 接种中的登记、检查以及接种后的观察

保教老师和医务保健人员及家长应相互配合，共同做好接种婴幼儿的登记核查工作，尤其应防止漏种、错种或重复接种，保证接种任务的顺利完成。对于没有接种的以及因患病暂时不能参加接种的婴幼儿，应登记在案。

婴幼儿接种以后，在生活和活动方面，医务保健人员应给予必要的建议和指导，保教老师应配合进行。同时，保教老师和保健人员应共同做好婴幼儿接种后的观察工作，发现婴幼儿出现异常情况，应及时采取相应措施。

4. 预防接种的补种

对于未参加预防接种的婴幼儿，医务保健人员应与其家长进行联系，并与家长协商补种。托幼园（所）婴幼儿接种率应达到95%以上。

三、计划免疫程序

儿童计划免疫的程序通常包括以下几个步骤：

建立儿童健康档案：在儿童出生后，家长应尽快建立儿童健康档案，记录儿童的接种情况和生长发育过程。

按时接种疫苗：根据儿童的年龄、身体状况和计划免疫要求，家长应按时带儿童到指定地点接种疫苗。在接种前，医生会对儿童进行详细的问诊和检查，以确保其身体健康状况适合接种疫苗。根据卫生健康委员会的要求，我国0～3岁婴幼儿免疫规划疫苗包括：卡介苗、乙肝疫苗、脊髓灰质炎疫苗、百白破疫苗、A群流脑疫苗、麻风疫苗、麻腮风疫苗、A + C群流脑疫苗、甲肝减毒活疫苗或甲肝灭活疫苗、乙脑减毒活疫苗或乙脑灭活疫苗等疫苗（详见附录）。

接种时间和部位：不同疫苗的接种时间和部位有所不同。一般来说，疫苗的接种时间会根据儿童的年龄、身体状况以及疫苗种类进行安排。例如，卡介苗一般是在出生时进行接种，而脊髓灰质炎、麻疹和乙肝等疫苗则需要在儿童不同的年龄阶段进行多次接种。在接种时，医生会选择合适的部位进行注射，如上臂三角肌、大腿前外侧等部位。

注意事项：在接种疫苗后，家长需要密切观察儿童的反应情况，如出现发热、皮疹等不良反应应及时就医。此外，在接种期间，家长应避免儿童过度劳累、避免感染

等，以确保免疫接种的安全和有效性。

全程接种：在完成所有规定剂次的疫苗接种后，家长需要确认儿童是否已完成全程接种。这可以通过查看儿童健康档案或者咨询医生来实现。完成全程接种意味着儿童已经建立起足够的免疫力，可以有效地预防相应传染病的发生。

四、预防接种禁忌证

疫苗应该在婴幼儿健康的状态下才能接种。国家免疫规划疫苗儿童免疫程序中规定的接种年（月）龄是接种该疫苗的最小起始年（月）龄。也就是说到达了这个年（月）龄后就可以接种某种疫苗了。比如婴儿满了2月龄，就可以接种第一剂脊髓灰质炎疫苗。如果只是错过了原来计划的接种日期，但只要没有超过疫苗说明书规定的接种月龄，就属于按时接种。当婴幼儿身体出现以下症状时则需要推迟接种：

（1）正在发热或患急性病期间。如上呼吸道感染、气管炎、肺炎、腹泻、呕吐等。这时候的婴幼儿免疫力比较差，接种疫苗达不到理想的效果，反而可能加重病情，甚至出现不良反应。

（2）严重湿疹、化脓性皮肤病。湿疹是婴幼儿常见的皮肤病，能不能接种需要根据湿疹的轻重程度而定。虽然原则上轻症湿疹并不是一些疫苗的接种禁忌证，但最好经过医生的判断来决定是否接种。

（3）传染性疾病。如猩红热、手足口病、轮状病毒感染期等。

（4）慢性病活动期。如病毒性肝炎、肾病综合征等。

（5）近期注射过免疫球蛋白。如果婴幼儿近期注射过免疫球蛋白，至少3个月后才可以接种减毒活疫苗（如麻风、麻腮风、水痘疫苗等），以免免疫球蛋白干扰减毒活疫苗的免疫效果。

适当推迟接种不会影响婴幼儿的健康，也不会影响疫苗抗体水平的产生，更无须因推迟而把之前接种的疫苗重新再注射一遍。但推迟接种期间，人体可能会对相应的疾病没有足够的免疫力，会增加患病的风险。因此，如果婴幼儿的健康状况允许，尽量让婴幼儿按时接种疫苗；如果婴幼儿生病了，应该在疾病痊愈后尽快联系疫苗接种医生，咨询并及时补种。

五、预防接种后的反应及处理措施

接种疫苗后，由于疫苗接种本身所固有的特性，接种的幼儿免疫系统会对疫苗产生反应，其临床表现和强度随疫苗和个体而异，大多反应过程是一过性的，不是持久性的，没有后遗症，经过休息或一般处理，短时间即可恢复。

1. 局部反应

在接种后的24小时内，接种部位会出现红、肿、热、痛等反应，红肿直径在2.5 cm以下为弱反应，2.5～5 cm为中等反应，大于5 cm为强反应。轻中反应一般不需要处理，1～2天可自行消退，如出现强反应，且婴幼儿不发热的情况下，可采用热敷消肿的方法，减轻婴幼儿疼痛，同时要注意保持注射局部的清洁卫生，防止继发感染。不要给婴幼儿穿太紧的衣服，不要让婴幼儿抓挠、挤压。也不要进行按摩和包扎。

2. 全身反应

全身反应。主要表现为发热，接种疫苗8～24小时后，如果体温为37.1～37.6℃则为弱反应，37.6～38.5℃为中反应，大于38.5℃为强反应。另外，头晕、恶心、腹泻等全身反应，都属于正常的接种后的免疫反应，不需要处理。强反应可采取物理或药物降温的方法来处理。要注意避免婴幼儿剧烈运动，须多喝水。如果发热超过38.5℃，可以使用退热剂，饮食上注意清淡，避免油腻食物，以减轻婴幼儿的胃肠道负担。

3. 异常反应

极少数婴幼儿可能出现晕厥、过敏性休克、过敏性皮疹、血管神经性水肿等。晕厥，多发生在空腹、精神紧张状态下，一旦发生，应立即安置患儿平卧，头稍低，可针刺或按压人中、合谷穴，喂点温开水或者糖水，一般3～5分钟可自行恢复。

4. 偶合症

接种疫苗有可能会出现偶合症，指受种者在接种时正处于某种疾病的潜伏期或者前驱期，接种后偶合发病；或者受种者有疫苗说明书规定的接种禁忌，在接种前，受种者或其监护人未如实提供受种者的健康状况和接种禁忌等情况，致使接种后受种者原有疾病急性复发或病情加重的状况，因此接种疫苗后一定要留观30分钟。

总之，儿童计划免疫对于保护儿童的健康至关重要。了解计划免疫的定义、疫苗种类以及计划免疫的程序有助于更好地为孩子的健康成长保驾护航。在此过程中，家长和托幼机构需要积极配合医疗机构的计划免疫工作，确保孩子能够按时接种各种疫苗并完成全程接种，为孩子的健康打下坚实的基础。

【思考与练习】

1. 托幼机构的健康检查制度有哪些？
2. 晨、午、晚检的操作程序有哪些？

3. 体察幼儿情绪的方法有哪些?

4. 如何营造良好的情绪环境?

5. 什么是计划免疫?

6. 托幼机构预防接种制度有哪些?

第九章　托幼机构的保育环境

学习目标

1. 了解托育机构保育环境的含义和特点。
2. 熟悉托幼机构保育环境的具体内容和对婴幼儿身心发展的影响。
3. 掌握托育机构保育环境创设的方法和发展趋势。

第一节　托幼机构保育环境创设

一、托幼机构保育环境的含义

托幼机构是促进婴幼儿身心全面发展的重要场所之一，对婴幼儿健康成长有着特殊的意义，而托幼机构的保育环境对促进婴幼儿生活习惯、行为发育、心理健康起着积极的，不可替代的作用。《幼儿园教育指导纲要》中指出："环境是最重要的教育资源，应通过环境的创设和利用，有效地促进婴幼儿的发展。"

托幼机构保育环境创设是指为婴幼儿提供一个适宜、安全、有利于儿童全面发展的学习和生活环境。良好的保育环境对婴幼儿的身心健康、智力发展和社会适应能力方面都有着重要的影响。因此，托幼园（所）保育环境的创设至关重要。

托幼机构保育环境有狭义和广义之分。广义的托幼机构保育环境是指家庭、社区、社会和自然环境等能促进婴幼儿身心发展的一切条件的总和。狭义的托幼机构保育环境，是指托幼机构中对婴幼儿保育产生影响的内部环境。包括隐性环境（精神环境）和显性环境（物质环境）两个方面。显性环境是指客观的、可见的、物质的环境，包括室内外面积，设施设备以及教玩具等材料的选择。隐性环境是指不可见的环境，即精神环境，它对婴幼儿的身心健康发展起着潜移默化的影响作用。因此，创设符合婴幼儿身心特点的保育环境尤为重要。本章主要讨论的是狭义的托幼机构保育环境。

二、托幼机构保育环境的特点

在托幼机构保育环境中，保育人员的角色尤为重要，他们是婴幼儿的引导者和支持者，可以通过观察和了解，根据孩子的需求和兴趣随时调整环境创设的内容。托幼机构保育环境是为了婴幼儿的生活、活动和全面发展的需求而创设的。所以，要有助于激发婴幼儿的好奇心，要能促进其自主性和探索欲望。

1. 教育性

托幼机构作为婴幼儿专门的保育场所，其环境创设与外部社会环境创设有明显的区别。托幼机构的保育环境是根据我国保育教育的目标和婴幼儿身心发展的特点，有组织、有目的、有计划地创设的。其环境创设不仅能美化园所场地，也能实现保育目的，把保教目标隐含在环境中，让环境激发婴幼儿应有的行为，能培养婴幼儿良好的生活习惯。因此，托幼机构的保育环境是为实现保教目标而服务的。

2. 环保性

托幼机构保育环境的材料要秉承环保的理念，采用废物利用和环保材料，让婴幼儿在自然环境中去感知与发现，并在探索中发现婴幼儿的心理需要，既能变废为宝，还能发挥孩子的想象力和创造力，增强其环保意识。

3. 可控性

托幼机构的保育环境与外界环境相比具有可控性，即托幼机构的保育环境，是处在保育人员控制下的。首先是材料的选择上，环境创设所需的物品在进入托育机构前必须经过严格的筛选，以有利于婴幼儿身心发展为标准。其次，保教人员要根据保育要求和婴幼儿生长发育的特点，有效地调控环境中的各种要素，维护环境中的动态平衡，使之处于最适合婴幼儿的发展状态中。

4. 适用性

托幼机构的保育环境创设担负着重要的教育意义，因此，要符合婴幼儿发展的需求，这样才能更好地促进孩子的全面发展。这就要求保育人员要了解各年龄段孩子的特点，以及符合这些特点的环境创设应该如何体现。

托幼机构保育环境的教育性、环保性、可控性与适用性之间是互相影响互相联系的。环境的教育性，要求以环保性为基础，同时决定了环境的可控性与适用性，几者之间互相依赖、互相制约、互相影响。

三、托幼机构保育环境的原则

（一）显性保育环境的原则

1. 安全性

安全是显性环境创设的首要条件。婴幼儿的安全意识弱，自我保护能力差，在显性环境创设的过程中，保育人员要主动消除周围环境中存在的一切安全隐患，认真做好安全检查工作，确保室内外物品摆放整齐，干净舒适，家具的选择最好是中空通透框架式的，便于保教人员及时观察室内发生的情况。在北方地区，室内暖气片应安装防护设备。

2. 自然性

自然性是显性环境的重要特征。是指环境创设过程中应考虑地区特点和不同托育机构的实际情况，就地取材，因地制宜。保育环境的创设在遵循环保、卫生、适龄、适时、适宜的前提下，可充分利用自然材料来创设，不仅能节约成本，还能培养婴幼儿喜爱自然、亲近自然、保护环境的意识。尤其对于农村地区的托幼机构，可将绘本和当地特有的自然材料相结合进行保育环境的创设。

3. 秩序性

良好的秩序是婴幼儿日常生活的重要保障。婴幼儿自我控制能力较差，保教人员要减少对婴幼儿的强制性要求，维持相对灵活的、利于孩子发展的秩序。尤其是托班的作息时间应该更加灵活，不能因固定的作息，频繁打断孩子的活动。对规则的要求可以减少，比如在集体活动时可以提供一些软垫供幼儿倚靠或允许孩子随意围坐。

4. 互动性

互动性要求遵循婴幼儿是保育环境主人的思想。要明白保育环境是为了促进婴幼儿全面发展而设立的，他们是保育环境中的主动学习者和积极探索者。因此，创设保育环境时要考虑到幼儿与环境的互动，比如桌椅、盥洗台要根据幼儿的身高定制。在主题的确定和内容的选择上要顾及婴幼儿发展的需要，使创设的保育环境符合婴幼儿的年龄特点，比如有声书、立体图片等。同时，可投放供婴幼儿自主选择的材料和操作性玩具，促使婴幼儿在环境中主动探究、乐于探究，并在操作过程中形成认知。

（二）隐性保育环境的原则

1. 安全性

托幼机构首先应该使婴幼儿的心理上产生安全感。比如营造家庭式的温馨氛围，可以帮助婴幼儿尽快适应从小家庭到大集体生活的转变，使其获得认同感和归属感。

因此，保育人员与婴幼儿说话时应态度和蔼、轻声细语，禁止大声训斥孩子，避免其产生恐惧情绪而缺乏安全感。室内还可设计婴幼儿喜欢的卡通图片，或者允许幼儿将自己喜爱的物品带入托幼园（所）。此外，还可以设置隐蔽区，比如悄悄话间、小帐篷等，允许幼儿进入隐蔽区玩耍。托幼园（所）各班的保教人员应该相对稳定，有利于孩子在托幼机构建立稳定的依恋关系。

2. 尊重性

保教人员对婴幼儿的正常需求应该做出充分且积极的回应，尽量满足婴幼儿的合理需求，尤其要关注幼儿眼神、表情的交流和表达，要及时作出反馈。对于年龄较小的婴幼儿，他们尚不能清楚地表达自己的想法和感受，需要保教人员仔细观察，及时读取幼儿非语言表达的想法，在与幼儿交流时应尊重他们，要蹲下身体平视幼儿，在婴幼儿哭泣时应及时进行安慰。此外，在与家长沟通时也应该本着尊重的原则，这样才能获取家长的信任，才能使家长配合自己的工作，从而达到家园共育的目的。

托幼机构保育环境的创设应该按照“婴幼儿优先”的原则，最大程度地保护婴幼儿，以确保幼儿的健康和安全。当然，显性环境是看得见物质环境，易于考察，也易于安排，是托幼机构环境创设的重点。而隐性环境的创设更加考验保教人员的教育观、儿童观以及专业素养和综合素质，它是托育机构环境创设的难点，更应当加以重视。

四、托幼机构保育环境的作用

托幼机构的保育环境作为一种隐性课程，在婴幼儿智力开发和良好个性发展方面起着至关重要的作用。

1. 良好的保育环境能促进婴幼儿认知的发展

婴幼儿认知的形成与周围环境密不可分。托幼机构的保育环境作为婴幼儿全面发展的一种刺激条件，能有针对性地培养婴幼儿的某些行为习惯，塑造婴幼儿的某些个性。一旦保育环境的创设具有明确的目标性。就可以影响并促进婴幼儿某个特定方面的发展。比如，在区角活动中，教师可以通过玩具摆放提示婴幼儿该区角的活动内容，这种物品摆放的创设就是对幼儿行为的预期提醒，即暗示进入该区角可以进行的活动内容。在这种情况下，保育环境就能成为行为习惯的提示，可以替代教师指导性的语言。

通过保育环境的创设可以激发婴幼儿的学习兴趣。比如，可以将学习内容或成果展示在活动室的墙面、走廊，通过对学习内容的呈现和延伸，可以发展孩子的认知，发挥其介入功能，比如，在开展“我找到的秋天”主题活动中，孩子们把自己和家长一起做的树叶画张贴在活动室的墙面上，能激发幼儿的探索兴趣和欲望。

2. 良好的保育环境能促进婴幼儿社会性的发展

托幼机构保育环境的创设有助于婴幼儿社会性的发展。婴幼儿社会性，是其在一定的社会条件下形成的，是婴幼儿进行社会交往，逐步建立与成人和同伴的人际关系，并初步掌握社会规则以及控制自身行为，从而适应社会生活的心理发展过程。

婴幼儿与成人、同伴、物体之间的关系离不开环境的介入与支持。托幼机构保育环境创设的内容和氛围、活动材料的摆放和空间的安排、交往对象的数量等，都会影响婴幼儿的心理活动和情绪状态，会影响婴幼儿社会性的发展。比如，托幼机构活动室内区角的创设，有利于婴幼儿与同伴之间的沟通交流，有利于小组合作学习，有利于幼儿社会性的形成，也有利于保教人员倾听、观察和记录。所以，婴幼儿在与家长、教师和同伴共同创设环境的过程中，能流露自己在遇到困难、疑问时的沮丧、郁闷，能体会到交流合作的乐趣，以及完成任务后的喜悦，在此过程中，婴幼儿能逐步了解人际交往的规则和技巧，进而逐渐适应社会生活。

3. 良好的保育环境能促进婴幼儿情感的发展

托幼机构保育环境的创设影响着婴幼儿情绪情感的发展。而情感本质上是人内心感受的一个综合体，而保育环境作为影响婴幼儿成长的环境，承担着促进婴幼儿情感互动的重要职责。温馨、舒适、热情、友爱的氛围和愉悦的活动能使婴幼儿行为稳定、生活愉快、心情愉悦。能减少婴幼儿对母亲的依赖，能缩小婴幼儿与他人之间的距离，能让婴幼儿更快适应环境的变化。

4. 良好的保育环境能促进婴幼儿的全面发展

婴幼儿的全面发展离不开保育环境的创设。保育环境在婴幼儿的社会、生活、健康、卫生、行为习惯等方面起着积极的促进作用，是保障其全面发展不可或缺的重要内容，托幼机构良好的保育环境是无言的教师，能影响婴幼儿的言行举止，能激发婴幼儿的学习动机，能培养婴幼儿的学习兴趣。舒适合理的保育环境既是婴幼儿参照的对象，也是引导婴幼儿形成良好行为习惯的基础。而兴趣和动机是在具体环境中激发和形成的，托幼机构中的各种环境因素，如保教人员的素质、人际关系都是激发婴幼儿学习动机的原因，尤其是精神环境直接影响了婴幼儿的学习兴趣，所以要为婴幼儿创设舒适和谐的保育环境，使其从小就培养起正确的学习动机和浓厚的学习兴趣。

综上所述，良好的托幼机构保育环境有利于促进婴幼儿认知、社会、情绪、情感以及行为的全面发展。婴幼儿期各方面都处于不稳定的初级发展阶段，保育质量的好坏直接影响着婴幼儿的成长和生活，所以，保育人员应主动营造符合婴幼儿身心发展需求的保育环境，培养婴幼儿良好的生活、卫生习惯和生存技能，帮助婴幼儿形成积极乐观、活泼开朗的性格。

第二节　托幼机构显性保育环境的创设

托幼机构保育环境作为一种“隐性课程”，在婴幼儿智力的发展和良好个性的形成上起着重要的作用，历史上“孟母三迁”的典故足以说明环境对一个人成长的巨大影响，尤其是对婴幼儿来说，年龄越小，环境对其影响就越大。因此，保教人员必须根据婴幼儿的年龄特点和心理发展规律以及保育目标，为其创设良好、舒适、安全、美观的显性保育环境，以激发婴幼儿自主探究的兴趣，并促进其全面发展。

一、托幼机构显性保育环境的内容

托幼机构的显性保育环境就是可见的、有形的各种物质条件和设施设备。主要包括根据保教需求，为婴幼儿提供的教玩具、家具、生活用品、环境布置、活动场地、房屋建筑等。优质的显性保育环境是保证托幼机构各项活动顺利进行的前提条件，也是保证婴幼儿健康发展的基础，没有这些显性环境，就无法保证托幼机构工作的质量。所以，这些显性保育环境的规划与创设要考虑婴幼儿身心发展的特点，保证安全舒适、整洁美观，还要有丰富多彩的内容和足够的生活、活动空间。这样才能促进婴幼儿健康和谐地发展。

二、托幼机构显性保育环境的结构

托幼机构显性保育环境从性质上来看，可以分为人工环境和自然环境。从范围来看，可以分为：宏观环境（整个托幼机构的大环境）、中观环境（活动室的环境）、微观环境（各个区角的小环境）。从三维空间来看，可以分为：墙面环境、空中环境和地面环境。从环境创设的目的性来看又可以分为：自发生成的环境和预成环境。从环境存在的时间来看，可以分为静态环境和动态环境。当然，托幼机构显性环境的创设可以合理利用当地的有效资源进行创设，以增加婴幼儿的感性认识。

这些不同类型的显性环境对婴幼儿的影响既有共同之处又有不同之处。比如自然环境对婴幼儿的身体健康发展起着直接的影响作用；而微观环境对婴幼儿认知能力的发展影响最大；此外，自发生成的环境对婴幼儿的情感与人格发展起着深远的影响。

可以说，托幼机构保育教育的目的、内容、方法、形态与功能，都受到显性环境的影响。例如，托幼机构的建筑色彩明亮鲜艳，造型可爱奇特，这正好符合婴幼儿活泼好动的特点，容易引起孩子的情感共鸣。托幼机构建筑风格的多样化潜移默化地影响着婴幼儿的发育和发展。总之，托幼园（所）的一切显性环境都对婴幼儿产生积极或消极的影响。因此，保教人员可以根据地区特点，就地取材，或利用自然环境创设符合婴幼儿特点的显性环境，以增强孩子的环保意识。

三、托幼机构显性保育环境的原则

1. 适宜性

婴幼儿正处于身体发育、智力发展、个性形成的关键期，他们天性活泼、好奇，有强烈的探索欲望。因此，托幼机构显性环境的创设要与婴幼儿的身心发展特点相结合。婴幼儿知识经验缺乏，需要从生活中获得感性认识，比如，需要感知四季的不同，可以组织其观察一年四季动植物的不同和人们生活上的变化。婴幼儿存在着个体差异性，可以根据婴幼儿年龄、体质的不同提供不同类型的玩具，以满足不同孩子的需求。

2. 安全性

婴幼儿好奇易冲动，缺乏对危险因素的认识，容易引起意外事故的发生，所以，要保证托幼机构显性环境的安全性，即消除危险源，让孩子在安全的空间中自主探索、玩耍。具体包括房屋、场地、墙面、家具、玩具等的安全。

房屋安全：托幼机构房屋的高度以2～3层为宜，楼梯和窗户要有护栏，楼梯宽度不少于1.2米，房门不宜做成落地玻璃门，也不宜加设弹簧。

场地安全：婴幼儿活动场地应位于阳光充足的地方，还要保证地面干净平坦，无碎石瓦砾，最好选用无污染、无缝隙又防滑的材料。

墙面安全：墙面的装饰材料要符合国家安全标准，不含有害物质，更不能影响婴幼儿的健康，同时墙面应该定期清洁消毒。

家具、玩具、用具的安全：托幼机构的家具要牢固，表面平坦，没有裂缝，玩具要大小适宜，没有尖角，弹射类、口吹类的玩具不适合婴幼儿玩耍，电器设备要置于婴幼儿接触不到的地方。

3. 安静性

托幼机构显性保育环境要符合《托儿所、幼儿园建筑设计规范》的要求，远离喧闹和有噪声的场所，保证婴幼儿拥有安静的睡眠、进餐和活动的环境。因为安静的保育环境不仅能促进婴幼儿的身心健康成长，也有助于婴幼儿独立操作和探究，有助于提升他们的专注力和思考力。

4. 经济性

经济性原则是指创设显性保育环境应根据自身需要，结合地区特点，因地制宜，就地取材，勤俭办园。给婴幼儿提供物质条件时，应以其经济适用，有利于婴幼儿的发展为条件。比如，和孩子一起捡树叶做装饰画来美化墙面，用木条做书架来放置图书，用奶粉罐做小凳子等，尽量一物多用，也能节约成本，少花钱，多办事。

四、托幼机构房舍、场地的保育要点

托幼机构的房舍根据用途可分为两大类，一类是婴幼儿的直接用房，即基本房舍，包括卧室、活动室、厕所、更衣室、盥洗室、贮藏室等；一类是辅助用房，包括保健室、办公室、隔离室、厨房等。

（一）托幼机构室内环境的保育要点

1. 活动室

托幼机构活动室的环境创设要有利于婴幼儿积极性、主动性和创造性的形成，还要能促进婴幼儿的全面发展。活动室要以自然通风、自然采光为主。活动室可根据婴幼儿的年龄分为：乳儿班（适合6～12个月的宝宝）、托小班（适合12～24个月的宝宝）、托大班（适合24～36个月的宝宝）、幼儿班（适合3～6岁的宝宝），其中幼儿班又可分为大、中、小三个层次。

（1）面积充足

活动室是婴幼儿活动的中心，它的大小要根据托幼机构的规模和实际情况来确定，通常以能容纳20～25名婴幼儿为佳。为保证婴幼儿各项活动能顺利开展，活动室的空间要充足，平均每名婴幼儿占地面积不少于2.5平方米，层高不低于3.2米，室内不可摆放杂物，以确保婴幼儿的人身安全。

（2）光线良好

活动室要充分利用自然采光，并配合人工照明，以增强空间亮度，减轻视觉疲劳，提高视觉质量，保证婴幼儿的安全与健康。通常活动室的窗户要向南，面积要足够大，窗户上缘与地面的高度约为2.8米，确保每天日照时间不少于3小时。采用人工照明时，要选择适宜的灯源，一般每10平方米可配置20瓦的日光灯一个，灯距为2米。另外，活动室的墙面宜用浅色，如浅绿、浅蓝、浅粉等，因为浅色系可以增加室内亮度。

（3）空气流通

活动室要以自然通风为主，最好在对侧开窗，使空气对流，这样可以调节室内的温、湿度，及时排除浑浊的气体，并换进新鲜的空气。托幼机构可根据当地气候特点，合理规定开窗通风的时间。如果要使用空调，则要注意门窗不能关得过紧，可留一通风口进行换气，并做好保湿工作。

（4）门窗坚固

活动室门窗的材质要选择坚固耐用的，如铝合金或钢铁，能有效防止外部的入侵和破坏。门窗外侧的表面要平滑，防止划伤婴幼儿，要有阻挡夹手的装置。避免使用推拉门、弹簧门、玻璃门和旋转门，不设门槛。最好使用双扇平开门，若一定要选用玻璃门，必须是具有抗冲击力的钢化玻璃或防爆玻璃，窗户要有安全防护栏，窗台距离地面的高度不能低于0.6米，门窗要有防蚊设备。

（5）地面防滑

活动室的地面应选用软质层面或铺设地板，不仅可以防滑，也便于清洁，利于防潮，易于保暖，要避免使用水泥地或砖地，距离地面1.2米的墙面应做软层处理。在北方地区，冬季要有取暖措施，最好是地暖。如果使用火炉取暖，炉子周围要有安全围栏，还要随时调节室内空气的湿度。

（6）电源安全

活动室的电源和插座应以安全为主，要置于婴幼儿接触不到的地方，最好安放于距地面1.8米处以上，避免婴幼儿因好奇而触摸电线、插座。日光灯和消毒灯的开关要在地面以上1.4米处，照明灯要带有保护罩，室内动力电源与照明电源不可混用，要分开设置和使用。

2. 盥洗室

盥洗室一般在厕所与卧室和活动室之间，占地面积不少于10平方米，有充足的流动水和通畅的上下水道，地面应选用防滑材料。托幼机构可根据婴幼儿年龄特点，设置方便、安全的盥洗设备，通常每班设5～6个水龙头，间距约为35厘米，高度以0.4～0.45米为宜，宽度以0.3～0.4米为宜。婴幼儿的盥洗用具之间要有一定的距离，避免交叉感染。

3. 厕所

厕所的地面要防滑易清洗，内设便坑和便盆架，有足够便利的流动水供冲洗设备使用，每班厕所内至少要有3个便坑，台阶的高度要适于婴幼儿，男孩小便池要能使3个孩子同时使用，2岁以下的宝宝一般用便盆，便池要定期清洗消毒，保持干净、无异味。

使用公用厕所的机构，要组织好婴幼儿有序使用，以免拥挤引发意外伤害。

4. 卧室

卧室要靠近卫生间，面积以能容纳20～35名婴幼儿为主，平均每人约占3～4平方米，地面最好是木质地板或铺设地垫，冬季要有取暖设备，夏季要有降温设施。每个孩子要有专用的床上用品，床头与床铺之间要有一定的距离，方便保育员巡视和护理。床的高度、大小要根据婴幼儿的年龄选定，一般情况下，3岁以内宝宝床的长度约为120～130厘米，宽度约为60～70厘米，高度约为40厘米；上下铺的高度不能超过1.3米，在远离集体床铺的地方可摆放一张特需床，供呼吸道感染的孩子睡觉，避免接触感染，也便于保育员照看。卧室应安装颜色较深的窗帘，利于婴幼儿睡觉。

5. 保健室

保健室要与各班之间有一定的距离，室内必须有存放药品、敷料和医疗器械的药品柜，健康资料柜，并配备形态指标测量器，如身高计、体重计、视力表等，同时可设2～3张观察床，供临时观察的患儿使用，还要配备常用药品，如碘酒、创可贴、退烧药等。另外，室内要有保健人员专用的洗手池、医疗器械池、消毒用品、桌椅、污物箱等。

（二）托幼机构室外环境的保育要点

1. 活动场地

托幼机构每班要有一个60平方米左右、靠近活动室的单独活动场地，场地要安全平坦，无碎石瓦砾；要排水通畅，无积水泥坑；要通风良好、光照充足，但要有凉亭，用于婴幼儿休息、遮阳和避雨。为了方便在传染病流行期进行隔离，各班的活动场地之间要用绿篱隔开。活动场地上可设游戏器材、玩具和沙坑等，整个机构还要有公用的活动场地，供集体活动使用。

2. 绿化带

绿化不仅能美化托幼园（所）的环境，吸附灰尘，净化空气，调节气候，还能培养婴幼儿的审美能力，陶冶其情操，增加他们对自然界的理解和认识。因此，托幼机构要有一定的绿化带，绿化面积要占总面积的50%，平均每人2平方米，可在建筑物周围、场地边缘、道路两旁栽种树木、花卉、草地等。最好建成“春有花、夏有荫、秋有果、冬有青”的儿童乐园。但要注意不能栽种有毒、有臭味、有刺、有毒汁、飞絮多、病虫害多的植物，所种植的树木也不能影响自然采光。对绿化带的植物要定期检查，一旦发现病虫害，应立即采取救治措施。

（三）托幼机构物品的保育要点

托幼机构的物品要适合婴幼儿的身心发展特点，不会损害婴幼儿的身心健康。其总的保育要求是安全耐用、便于清洗消毒、舒适美观、布置合理。

1. 玩具

婴幼儿玩具要结实耐用，材料以橡胶或无毒软塑料为主，便于清洗消毒。玩具的表面要光滑，避免有尖角或有玻璃的配件，以免刺伤孩子。玩具要安全可靠，不能含铅、汞等有害物质。要注意，口吹的玩具易传播疾病，毛绒类的玩具易藏匿尘埃，弹射类的玩具易引发伤害，怪异的玩具会伤害孩子的心理，都不适宜婴幼儿玩耍。玩具的大小要适合婴幼儿的年龄特点，重量以投放时不会伤害人为主。此外，玩具要经常清洗和定期消毒。

2. 教具、学具

婴幼儿的书籍颜色要协调、柔和，不能刺激孩子的视觉器官而引起视觉疲劳，大小和重量要根据孩子的年龄来选定。纸张要结实耐用、印刷质量好。图画、文字和符号要大而清晰。保育人员要将孩子的图书定期暴晒消毒或用紫外灯消毒。

幼儿使用的铅笔、彩笔、蜡笔、油画棒等要符合安全标准，不能含有色素或有害物质，笔杆粗细适中，不宜脱漆。黑板要平坦，要选用无尘粉笔。多媒体的使用要合理，与孩子之间要保持一定的距离，要注意保护婴幼儿的视力，观看时间不宜过长，还要保护婴幼儿的听力，音量不宜太大。同时，多媒体要定期更新和维护。

保教人员也可以就地取材，自制教具、学具，发挥地区优势，调动孩子的环保意识。

3. 卫生用品

婴幼儿的卫生用品要专人专用，可选择刺激性小的儿童香皂，毛巾的质地要柔软，婴幼儿牙釉质薄，宜选用头小，刷毛软、稀的儿童牙刷，纸巾要柔软、符合卫生要求，餐具不宜过大，要保证一人一碗一勺，并餐餐清洗、煮沸消毒或使用消毒柜。

4. 桌椅

婴幼儿的桌椅要安全牢固，不易侧翻，表面要光滑，做工要精致，颜色要鲜艳明亮，符合婴幼儿的审美特点，大小重量要适宜，其规格和尺寸要根据孩子的身材特点来确定。合适的桌椅不仅能使婴幼儿在舒适的坐姿下进行各项活动，还能预防脊柱变形，减少疲劳，保护视力，有利于婴幼儿良好姿势的形成和生长发育。桌椅的摆放不能妨碍孩子的正常活动和室内的卫生打扫。

（1）桌子

婴幼儿的桌子高度需和椅子相配套，使其端坐时前臂能自然平放于桌面为佳。合适的桌椅高度差应是坐高的1/3，这样才有利于婴幼儿脊柱的正常发育。一般来说，2岁以内的婴幼儿可选用三人桌，适合游戏和喂饭用；2～3岁的幼儿可用4人方桌；4～6岁儿童可用长桌。最好选用平面桌，桌角应是弧形的，使婴幼儿能得到来自左上方的光线为宜，由于桌子较低，为了不影响婴幼儿的活动，不能设有抽屉。

（2）椅子

不同年龄的婴幼儿要根据其身高，选用不同尺寸、有靠背的椅子。椅子的宽、高、深度要适于婴幼儿的身材，使其端坐时两脚能自然平放于地面为宜。

适宜的椅高约等于小腿高。使幼儿在端坐时，大腿能平放于椅面上，双脚能自然平放于地面，大、小腿能弯曲成90度。一般2～3岁的孩子椅高为20～25厘米，3～4岁的孩子椅高为25～30厘米，4～6岁的孩子椅高为30～35厘米。若椅子太高，则双脚会悬空，使下肢神经和血管受到压迫。而椅子太低，则容易挤压下肢，造成疲劳，不利于婴幼儿骨骼的正常发育。

适宜的椅宽应便于婴幼儿坐下和离开，一般为25～30厘米，通常比婴幼儿的臀部宽度多5～6厘米，以确保婴幼儿坐姿舒服。

适宜的椅深应适合婴幼儿的身体特征和活动需求。能使3/4的大腿置于椅面上，一般为25～30厘米，以保证坐姿的稳定和舒适。

适宜的椅背能培养婴幼儿正确的坐姿，防止脊柱弯曲。椅背的高度应到肩胛骨的下缘，一般为20～25厘米，腰部要有横档，确保婴幼儿的腰、背部得到良好的支撑，也能使孩子活动更加自由。

总的来说，婴幼儿桌椅的材质应环保、无毒、无刺激性气味，如符合相关安全标准的塑料、木料等。同时应定期检查和维修，确保桌椅的安全性和正常使用。

知识链接

托幼机构选址的要求

托幼机构的地点选择至关重要，要考虑地区特点和各种因素对婴幼儿的影响，遵循“因地制宜、方便接送、就近入园、规模适宜”的原则，做好近期状况与远期发展相结合的规划措施，只有选址合适，才能为婴幼儿提供良好的生活、成长环境。

一、规模适度

在托幼机构选址时，既要考虑建筑物的占地面积，还要考虑活动场地和绿化带的面积。要保证婴幼儿能在户外开展各项活动和进行三浴锻炼，即日光浴、水浴、空气浴。托幼机构的用地面积要符合当地建设规划要求和入托婴幼儿数量的多少。

托幼机构的规模要适度，一般大型规模的托幼机构可容纳10～12个班，中型规模的为6～9个班，小规模的为5个班以下，城市托幼机构的规模一般不超过15个班。各班婴幼儿的人数可根据年龄来确定，通常小班20～25人，中班26～30人，大班31～35人。

二、便于接送

为了便于接送，托幼机构应选择在居民区适中的地方，婴幼儿入园也方便。

三、地势平坦，光照充足

托幼机构应选在场地平整，排水畅通，光照充足，空气流通，绿化条件好的地方。若地势较低，则容易积水，导致房屋潮湿，不仅会影响婴幼儿的活动，还会影响其身体健康。

四、远离污染

托育机构应选择在环境优美、空气清新、远离污染的地方。应避开危险地段和可能发生地质灾害的地段，避开发射塔、变电站和高压供电区。要远离有噪声和有臭味的地方，如游乐场、火车站、飞机场、歌舞厅、集贸市场、化粪池、垃圾场、工业区等。托幼机构也不能建在江河湖海等容易引发危险的地方。

此外，城镇托幼机构应靠近居住区的绿化带，要避开高层建筑的阴影区和主要的交通干道等。而农村的托幼机构应避开屠宰场、养殖场等，宜靠近集镇或村镇中小学，便于接送，利于婴幼儿的身心健康。

第三节　托幼机构隐性保育环境的创设

托幼机构的隐性环境即精神环境，也叫心理环境，是指托幼机构中符合婴幼儿的审美情趣，影响婴幼儿的发展，使其轻松愉悦的一切精神要素的总和，包括托幼机构中的整体氛围，人际关系，保教人员的观念和素质。其中托幼机构中的人际关系包括婴幼儿之间的关系，保教人员之间及其与家长、婴幼儿的关系。可以说，托幼园（所）能否成为孩子的乐园最关键的是良好精神环境的创设。婴幼儿需要在平等、尊重、温馨和愉快的环境中生活。托幼机构的精神环境也影响着婴幼儿的积极性、主动性和认同感。

一、托幼机构隐性环境的具体内容

创设符合婴幼儿特点的隐性环境应做到以下几点：

1. 拥有正确的教育观和儿童观，建立平等的师幼交往关系

保教人员要拥有正确的教育观和儿童观，就要尊重、热爱并了解婴幼儿，主动与其交往，努力为婴幼儿营造温馨、舒适、安全、愉悦的氛围，力争与婴幼儿建立平等、民主、和谐的师幼关系。

首先，保教人员要尊重婴幼儿。关心、热爱并尊重婴幼儿是热爱教育事业的表现，也是建立良好师幼关系的基础，更是培养婴幼儿良好行为习惯的基本条件。保教人员要一视同仁，用宽阔的胸怀去爱护每一位孩子，要主动了解婴幼儿的各种情绪、情感需要和内心世界。要坚持以正面鼓励为主，使婴幼儿敢说敢做，敢于尝试，增强他们的自信心和自豪感。

其次，保教人员要以亲切的态度对待婴幼儿。亲切的笑脸、和蔼的语气、赞许的目光、温柔的抚摸，都会使婴幼儿感受到被爱的温暖，既能消除婴幼儿的恐惧心理，也能促进良好师幼关系的形成。因此，保教人员不可居高临下，也不可利用权威单向说教。

再次，保教人员要选择合适的方式与婴幼儿交往。保教人员与婴幼儿问候、交流、讨论等，这种语言上的沟通是建立良好师幼关系的有效途径。然而，合理恰当地运用好肢体语言却能为师幼关系锦上添花，如点头、微笑、抚摸、注视等，能让孩子体会到归属感。

最后，保教人员在与孩子的交往过程中，要掌握一定的技巧：①快速记住每位孩子的姓名。②态度亲切和蔼，面带微笑。③积极主动地和每个孩子交往。④与婴幼儿交谈时要蹲下身子，并且要有眼神的交流。⑤要学会主动、耐心地倾听。⑥不大声训斥婴幼儿。

2. 积极主动，与家长建立和谐的交往关系

家长是保教人员最重要的合作伙伴，应本着合作、平等、尊重的原则，取得家长的信任，获得家长的支持。保教人员需积极主动和家长沟通，及时了解孩子在家的表现，适时反映孩子在托幼机构的情况。家长是孩子的第一任老师，而教师是孩子的榜样，对婴幼儿来说，同等重要，因此，只有相互学习，相互帮助，共同努力，才能使孩子健康成长，全面发展。

3. 科学引导，建立良好的同伴交往关系

婴幼儿的社会性很大程度上是在与同伴的交往中形成的。婴幼儿缺乏人际交往经

验，不会辨别是非，在与同伴的交往过程中很容易发生矛盾，此时，保教人员要加强婴幼儿之间的情感教育，引导他们正确解决问题，帮助其建立团结友爱、互帮互助、温馨和谐的同伴关系。保教人员要科学引导孩子学会与同伴分享感受，交流思想，这种精神上的互动，能使婴幼儿产生安全感。

4. 以身作则，建立和睦的同事交往关系。

婴幼儿有超强的模仿能力，尤其是保教人员的言行举止直接影响着婴幼儿人格的形成。因此，要求孩子要做到的，保教人员自己首先要做到，如果保教人员之间互相尊重、友好合作，就会形成一种温馨的园所氛围。婴幼儿耳濡目染，会不知不觉地模仿保教人员的处事态度和做事方式，这就要求保教人员要以身作则，时刻注意自己的形象，同时应教育婴幼儿学会关心他人，懂得与人分享，使婴幼儿形成正确的人生观，让他们在充满关爱的环境中快乐成长。

二、托幼机构隐性环境创设的意义

1. 使婴幼儿心情愉悦、心理健康

隐性环境虽然看不见、摸不着，但时时刻刻存在着、影响着婴幼儿的内心情感体验。一个良好的精神环境可以让婴幼儿感到愉快、安全和舒适，托幼机构是婴幼儿的第一个社交场所，他们在这里接触到的一切人和事，都影响其心理的发展，只有在和谐的环境中生活，才能形成积极乐观的心理。所以，保教人员要有意识地为婴幼儿营造愉快的精神环境，以促进孩子们的心理健康发展。

2. 能提高婴幼儿的社交能力

托幼机构是婴幼儿社交行为形成的重要地方，他们在这里学会了如何表达自己的想法，学会了如何管理自己的情绪，学会了怎样倾听他人的诉说，学会了如何与人交往，从而提高了他们的社会交往能力和语言表达能力。

3. 能培养婴幼儿的自尊心

托幼机构是婴幼儿的第二个家，他们的大部分时间是在这里度过的。一个良好的精神环境，尤其是保教人员宽厚民主的态度，可以让婴幼儿感到被爱、被理解、被尊重，从而培养了他们的自尊心。

三、托幼机构精神环境的评估

1. 师幼、同伴之间是否充满友爱与温暖的情感气氛。
2. 是否具有体、智、德、美以及语言学的各种刺激。
3. 是否有助于婴幼儿积极发展自我概念与自信心。
4. 是否能满足婴幼儿的各种正常需求。
5. 是否鼓励婴幼儿自主探索与创新。
6. 是否有利于婴幼儿自己选择、独立操作与自主性活动的开发。
7. 是否鼓励婴幼儿合作与分享、互助与轮流。
8. 是否能激发婴幼儿的探索兴趣和学习动机。

总而言之，托育机构的显性环境和隐性环境同等重要，它们之间是相辅相成，互相影响，互相制约的。作为保教人员，既要注重显性环境的开发，又要注重隐性环境的创设，努力为婴幼儿营造一种舒适、安全、健康、和谐的生活环境，使托育机构成为真正的儿童乐园。

【思考与练习】

1. 托幼机构保育环境有哪些特点？
2. 创设托幼机构的保育环境应遵循哪些原则？
3. 怎样区分托育机构的显性保育环境和隐性保育环境？
4. 如何创设托幼机构活动室的保育环境？
5. 怎样选择合适的婴幼儿玩具？
6. 托幼机构隐性环境的具体内容有哪些？

附 录

教育部与联合国儿童基金会《0～6岁儿童发展的里程碑》

年龄	成长情况	发展警示
出生～1个月	1. 头可以从一边转向另一边。 2. 醒着时，目光能追随距眼睛20厘米左右的物体。 3. 在孩子旁边摇铃响，孩子的手脚会向中间抱紧。 4. 与陌生人的声音相比，婴儿更喜欢听母亲的声音。 5. 能分辨味道，喜欢甜味。 6. 对气味有感觉，当闻到难闻的气体时会转开头。 7. 当听到轻音乐、人的说话声时会安静下来。 8. 会微笑，会模仿人的表情。	1. 对大的声音没有反应。 2. 对强烈的光线没有反应。 3. 不能轻松地吸吮或吞咽。 4. 身高体重不增加。
1～3个月	1. 俯卧时能抬头，抱坐时头稳定。 2. 能把小手放进嘴里，能握着玩具。 3. 能配合成人翻身，由仰卧转为侧卧。 4. 喜欢看妈妈的脸，看到妈妈就高兴。 5. 开始识别物体眼睛盯着喜欢的东西看。 6 . 会笑出声，会叫。喜欢与人“交流”，见人会笑。 7. 能以不同的哭声表达不同的需要。 8. 喜欢让熟悉的人抱，吃奶时发出高兴的声音。	1. 孩子的身高、体重和头围不能逐渐增加。 2. 不能对别人微笑。 3. 两只眼睛不能同时跟随移动的物体。 4. 不能转头找到发出声音的来源。 5. 俯卧时，不能撑起头和上半身。
4～6个月	1. 乳牙萌出。 2. 能翻身，靠着东西能坐或能独立坐。 3. 会紧握铃铛，主动拿玩具，拿着东西就放嘴里咬。 4. 玩具能在两手之间交换。 5. 喜欢玩脚和脚趾头。 6. 喜欢看颜色鲜艳的东西，会盯着移动的物体看。 7. 会大声笑，会发自己发出“o”“a”等声音，喜欢别人跟他说话，并且发出应答的声音。	1. 不会用手抓东西。 2. 体重、身高不能逐渐增长（太慢或者太快都要注意）。 3. 不会翻身。 4. 不会笑。

续表

年龄	成长情况	发展警示
7～9个月	1. 能自己坐，扶着大人或床沿能站立，扶着大人的手能走几步。 2 . 会爬。 3. 能用一个玩具敲打另一个玩具。 4. 能用手抓东西吃，能用拇指、食指捏起细小物品。 5. 能发出“ba ba”等音。 6. 能听懂大人的一些话，听到“爸爸”这个词时能把头转向爸爸。 7. 喜欢被抱，会对着镜子中的自己笑。 8. 学拍手，能按大人的指令用手指指出灯、门等常见物品等。 9. 大人表扬自己时有高兴的表示。	1. 不能用拇指和食指捏取东西。 2. 对新奇的声音或不寻常声音不感兴趣。 3. 不能独坐。 4. 不会吞咽菜泥、饼干等固体食物。
10～12个月	1. 长出6～8颗乳牙。 2. 能熟练地爬。 3. 扶着家具或别的东西能走。 4. 能滚皮球。 5. 喜欢反复拾起东西再扔掉。 6. 会找到藏起来的东西，喜欢玩藏东西的游戏。 7. 理解一些简单的指令，如拍手和“再见”。 8. 会用面部表情、手势、单词与大人交流，如微笑、拍手、伸出一个手指表示1岁等，会随着音乐做动作。 9. 能配合大人穿脱衣服。 10. 会搭1～2块积木。 11. 能模仿叫“爸爸”“妈妈”。 12. 喜欢跟小朋友一起玩。	1. 当快速移动的物体靠近眼睛时，不会眨眼。 2. 还没有开始长牙。 3. 不会模仿简单的声音。 4.不能根据简单的口令做动作，如“再见”等。 5. 不能自己拿奶瓶喝水或喝奶。
1岁～1岁半	1. 有8～14颗乳牙。 2. 能独站、独走，蹲下再起来，会抬一只脚做踢的动作。 3. 走路时能推、拉或者搬运玩具。 4. 能敲打瓶子、鼓等发声的玩具。 5. 能重复一些简单的声音或动作。 6. 能听懂和理解一些话，能说出自己的名字。	1. 囟门仍较大。 2. 不能表现多种感情：愤怒、高兴、恐惧。 3 . 不会爬。 4. 不会独站。

续表

年龄	成长情况	发展警示
1岁～1岁半	7. 喜欢听儿歌、故事，听大人的指令能指出书上相应的东西。 8. 能用一两个字表达自己的意愿。 9. 能从杯子中取出或放进小玩具。 10. 能有意识地叫“爸爸”“妈妈”。 11. 能辨别家人的称谓和家庭里熟悉的东西。 12. 能认出镜中的自己。 13. 能堆起3～5块积木。 14. 能自己用杯子喝水，用勺吃饭。 15. 能指出身体的各个部位。 16. 能短时间和小朋友一起玩。	
1岁半～2岁	1. 能后退着走，能扶栏杆上下楼梯。 2. 在成人的照顾下，能在宽的平衡木上走。 3. 能快跑，能扔球。 4. 喜爱童谣、歌曲、短小故事和手指游戏。 5. 能拉开和闭合普通的拉链。 6. 模仿做家务（如：给成人搬个小凳子，学会捏面食）。 7. 能手口一致说出身体各个部位的名称。 8. 能主动表达大小便的意愿；能一页一页地翻书。 9. 知道并运用自己的名字，如：“宝宝要”。 10. 能自己洗手、擦手；会说3～4个字的短句。 11. 模仿折纸，能堆6～10块积木，拼1～3块拼图。 12. 喜欢玩沙、玩水。 13. 能认出照片上的自己。	1. 不会独立走路。 2. 不试着讲话或者重复词语。 3. 对一些常用词不理解。 4. 对简单的问题，不能用是“或”不是“回答”。 5. 认不出镜中的自己。 6. 囟门没有闭合。
2岁～3岁	1. 乳牙出齐20颗。 2. 会骑三轮车；能跳远；能爬攀登架；能双脚向前跳；能独自绕过障碍物（如：门槛）。 3. 能用手指捏细小的物体，能解开或扣上衣服上的大纽扣。 4. 能走较宽的平衡木。 5. 能自己上下楼梯。	1.不能自如地走，经常会摔倒；不能在成人帮助下爬台阶。 2.不能指着熟悉的物品说出它的名称；不能说2～3 个字的句子。

续表

年龄	成长情况	发展警示
2岁～3岁	6.会拧开或拧紧盖子。 7.能握住大的蜡笔在纸上涂鸦。 8.喜欢倒东西和装东西的活动，如：玩沙、玩水。 9.开始有目的地使用东西。如：把一块积木当作一艘船到处推。 10.能把物体进行简单的分类，如：把衣服和鞋子分开。 11.熟悉主要交通工具及常见动物。 12.说出图画书中物品的名称。 13.喜欢听成人念书。 14.能听懂较多话，但不能说出来。 15.能说出6～10个词的句子，能比较准确地使用“你”“我”“他”。 16.情绪不稳定，没有耐心，很难等待或者轮流做事。 17.喜欢“帮忙”做家务；爱模仿生活中的活动，如：喂玩具娃娃吃饭。 18.喜欢和别的孩子一起玩。	3.不能根据一个特征把熟悉的物品分类，如：把吃的东西和玩具分开。 4.不喜欢和小朋友玩。
3岁～4岁	1.能交替迈步上下楼梯。 2.能倒着走，能原地蹦跳，能短时间单脚站立。 3.能画横线、竖线、圆圈；能一页一页地翻书。 4.喜欢堆积木。 5.能认真听适合他年龄段的故事，喜欢看书，并假装“读书”。 6.认识三角形、圆形、正方形。 7.能说出红、黄、蓝等颜色的名称。 8.能用简短的话表达自己的愿望和要求。 9.问越来越多的问题，如“是什么”“为什么”等。 10.能简单讲述看到和发生的事情。 11.能记住家人的姓名、单位、电话和家庭住址等。 12.能熟练使用筷子、勺等餐具。 13.知道家里东西的位置。	1.听不懂别人说的话。 2.不能报出自己的名字和年龄，不能说3～4个字的句子。 3.不能自己一个人玩三四分钟。 4.不会原地跳。

续表

年龄	成长情况	发展警示
3岁～4岁	14. 能按“吃的”“穿的”“用的”将物品分类。 15. 能用手指着东西数数。 16. 能与他人友好相处，懂得一些简单的规则，但常常不能坚持做。 17. 能参加一些简单的游戏和小组活动。 18. 非常重视看护自己的玩具；有时会变得有侵略性，如：抢玩具、把玩具藏起来等。	
4岁～5岁	1. 能熟练地单脚跳；能沿着一条直线行走。 2. 轻松地起跑、停下、绕过障碍物。 3. 能正确地握笔，能画出简单的图形和人物。 4. 能串较小的珠子。 5. 理解10以内数的意义。 6. 能按照物体的颜色、形状等特征分类并进行有规律的排列。 7. 能独自看懂并说出简单图画的意思。 8. 喜欢听有情节的故事，猜谜语。 9. 理解日常生活的顺序：我早上起床，穿衣服，刷牙，然后上幼儿园。 10. 能回答“谁”“为什么”“多少个”等问题。 11. 能说比较复杂的话，如：“我还没看清楚猫的颜色，它就跑过去了”。 12. 能比较清楚地表达自己的意愿。 13. 能努力控制自己的情绪，不乱发脾气，但有时会因为小挫折（如：搭积木无法搭成自己想要的形状）而发脾气。 14. 喜欢与小伙伴玩，开始有“最好”的朋友，乐于参加集体活动。 15. 喜欢成人的表扬，对取得的成绩很自豪。	1. 无法说出自己的全名。 2. 无法辨认简单的形状：圆形、正方形、三角形。 3. 不能单脚跳跃。 4. 不能独立上厕所，不能控制大小便，经常尿裤子。
5岁～6岁	1. 学习交替单脚跳；能连续跳绳。 2. 能快速，熟练地骑三轮车或有轮子的玩具。 3. 能自己穿衣服、进餐。 4. 能比较熟练地使用笔，能画出许多形状。 5. 能用各种形状的材料拼图。	

国家免疫规划疫苗儿童免疫程序表（2021年版）

可预防疾病	疫苗种类	接种途径	剂量	英文缩写	接种年龄														
					出生时	1个月	2个月	3个月	4个月	5个月	6个月	8个月	9个月	18个月	2岁	3岁	4岁	5岁	6岁
乙型病毒性肝炎	乙肝疫苗	肌内注射	10或20 μg	HepB	1	2					3								
结核病	卡介苗	皮内注射	0.1 mL	BCG	1														
脊髓灰质炎	脊灰苗活疫苗	肌内注射	0.5 mL	Ipv			1	2											
	脊灰减毒活疫苗	口服	1粒或2滴	bOPv					3								4		
百日咳、白喉、破伤风	百白破疫苗	肌内注射	0.5 mL	DTaP				1	2	3				4					
	白破疫苗	肌内注射	0.5 mL	DT															5
麻疹、风疹、流行性腮腺炎	麻腮风疫苗	皮内注射	0.5 mL	mmR								1		2					
流行性乙型脑炎	乙脑减毒活疫苗	皮内注射	0.5 mL	JE-L								1			2				
	乙脑灭活疫苗	肌内注射	0.5 mL	JE-I								1，2			3				4
流行性脑脊髓膜炎	A群流脑多糖疫苗	皮内注射	0.5 mL	MPSV-A							1		2						
	A群C群流脑多糖疫苗	皮内注射	0.5 mL	MPSV-Ac												3			4
甲型病毒性肝炎	甲肝减毒活疫苗	皮内注射	0.5或1.0 mL	HepA-L										1					
	甲肝灭活疫苗	肌内注射	0.5 mL	HepA-I										1	2				

国家免疫规划疫苗儿童免疫程序说明（2021年版）

一、接种年龄

（一）接种起始年龄：免疫程序表所列各疫苗剂次的接种时间，是指可以接种该剂次疫苗的最小年龄。

（二）儿童年龄达到相应剂次疫苗的接种年龄时，应尽早接种，建议在下述推荐的年龄之前完成国家免疫规划疫苗相应剂次的接种。

1. 乙肝疫苗第1剂：出生后24小时内完成。

2. 卡介苗：小于3月龄完成。

3. 乙肝疫苗第3剂、脊灰疫苗第3剂、百白破疫苗第3剂、麻腮风疫苗第1剂、乙脑减毒活疫苗第1剂或乙脑灭活疫苗第2剂：小于12月龄完成。

4. A群流脑多糖疫苗第2剂：小于18月龄完成。

5. 麻腮风疫苗第2剂、甲肝减毒活疫苗或甲肝灭活疫苗第1剂、百白破疫苗第4剂：小于24月龄完成。

6. 乙脑减毒活疫苗第2剂或乙脑灭活疫苗第3剂、甲肝灭活疫苗第2剂：小于3周岁完成。

7. A群C群流脑多糖疫苗第1剂：小于4周岁完成。

8. 脊灰疫苗第4剂：小于5周岁完成。

9. 白破疫苗、A群C群流脑多糖疫苗第2剂、乙脑灭活疫苗第4剂：小于7周岁完成。

如果儿童未按照上述推荐的年龄及时完成接种，应根据补种通用原则和每种疫苗的具体补种要求尽早进行补种。

二、接种部位

疫苗接种途径通常为口服、肌内注射、皮下注射和皮内注射。注射部位通常为上臂外侧三角肌处和大腿前外侧中部。当多种疫苗同时注射接种（包括肌内、皮下和皮内注射）时，可在左右上臂、左右大腿分别接种，卡介苗选择上臂。

三、同时接种原则

（一）不同疫苗同时接种：两种及以上注射类疫苗应在不同部位接种。严禁将两种或多种疫苗混合吸入同一支注射器内接种。

（二）现阶段的国家免疫规划疫苗均可按照免疫程序或补种原则同时接种。

（三）不同疫苗接种间隔：两种及以上注射类减毒活疫苗如果未同时接种，应间隔不小于28天进行接种。国家免疫规划使用的灭活疫苗和口服类减毒活疫苗，如果与其他灭活疫苗、注射或口服类减毒活疫苗未同时接种，对接种间隔不做限制。

四、流行季节疫苗接种

国家免疫规划使用的疫苗都可以按照免疫程序和预防接种方案的要求，全年（包括流行季节）开展常规接种，或根据需要开展补充免疫和应急接种。